人工智能技术应用专业校企“双元”合作系列教材

高等职业教育计算机类
新形态一体化教材

腾讯课堂

深度学习开发与应用

● 主编 张健

● 副主编 曹维 徐勇

高等教育出版社·北京

内容提要

本书为深圳信息职业技术学院等高职院校与腾讯集团共同编写的高等职业教育人工智能技术应用专业校企“双元”合作系列教材之一，同时也是高等职业教育计算类课程新形态一体化教材。

本书采用项目化任务分解的形式，讲解深度学习开发与应用技术。全书分为 10 个项目 16 个任务，主要内容包括：认识人工智能，Linux 系统和 Python 开发环境安装，安装人工智能深度学习开发环境，准备训练所用知识库——认识和预处理数据集，构建多层感知模型进行手写数字图像识别，优化多层感知模型进行手写数字图像识别，构建卷积神经网络模型识别多个类别，构建长短时记忆网络模型进行游戏评论内容的分类，使用 GPU 训练卷积神经网络进行多目标的识别，基于 Keras 框架的目标检测 Web 应用软件开发。

本书配有微课视频、课程标准、教学设计、授课用 PPT、习题及解析、程序源代码等数字化学习资源。与本书配套的“深度学习开发与应用”数字课程在“智慧职教”（www.icve.com.cn）平台上线，学习者可以登录平台进行学习，也可以通过扫描书中二维码观看教学视频，详见“智慧职教”服务指南。

本书可作为高职院校人工智能技术应用专业的专业课教材，也可作为对深度学习感兴趣的学习者和工程技术人员的入门参考书。

图书在版编目（CIP）数据

深度学习开发与应用 / 张健主编. --北京：高等教育出版社，2022.4

ISBN 978-7-04-055833-3

Ⅰ. ①深… Ⅱ. ①张… Ⅲ. ①机器学习-高等职业教育-教材 Ⅳ. ①TP181

中国版本图书馆 CIP 数据核字（2021）第 036387 号

Shendu Xuexi Kaifa yu Yingyong

策划编辑 侯昀佳　责任编辑 吴鸣飞　封面设计 姜 磊　版式设计 于 婕
插图绘制 邓 超　责任校对 刘丽娴　责任印制 赵 振

出版发行	高等教育出版社	网　　址	http://www.hep.edu.cn
社　　址	北京市西城区德外大街 4 号		http://www.hep.com.cn
邮政编码	100120	网上订购	http://www.hepmall.com.cn
印　　刷	高教社（天津）印务有限公司		http://www.hepmall.com
开　　本	787 mm × 1092 mm　1/16		http://www.hepmall.cn
印　　张	15		
字　　数	390 千字	版　　次	2022 年 4 月第 1 版
购书热线	010-58581118	印　　次	2022 年 4 月第 1 次印刷
咨询电话	400-810-0598	定　　价	43.00 元

物 料 号　55833-00

“智慧职教”服务指南

“智慧职教”是由高等教育出版社建设和运营的职业教育数字教学资源共建共享平台和在线课程教学服务平台，包括职业教育数字化学习中心平台（www.icve.com.cn）、职教云平台（zjy2.icve.com.cn）和云课堂智慧职教App。**用户在以下任一平台注册账号，均可登录并使用各个平台。**

- **职业教育数字化学习中心平台（www.icve.com.cn）：为学习者提供本教材配套课程及资源的浏览服务。**

登录中心平台，在首页搜索框中搜索“深度学习开发与应用”，找到对应作者主持的课程，加入课程参加学习，即可浏览课程资源。

- **职教云（zjy2.icve.com.cn）：帮助任课教师对本教材配套课程进行引用、修改，再发布为个性化课程（SPOC）。**

1．登录职教云，在首页单击“申请教材配套课程服务”按钮，在弹出的申请页面填写相关真实信息，申请开通教材配套课程的调用权限。

2．开通权限后，单击“新增课程”按钮，根据提示设置要构建的个性化课程的基本信息。

3．进入个性化课程编辑页面，在“课程设计”中“导入”教材配套课程，并根据教学需要进行修改，再发布为个性化课程。

- **云课堂智慧职教App：帮助任课教师和学生基于新构建的个性化课程开展线上线下混合式、智能化教与学。**

1．在安卓或苹果应用市场，搜索“云课堂智慧职教”App，下载安装。

2．登录App，任课教师指导学生加入个性化课程，并利用App提供的各类功能，开展课前、课中、课后的教学互动，构建智慧课堂。

“智慧职教”使用帮助及常见问题解答请访问help.icve.com.cn。

前言

当前，人工智能已成为炙手可热的名词和话题，其范围和影响力已经超越了学术研究和产业科技研究，成为了一个社会性热点。人工智能被广泛地认为是具有颠覆性的战略技术领域，对世界的发展和社会的进步具有重大影响，是建设创新型国家和世界科技强国的重要支撑，各国也相继发布了关于人工智能的国家发展战略和规划。

虽然“人工智能”（AI）已经成为一个几乎人人皆知的名词，但对人工智能的定义还没有达成普遍的共识。1956 年，在美国达特茅斯学院的一次研讨会上，麻省理工学院教授约翰·麦卡锡第一次提出了人工智能的概念。此后，人工智能迅速成为了一个热门话题。尽管概念界定众多，但科学界对人工智能学科的基本思想和基本内容达成的共识是：研究人类智能活动的规律，从而让机器来模拟，使其拥有学习能力，甚至能够像人类一样去思考、工作。

20 世纪 80 年代，人工智能的关键应用——基于规则的专家系统得以发展，但是数据较少，难以捕捉专家的隐性知识，加之计算能力依然有限，使得其不被重视，人工智能研究进入低潮期。直到进入 20 世纪 90 年代，随着神经网络、深度学习等人工智能算法以及大数据、云计算和高性能计算等信息通信技术的快速发展，人工智能才迎来了春天。

中国科学院院士谭铁牛说：“当前，面向特定领域的专用人工智能技术取得突破性进展，甚至可以在单点突破、局部智能水平的单项测试中超越人类智能。”在不少人工智能专家看来，尽管经过近 60 多年的发展，人工智能已经取得了巨大的进步，但总体上还处于发展初期。我国人工智能技术攻关和产业应用虽然起步较晚，但在国家多项政策和科研基金的支持与鼓励下，近年来发展势头迅猛。

在基础研究方面，我国已拥有人工智能研发队伍和国家重点实验室等设施齐全的研发机构，并先后设立了各种与人工智能相关的研究课题，研发产出数量和质量也有了很大提升，已取得许多突出成果。中国科学院自动化研究所谭铁牛团队全面突破虹膜识别领域的成像装置、图像处理、特征抽取、识别检索、安全防伪等一系列关键技术，建立了虹膜识别比较系统的计算理论和方法体系，还建成目前国际上最大规模的共享虹膜图像库。智能芯片技术也实现了突破。中科院计算所发布了全球首款深度学习专用处理器，清华大学研制出可重构神经网络的计算芯片，比现有的 GPU 效能提升了 3 个数量级。

随着人工智能研究热潮的兴起，我国人工智能产业化应用也蓬勃发展。智能产品和应用大量涌现。人工智能产品在医疗、商业、通信、城市管理等方面得到快速应用。目前已有 1.5 亿支付宝用户使用过“刷脸”功能，华为首次在全球将人工智能移动芯片用于手机。人工智能创新创业也日益活跃，一批龙头骨干企业快速成长。据统计，当前我国的人工智能企业数量、专利申请数量以及融资规模均仅次于美国，位列全球第二。其中，腾讯、百度、科大讯飞等企业成为全球人工智能领域的佼佼者，也成为建设国家新一代人工智能开放创新平台的领头羊。

2017 年 8 月，腾讯公司正式发布了人工智能医学影像产品——腾讯觅影。同时，还宣布发起成立了人工智能医学影像联合实验室。此外，科大讯飞在智能语音技术上处于国际领先水平。依图科技搭建了全球首个十亿级人像对比系统，在 2017 年美国国家标准与技术研究院组织的人脸识别技术测试中，成为第一个获得冠军的中国团队。

如今，采用人工智能的企业遇到了一个主要障碍，那就是在内部开发人工智能产品成本高昂，因此有了外包人工智能产品的需求。而对于从中小企业到预算受限的大型企业来说，通过云计算来采用人工智能的成本要低得多。全球主要的云计算提供商，如腾讯等提供基于云计算的人工智能产品，其利用专业的技术专长和雄厚的资金来提供下一代服务。云计算不仅是人工智能的基础计算平台（当然并非当前所有的人工智能计算都在严格意义的云平台上进行），也是人工智能的能力集成到千万应用中的便捷途径；人工智能则不仅丰富了云计算服务的特性，更让云计算服务更加符合业务场景的需求，并进一步解放人力。

近年来，随着云计算、人工智能等数字技术与传统产业持续渗透并深度融合，世界正进入一个新的以人工智能技术为主导的经济发展时期。

人工智能的热潮激发了大家对深度学习的兴趣，但是目前的一些关于深度学习的书籍，要么是面向大学和机器学习的研究人员，重理论、少实践且对数学的基本功要求较高；要么只是对目前TensorFlow、PyTorch、MXNet等入门难度较高的深度学习框架的应用或对容易入门的Keras框架的介绍和翻译，而没有针对数学基础一般及人工智能应用入门的学习人员提供具体的实践项目化开发和应用案例，也没有完整的和云计算结合的人工智能开发和应用的案例教材。

本书的编者是在企业和高校具有深厚机器学习背景的高级工程师和教授，有着针对一线产品需求和支持场景的深度学习模型的研究与开发、训练、评估、部署和运维等项目开发全生命周期方面的丰富经验。

本书面向的读者是高职院校希望学习人工智能深度学习开发与应用的学生、企业中希望学习和运用深度学习模型到具体应用场景的工程师，以及社会上希望了解与学习深度学习应用的学习者。他们的目的不是找一本教材从学术与理论角度去学习深度学习，而是希望能够针对具体应用场景，完整地解决问题的项目化开发过程学习。这正是我们编写本书的初衷和希望有所贡献的地方：基于行动导向的方法，采用项目化学习的形式，让读者能够“看得懂、用得好、重实践、重应用”，能够针对具体问题进行分析，建立Keras深度学习模型，掌握模型参数的优化调整方法，在Web开发中使用模型，实现软件的开发与应用，从而获得能举一反三解决新问题的能力。

基于上述写作目的，在讲解基础知识的前提下，侧重在实际应用中让读者快速掌握基于腾讯云的Keras深度学习模型的系统开发以及基于模型的Web应用，本书项目2至项目10均提供了配套任务内容的基于腾讯云的项目实践，本书主要内容如下：

项目1介绍人工智能的起源、基本概念和发展历程，人工智能、机器学习与深度学习的关系以及深度学习的主要应用。

项目2和项目3介绍云计算、Linux系统、Keras框架，通过案例讲解在腾讯云中创建云虚拟机、操作系统、安装Keras深度学习开发框架和Jupyter Notebook开发环境。

项目4和项目5章通过项目案例讲解使用MNIST手写数字图像集对MLP模型进行训练，并对灰度手写数字图片进行分类预测。其中详细介绍灰度数字图像原理、MNIST手写数字图像集的组成、MLP模型的原理。

项目6通过项目案例讲解使用Dropout和调整训练参数使模型的预测结果更加准确。其中详细介绍了模型的过拟合现象以及如何调整模型的各种参数。

项目7通过项目案例讲解制作彩色图像数据集，使用CNN模型进行训练并预测垃圾的分类。其中详细介绍了彩色数字图像与卷积的原理。

项目8通过项目案例讲解使用网络评论对RNN、LSTM模型进行训练，并对中文评论进行分类预测。其中详细介绍了NLP的应用、如何将中文语句进行分词、模型的参数如何调整，简单介绍了循环

神经网络的原理。

项目 9 通过项目案例讲解在腾讯云中创建带GPU的云主机并安装驱动和开发环境进行垃圾分类的训练和预测。其中详细介绍了 GPU 的原理、GPU 与 CPU 的区别等。

项目 10 通过项目案例讲解如何利用训练好的 CNN 模型开发 Web 应用接口，并开发一个网页对 Web 接口进行测试。

深度学习技术发展迅猛，新的模型、算法、工具、流程不断涌现，在传统互联网领域及各个行业的应用层出不穷，新的问题、新的解决方案也持续被提出。

本书如能对读者学习深度学习模型、算法、实践和应用有所帮助，并在实践中产生加速和推动作用，那就达到了我们的目的。

使用本书的教师可发邮件至编辑邮箱 1548103297@qq.com 索取教学基本资源。

由于编者水平有限，难免出现错误、不足之处，敬请广大读者批评指正。

张　健

2022 年 1 月于德国慕尼黑

目录

项目1 认识人工智能

学习目标

知识目标

- 了解人工智能的基本概念。
- 了解机器学习的基本概念。
- 了解深度学习的基本概念。

技能目标

- 了解人工智能学科的起源、发展历程。
- 了解深度学习的应用。

素质目标

- 了解计算机视觉、语言识别、自然语言处理的应用案例。

笔 记

项目描述

项目背景及需求

人工智能和深度学习领域近年来非常热门，小马哥刚开始学习深度学习的课程，但考虑到深度学习的学习难度较大，不容易入门，小马哥该如何选择呢？本项目主要介绍人工智能的起源、基本概念和发展历程，人工智能、机器学习和深度学习之间的关系，深度学习的主要应用领域。小马哥通过本项目的学习能够快速入门，为后续的学习打下基础。

项目分解

按照任务要求，我们将主要介绍人工智能的起源、基本概念和发展历程，人工智能、机器学习和深度学习之间的关系，深度学习的主要应用领域。

工作任务

- 了解人工智能的基本概念。
- 了解人工智能、机器学习和深度学习之间的关系。
- 了解深度学习的主要应用领域。

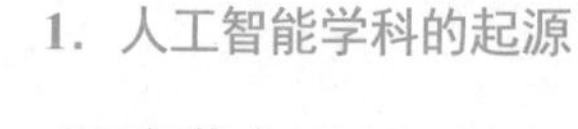

任务 1-1　了解人工智能

了解人工智能

1. 人工智能学科的起源

人工智能（Artificial Intelligence，AI）是一门由计算机科学、控制论、信息论、语言学、神经生理学、心理学、数学、哲学等多学科相互渗透而发展起来的综合性新学科。自问世以来，AI 几经波折，现作为一门新的边缘学科得到了世界的承认并日益引起人们的兴趣和关注。不仅许多其他学科开始引入或借用 AI 技术，而且 AI 中的专家系统、自然语言处理和图像识别已成为新兴知识产业的三大突破口。

微课 1
人工智能简介

1956 年夏天，约翰·麦卡锡等人（见图 1-1）在美国达特茅斯学院开会研讨“如何用机器模拟人的智能”，在会上提出了“人工智能”这一概念，标志着人工智能学科的诞生。

约翰·麦卡锡
John McCarthy
达特茅斯学院

马文·明斯基
Marvin Minsky
哈佛大学

纳撒尼尔·罗彻斯特
Nathaniel Rochester
IBM 公司

克劳德·香农
Clacude Shannon
贝尔电话实验室

图 1-1
人工智能学科的起源

笔 记

人工智能的思想萌芽可以追溯到 17 世纪的巴斯卡和莱布尼茨，他们较早萌生了有智能的机器的想法。19 世纪，英国数学家布尔和德·摩尔根提出了“思维定律”，这些是人工智能的开端。19 世纪 20 年代，英国科学家巴贝奇设计了第一台“计算机器”，它被认为是计算机硬件，也是人工智能硬件的前身。随着电子计算机的问世，使人工智能的研究真正成为可能。作为一门学科，对人工智能的研究，由于研究角度的不同，形成了不同的研究学派。

传统人工智能是符号主义，它以纽厄尔（Newell）和西蒙（Simon）提出的物理符号系统假设为基础。物理符号系统由一组符号实体组成，它们都是物理模式，可在符号结构的实体中作为组成成分出现，可通过各种操作生成其他符号结构。物理符号系统被认为是智能行为的充分和必要条件，其主要工作是“通用问题求解程序”（General Problem Solver，GPS），即通过抽象，将一个现实系统变为一个符号系统，基于此符号系统，使用动态搜索方法求解问题。

连接主义学派是从人的大脑神经系统结构出发，研究非程序的、适应性的、大脑风格的信息处理的本质和能力，研究大量简单的神经元的集群信息处理能力及其动态行为，也称之为神经计算。连接主义的研究重点是侧重于模拟和实现人的认识过程中的感觉、知觉过程、形象思维、分布式记忆和自学习、自组织过程。

行为主义学派是从行为心理学出发，认为智能只是在与环境的交互作用中表现出来。

2. 人工智能的基本概念

人工智能亦称机器智能，是指由人工制造的系统所表现出来的智能，可以概括为研究智能程序的科学。这门科学的出发点是研究如何使程序能够像人一样思考、行为，以及如何保持理性，这里的理性可以理解为效用最大化。

智能就是知识与智力的总和。其中，知识是一切智能行为的基础，而智力是获取知识并应用知识求解问题的能力。人工智能是一门研究如何构造智能机器或智能系统，使它能模拟、延伸、扩展人类智能的学科。人工智能研究的目的是探寻智能本质，研制出具有类人智能的智能机器。人工智能研究的内容包括能够模拟、延伸和扩展人类智能的理论、方法、技术及应用系统。人工智能主要的表现形式为会看（图像识别、文字识别、车牌识别）、会听（语音识别、机器翻译）、会说（语音合成、人机对话）、会行动（机器人、自动驾驶汽车、无人机）、会思考（人机对弈、定理证明、医疗诊断）、会学习（机器学习、知识表示）。

3. 人工智能的发展历程

如图 1-2 所示，人工智能的研究经历了以下几个阶段：

第一阶段：20 世纪 50 年代人工智能的兴起和冷落。

人工智能概念首次提出后，相继出现了一批显著的成果，如机器定理证明、跳棋程序、通用问题求解程序、LISP 表处理语言等。但由于消解法推理的能力有限，以及机器翻译的失败，使人工智能走入了低谷。这一阶段的特点是重视问题求解的方法，忽视知识的重要性。

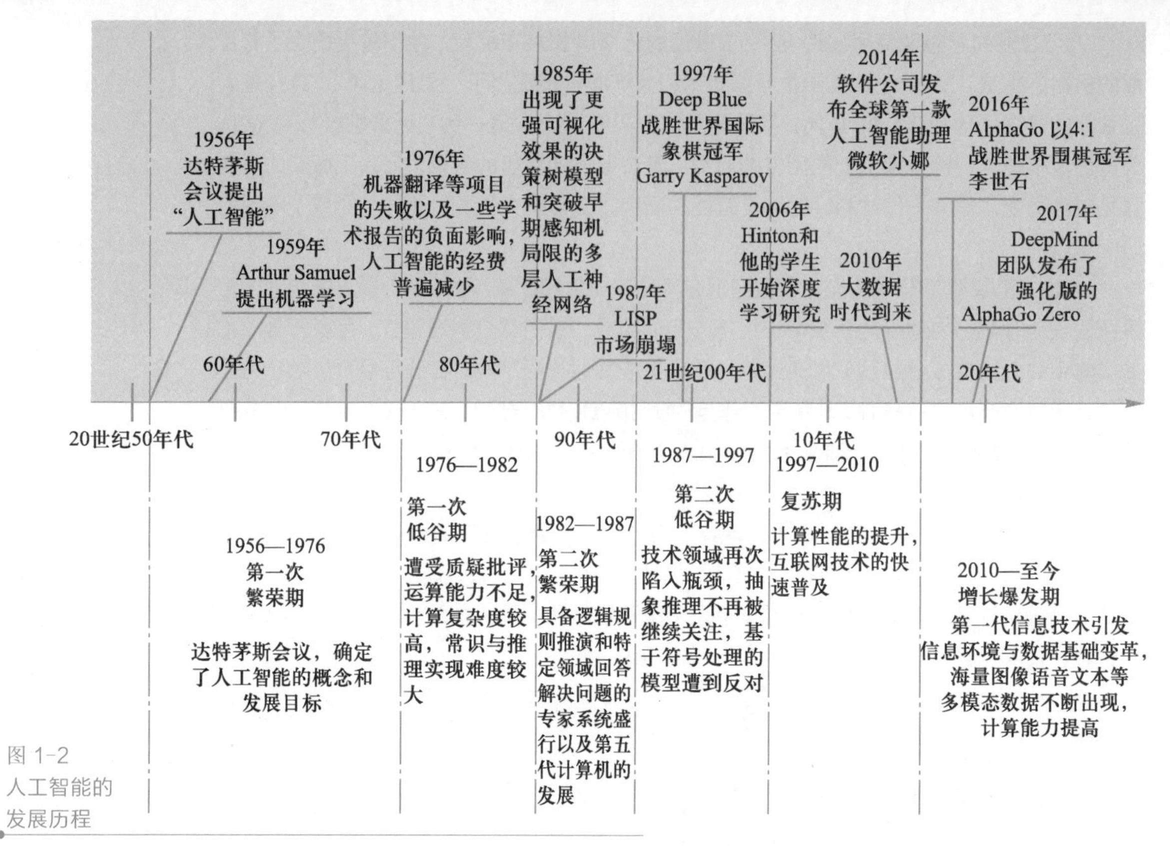

图 1-2 人工智能的发展历程

笔 记

第二阶段：20 世纪 60 年代末到 20 世纪 70 年代，随着专家系统的出现，使人工智能研究出现新高潮。

化学质谱分析系统、疾病诊断和治疗系统、探矿系统、Hearsay-II 语音理解系统等专家系统的研究和开发，将人工智能引向了实用化，并于 1969 年成立了国际人工智能联合会议（International Joint Conferences on Artificial Intelligence，IJCAI）。

第三阶段：20 世纪 80 年代，随着第五代计算机的研制，人工智能得到了很大发展。

日本于 1982 年开始了“第五代计算机研制计划”，即“知识信息处理计算机系统（KIPS）”，其目的是使逻辑推理能达到数值运算的速度。虽然此计划最终失败，但它的开展形成了一股研究人工智能的热潮。

第四阶段：20 世纪 80 年代末，神经网络飞速发展。

1987 年，美国召开第一次神经网络国际会议，宣告了这一新学科的诞生。此后，各国在神经网络方面的投资逐渐增加，神经网络迅速发展起来。

第五阶段：20 世纪 90 年代以后，人工智能出现新的研究高潮。

由于网络技术特别是 Internet 技术的发展，人工智能开始由单个智能主体研究转向基于网络环境下的分布式人工智能研究。不仅研究基于同一目标的分布式问题求解，而且研究多个智能主体的多目标问题求解，使人工智能更加面向实用。另外，由于 Hopfield 多层神经网络模型的提出，使人工神经网络研究与应用出现了欣欣向荣的景象。

人工智能已深入到社会生活的各个领域，“深蓝”计算机击败了人类的世界国际象棋冠军，同时，建立了国际上庞大的“虚拟现实”实验室，拟通过数据头盔和数据手套实现更友好的人机交互，建立更好的智能用户接口。

我国 AI 的发展大部分是由私营高科技企业推动的。在海量的搜索数据及多样化的产品线的帮助下，我国的一些互联网巨头公司在图像和语音识别等技术领域处于领先地位，而且这些技术已经融入它们的新产品中，包括智能助理、自动驾驶汽车等。

例如，在新建成的腾讯公司深圳总部展厅里有“绝艺”围棋机器人（图 1-3）、桌上冰球和与浙江大学合作的机械狗等展示项目，体现了机器人的本体、控制、感知、决策等方面的能力。腾讯公司还建立了企业级机器人实验室“腾讯 Robotics X”，打造虚拟世界到真实世界的载体与连接器。通过新提出的 DHER 算法训练抓取、搭积木、端茶倒水等虚拟任务并将其成功地迁移到了现实世界中。

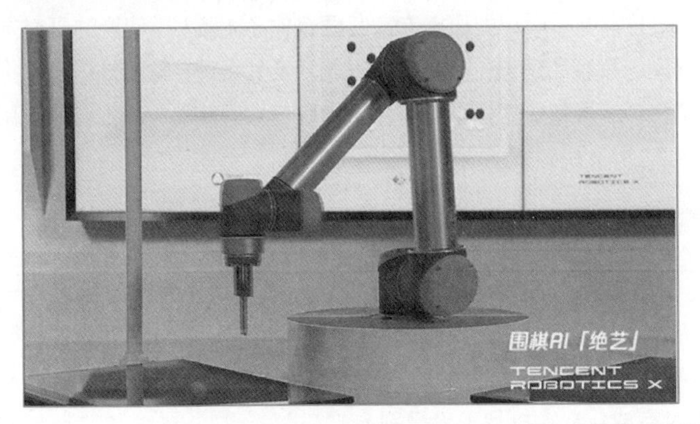

图 1-3
腾讯“绝艺”机器人

从城市的维度看，在全球人工智能企业数量排名前 20 名的城市中，美国占 9 个，中国占 4 个。如图 1-4 所示，北京成为全球人工智能企业数量最多的城市，有 412 家企业。上海、深圳和杭州的人工智能企业数量也进入全球排名前 20 名。

微课 2
人工智能发展现状

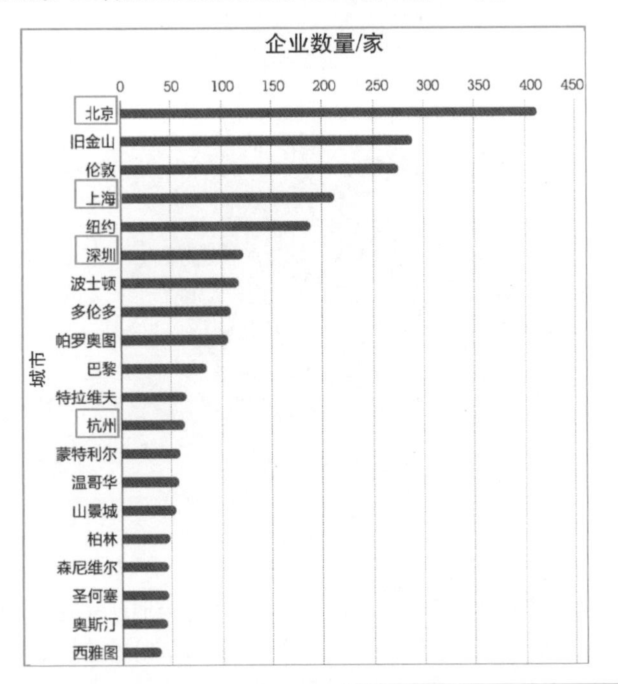

图 1-4
人工智能企业数量前 20 城市

此外，人工智能在图像处理、图像识别、声音处理和声音识别等领域取得了较好的发展，国际各大计算机公司又开始将“人工智能”作为其研究内容。

21 世纪的信息技术领域以智能信息处理为中心，计算机向网络化、智能化、并行化方向发展。目前，人工智能的主要研究内容包括：分布式人工智能与多智能主体系统；人工思维模型；知识系统，包括专家系统、知识库系统和智能决策系统；知识发现与数据挖掘，即从大量的、不完全的、模糊的、有噪声的数据中挖掘出对人们有用的知识；遗传与演化计算，即通过对生物遗传与进化理论的模拟，揭示出人的智能进化规律；人工生命，即通过构造简单的人工生命系统（如机器虫）并观察其行为，探讨初级智能的奥秘，即人工智能应用，如模糊控制、智能大厦、智能人机接口、智能机器人等。

人工智能研究与应用虽取得了不少成果，但离全面推广应用还有很大的距离，还有许多问题有待解决，且需要多学科的研究专家共同合作。未来人工智能的研究方向主要有人工智能理论、机器学习模型和理论、不精确知识表示及其推理、常识知识及其推理、人工思维模型、智能人机接口、多智能主体系统、知识发现与知识获取、人工智能应用基础等。

任务 1-2 了解人工智能、机器学习和深度学习

了解人工智能、机器学习和深度学习

2015 年，人工智能、机器学习开始普及。机器学习作为人工智能的一种类型，可以由软件根据大量的数据来对未来的情况进行阐述或预判。如今，领先的科技巨头如百度、腾讯等都在机器学习方面予以极大的投入。腾讯的王者荣耀“悟空”机器人，完全通过机器学习，24 小时完成从青铜打到王者级别。

微课 3
人工智能、机器学习与深度学习

人工智能、机器学习和深度学习这几个术语，存在一定的区别，如图 1-5 所示，人工智能的范围最大，此概念也最先问世；然后是机器学习，出现的稍晚；最后才是深度学习。

图 1-5
人工智能、机器学习和深度学习的关系

1. 人工智能

人工智能的先驱们在达特茅斯开会时，是希望通过当时新兴的计算机，打造拥有相当于人类智能的复杂机器，即“通用人工智能”（General AI）概念，其拥有人类五感（甚至更多）、推理能力以及人类思维方式的神奇机器。在电影中，人们已经看过无数这样的机器人，对人类友好的 C-3PO，以及人类的敌人“终结者”。但是通用人工智能机器至今只存在于电影和科幻小说里，目前还实现不了。

笔 记

现在的人工智能只算是“弱人工智能”（Narrow AI），即执行特定任务的水平与人类相当，甚至超越人类的技术。现实中还有很多弱人工智能的例子。这些技术有人类智能的一面。但是它们是如何做到的？智能来自哪里？这就涉及下一个同心圆：机器学习。

2. 机器学习

机器学习是实现人工智能的一种方法。机器学习的概念来自早期的人工智能研究者，已经研究出的算法包括决策树学习、归纳逻辑编程、增强学习和贝叶斯网络等。简单来说，机器学习就是使用算法分析数据，从中学习并做出推断或预测。与传统的使用特定指令集编写软件不同，人们使用大量数据和算法来“训练”机器，使得机器学习如何完成任务。

尽管还需要大量的手工编码才能完成任务，但是计算机视觉一直是机器学习最佳的应用领域之一。研究者会手动编写一些分类器（classifier），如边缘检测筛选器，帮助程序辨别物体的边界；图形检测分类器，判断物体是否有 8 个面；识别“S-T-O-P”的分类器。在这些手动编写的分类器的基础上，再开发用于理解图像的算法，并学习如何判断是否有停止标志。但是由于计算机视觉和图像检测技术的滞后，经常出错。

机器学习是一个庞大的家族体系，涉及众多算法、任务和学习理论。图 1-6 所示是机器学习的学习路线图。

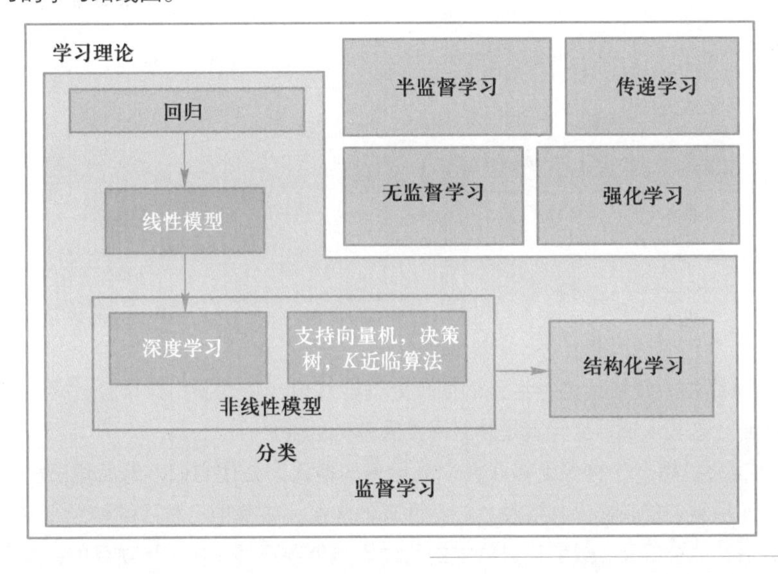

图 1-6
机器学习的学习路线图

① 按任务类型分类，机器学习模型可以分为回归模型、分类模型和结构化学习模型。回归模型又称为预测模型，输出是一个不能枚举的数值；分类模型又分为二分类模型和多分类模型，常见的二分类问题有垃圾邮件过滤，常见的多分类问题有文档自动归类；结构化学习模型的输出不再是一个固定长度的值，如图片语义分析，输出是图片的文字描述。

② 从方法的角度分类，可以分为线性模型和非线性模型。线性模型较为简单，但作用不可忽视，线性模型是非线性模型的基础，很多非线性模型都是在线性模型的基础上变换而来的。非线性模型又可以分为传统机器学习模型，如 SVM、*K* 近临算法（KNN）、决策树和深度学习模型等。

③ 按照学习理论分类，机器学习模型可以分为监督学习、半监督学习、无监督学习、迁移学习和强化学习。当训练样本带有标签时是监督学习；训练样本部分有标签，部分无标签时是半监督学习；训练样本全部无标签时是无监督学习；迁移学习就是就是把已经训

笔 记

练好的模型参数迁移到新的模型上以帮助训练新模型；强化学习是一个学习最优策略，可以让本体在特定环境中，根据当前状态做出行动，从而获得最大的回报。强化学习和有监督学习最大的不同是，每次的决定没有对与错，而是希望获得最多的累计奖励。

3. 深度学习

深度学习是机器学习的一种技术。早期机器学习研究者中还开发了一种称为人工神经网络的算法，但是发明之后数十年都默默无闻。神经网络是受人类大脑的启发而来的，体现神经元之间的相互连接关系。但是，人类大脑中的神经元可以与特定范围内的任意神经元连接，而人工神经网络中数据传播则需要经历不同的层，传播方向也不同，如图 1-7 所示。

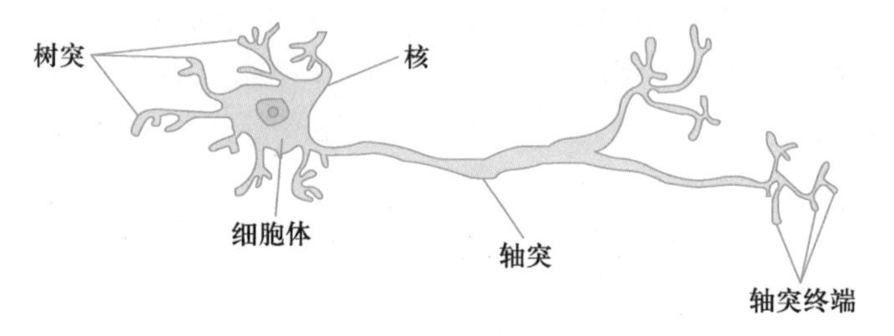

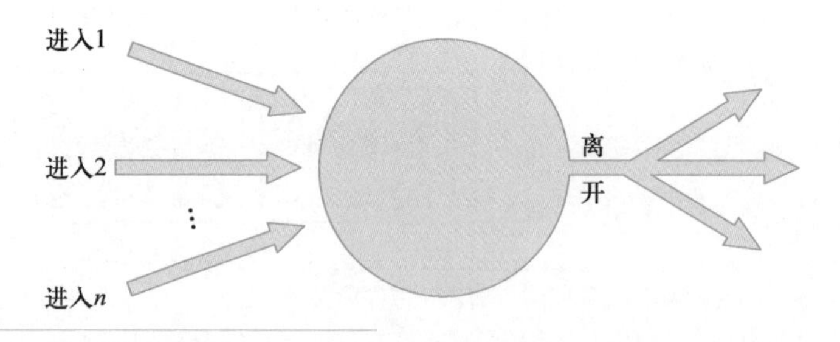

图 1-7
深度学习中的神经网络

神经网络由大量被称为神经元的简单处理器构成，处理器用数学公式模仿人类大脑中的神经元。这些人造神经元就是神经网络最基础的部件。

简而言之，每一个神经元接收两个或更多的输入，处理它们，然后输出一个结果。一些神经元从额外的传感器接收输入，然后其他神经元被其他已激活的神经元激活。神经元可能激活其他神经元，或者通过触发的行动影响外部环境。在实际项目中，神经网络大量摄取非结构化数据，如声音、文字、影像和图片。神经网络将数据分离为数据块，然后将它发送到独立的神经元和网络层中去处理。一旦这些离散的处理都完成了，神经网络就会产生最后的输出。

人工神经网络，或者说深度学习的一大优点在于可扩展性。神经网络的性能取决于它可以吸收、训练和处理多少数据。所以，更多的数据意味着更好的结果，这是和其他机器学习算法的另一个区别，其他机器学习算法的效果通常稳定在一个明确的水平。深度学习仅通过资源衡量它的性能，层数更深，则输出更为广泛，性能也更为强劲。

例如，可以将一张图片切分为小块，然后输入到神经网络的第一层中。在第一层中进行初步计算，然后神经元将数据传至第二层。由第二层神经元执行任务，依此类推，直到最后一层，然后输出最终的结果。

不过，问题在于即使是最基础的神经网络也需要耗费巨大的计算资源，因此当时不

算是一个可行的方法。不过，一小批研究者坚持采用这种方法，最终让超级计算机能够并行执行该算法，并证明该算法的作用。

很有可能神经网络受训练的影响，会经常给出错误的答案。这说明还需要不断地训练。它需要成千上万张图片，甚至数百万张图片来进行训练，直到神经元输入的权重调整到非常精确，几乎每次都能够给出正确答案。

如今，在某些情况下，通过深度学习训练过的机器在图像识别上表现优于人类，如找猫、识别血液中的癌症迹象等。腾讯的“绝艺”机器人学会了围棋，并为比赛进行了大量的训练。

人工智能的根本在于智能，而机器学习则是部署支持人工智能的计算方法。简单地说，人工智能是科学，机器学习是让机器变得更加智能，机器学习在某种程度上成就了人工智能。

任务 1-3　了解深度学习的应用

深度学习最早兴起于图像识别，但在短短的几年之内，深度学习推广到了机器学习的各个领域，并且都有很出色的表现。其具体应用领域包含图像识别、语音识别、自然语言处理、机器人、生物信息处理、化学、计算机游戏、搜索引擎、网络广告投放、医学自动诊断和金融等。

1. 计算机视觉

计算机视觉是深度学习技术最早实现突破性成就的领域。2012 年，随着深度学习算法 AlexNet 赢得图像分类比赛（ILSVRC）冠军，深度学习开始被人们熟知。ILSVRC 是基于 ImageNet 图像数据集（图 1-8）举办的图像识别比赛，在计算机视觉领域拥有极高的影响力。在 2012 至 2014 年，通过对深度学习算法的不断探究，ImageNet 图像分类的错误率以每年 4%的速度递减；到 2015 年，深度学习算法的错误率仅为 4%，已经成功超过人工标注的错误率 5%，实现了计算机领域的一个突破。

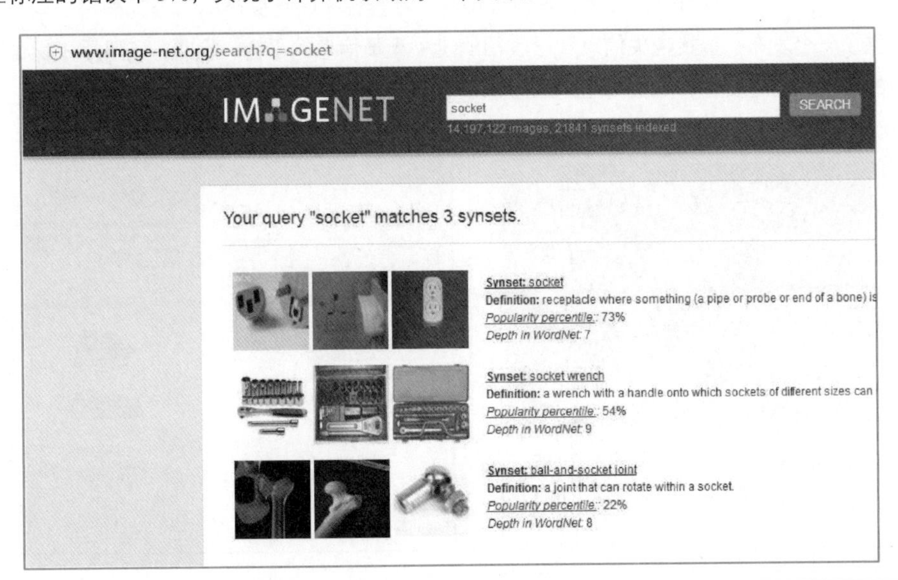

图 1-8
ImageNet 图像集

笔 记

在 ImageNet 数据集上，深度学习不仅突破了图像分类的技术瓶颈，同时也突破了物体识别技术的瓶颈。物体识别比图像分类的难度更高。图像分类只需判断图片中包含了哪一种物体；但在物体识别中，不仅要给出包含了哪些物体，还要给出包含物体的具体位置。2013 年，在 ImageNet 数据集上使用传统机器算法实现物体识别的正确率均值（mean average precision，MAP）为 0.23；而在 2016 年，使用了 6 种不同深度学习模型的集成算法将 MAP 提高到 0.66。

在技术进步的同时，工业界也将图像分类、物体识别应用于各种产品中，如无人驾驶、地图、图像搜索等。可通过图像处理技术归纳出图片中的主要内容并实现以图搜图的功能。这些技术在国内的百度、阿里、腾讯等公司已经得到了广泛的应用。

优图团队研发的国际领先肺癌检测算法模型在首次肺癌识别人机对比实验中取得了满意的结果。优图医疗 AI 的特异性则达到 92%，灵敏度为 96%，在一定程度上超出了高年资医师的平均水平。此外，优图医疗 AI 对于微小结节的检出准确率已超过 95%，可帮助放射科医生大幅提升肺部 CT 的早癌筛查能力，如图 1-9 所示。

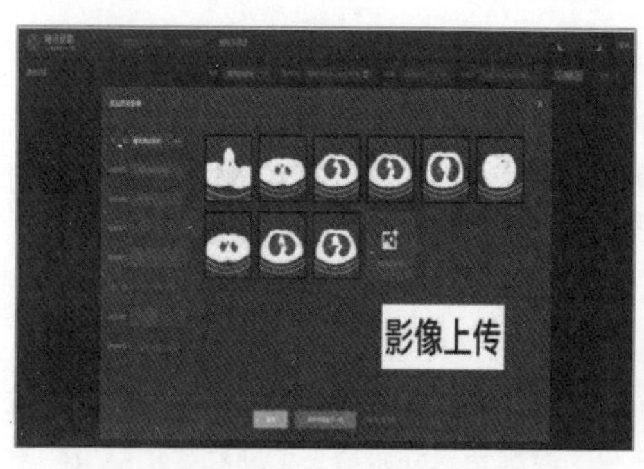

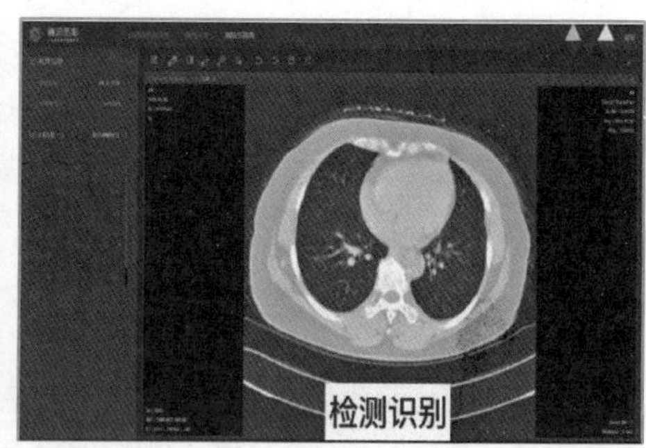

图 1-9
腾讯觅影（优图肺癌早筛系统）

在物体识别问题上，人脸识别是一类应用非常广泛的技术。它可以应用到娱乐行业、安防以及风控行业。在娱乐行业，基于人脸识别的相机自动对焦、自动美颜基本已成为每款自拍软件的必备功能。在安防、风控领域，人脸识别应用更是大大提高了工作效率并节省了人力成本。如图 1-10 所示，腾讯公司的“牵挂你”防走失产品为公安民警、老百姓提供了一个发布、查找走失信息和已收留的走失人员信息的平台。除此，还可用于保证账户的登录和资金安全，如支付宝的人脸识别登录等。

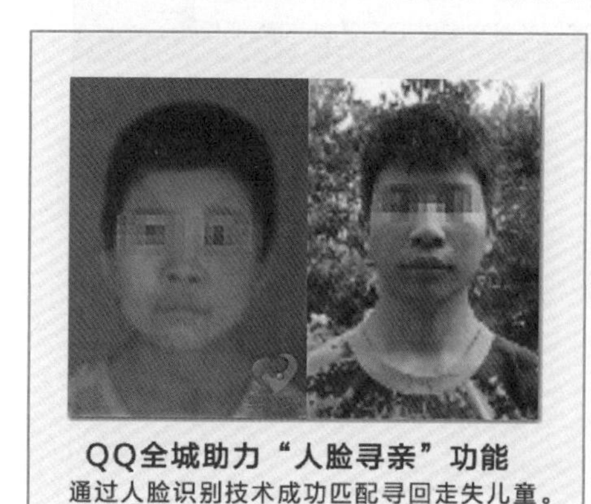

图 1-10
腾讯人脸寻亲应用

笔 记

传统机器学习算法很难抽象出足够有效的特征，使得学习模型既可区分不同的个体，又可以尽量减少相同个体在不同环境的影响。深度学习技术可从海量数据中自动学习更加有效的人脸识别特征表达。在人脸识别数据集 LFW 上，基于深度学习算法的系统可以达到 99.47%的正确识别率。

在计算机识别领域，光学字符识别也是使用深度学习较早的领域之一。光学字符识别，就是使用计算机程序将计算机无法理解的图片中的字符（如数字、字母、汉字等符号），转换为计算机可以理解的文本形式。例如，常用的 MINIST 手写体字库，最新的深度学习算法可以达到 99.77%的正确率，如图 1-11 所示。

图 1-11
手写数字数据集

2. 语音识别

深度学习在语音识别领域同样取得了突破性进展。2009 年深度学习的概念被引入语音识别领域，并对该领域产生了重大影响。短短几年之间，深度学习的方法在 TIMIT 数据集上将给予传统混合高斯模型（GMM）的错误率从 21.7%降低到了使用深度学习模型的 17.9%。随着数据量的加大，使用深度学习的模型无论在正确率的增长数值上还是在增长比率上都要优于混合高斯模型。这样的增长率在语音识别的历史上从未出现，深度学习之所以有这样的突破性进展，最主要的原因是其可以自动地从海量数据中提取更加复杂且有效的特征，而不是如混合高斯模型中需要人工提取特征。

基于深度学习的语音识别已经应用到了各个领域，如同声传译系统、科大讯飞的智能语音输入法，百度和腾讯也开发了相关产品。微信智聆是腾讯自主研发语音技术品牌，专注于语音识别、语音合成、声纹认证等语音人工智能技术的研发。智聆口语评测是腾讯云推出的语音评测产品，通过机器对学生发音进行分析评测，返回细粒度的评测结果作为口语学习参考依据，与专家打分的相似度在 95%以上，如图 1-12 所示。同声传译系统不仅要求计算机能够对输入的语音进行识别，还要求计算机将识别出来的结果翻译成另外一门语言，并将翻译好的结果通过语音合成的方式输出。腾讯研发的微信智聆—同声传译已成功用于 2018 年博鳌亚洲论坛。

图 1-12
微信智聆应用

3. 自然语言处理

笔 记

在过去的几年中，深度学习已经在语言模型、机器翻译、词性标注、实体识别、情感分析、广告推荐及搜索排序等方向取得了突出成就。深度学习在自然语言处理问题上能够更加智能、自动地提取复杂特征。在自然语言处理领域，使用深度学习实现智能特征提取的一个非常重要的技术是单词向量。单词向量是深度学习解决很多上述自然语言处理问题的基础。

传统解决自然语言所表达的语义的方法主要依靠建立大量的语料库，通过这些语料库，可以大致刻画自然语言中单词之间的关系。然而语料库的建立需要花费很多人力物力，而且扩张能力有限，单词向量提供了一种更加灵活的方式来刻画单词的含义。单词向量会将每个单词表示为一个相对较低维度的向量（如 100 维），对于语义相近的单词，其对应的单词向量在空间上的距离也应该接近。因而单词的相似度可用空间距离来进行描述。单词向量不需要使用人工的方式来设定，它可以从互联网海量的非标注文本中学习得到。

情感分析是自然语言处理问题中一个非常经典的应用。情感分析最核心的问题就是从一段自然语言中判断作者对评价的主体是好评还是差评。情感分析在工业界有着非常广泛的应用。随着互联网的发展，用户会在各种不同的地方表达对于不同产品的看法。对于服务业或制造业，及时掌握用户对其产品的或者服务的评价是提高用户满意度非常有效的途径。在金融业，通过分析用户对不同产品和公司的态度可以对投资选择提供帮助。在情感分析问题上，深度学习可以大幅提高算法的准确率。在开源的 Sentiment Treebank 数据集上，使用深度学习的算法可将语句层面的情感分析正确率从 80%提高到 85.4%；在短语层面上，可将正确率从 71%提高到 80.7%。腾讯 Dreamwriter 是腾讯财经开发的自动化新闻写稿机器人。它根据算法在第一时间自动生成稿件，瞬时输出分析和研判，一分钟内将重要资讯和解读送达用户。

项目总结

本项目主要介绍了人工智能的起源、基本概念和发展历程，人工智能、机器学习和深度学习之间的关系，深度学习的主要应用领域。

课后练习

课后练习

一、单选题

1. 人工智能，是一门由多种学科相互渗透而发展起来的综合性新学科，下面（　　）不属于该范畴。

A. 计算机科学　　B. 控制论　　C. 神经生理学　　D. 历史学

2.（　　）年夏天，约翰·麦卡锡等人在美国达特茅斯学院开会研讨“如何用机器模拟人的智能”，会上提出了“人工智能”这一概念，标志着人工智能学科的诞生。

A. 1958　　B. 1956　　C. 1978　　D. 1946

3. 下面（　　）学派跟人工智能的学派无关。

A. 符号主义学派　　B. 连接主义学派

C. 行为主义学派　　D. 教条主义学派

4. 机器学习是实现人工智能的一种（　　）。

A. 方法　　B. 结果　　C. 起源　　D. 成果

5. 下面（　　）项不属于机器学习的方法。

A. 决策树学习　　B. 贝叶斯网络　　C. 拉普拉斯变换　　D. 增强学习

6. 下面（　　）不属于深度学习框架。

A. Math　　B. Keras　　C. Pytorch　　D. TensorFlow

7. 深度学习是机器学习的一种（　　）。

A. 技术　　B. 结果　　C. 起源　　D. 成果

8. 神经网络是受人类大脑的启发而来的，体现（　　）之间的相互连接关系。

A. 血液　　B. 神经元　　C. 细胞　　D. 运动系统

9.（　　）是通过建立人工神经网络，使用层次化机制来表示客观世界，并解释所获取的知识，如图像、声音和文本。

A. 深度学习　　B. 线性分析　　C. 贝叶斯网络　　D. 聚类分析

10.（　　）是一种处理时序数据的神经网络，常用于语音识别、机器翻译等领域。

A. 前馈神经网络　　B. 卷积神经网络

C. 循环神经网络　　D. 后馈神经网络

11. 立体视觉是（　　）领域的一个重要课题，其目的在于重构场景的三维几何信息。

A. 语音识别　　B. 计算机视觉　　C. 机器翻译　　D. 情感分析

12.（　　）是使用计算机对文本集按照一定的标准进行自动分类标记。

A. 文本分类　　B. 语音识别　　C. 机器翻译　　D. 情感分析

笔 记

笔 记

13. (　　) 是指能够按照人的要求，在某一领域完成一项工作或者一类工作的人工智能。

A. 仿人工智能　　B. 类人工智能

C. 强人工智能　　D. 弱人工智能

14. 我国在语音语义识别领域的领军企业是 (　　)。

A. 科大讯飞　B. 海康威视　C. 百度　D. 腾讯科技

15. (　　) 是研究用计算机系统解释图，像实现类似人类视觉系统理解外部世界的一种技术，所讨论的问题是为了完成某一任务需要从图像中获取哪些信息，以及如何利用这些信息获得必要的解释。

A. 图像识别　B. 图像检测　C. 图像理解　D. 图像分类

16. (　　) 是利用计算机将一种自然语言 (源语言) 转换为另一种自然语言的过程。

A. 文本分类　B. 语音识别　C. 机器翻译　D. 情感分析

17. 关于我国人工智能产业技术创新日益活跃，下列说法不正确的是 (　　)。

A. 语音识别、视觉识别技术达到世界领先水平

B. 在脑科学等基础研究领域取得显著进展

C. 人工智能领域的国际科技论文发表量和发明专利授权量已居世界第一位

D. 人工智能领域的国际科技论文引用量达到世界第一位

二、简答题

1. 简述人工智能发展的历程。
2. 简述人工智能、机器学习和深度学习之间的关系。
3. 简述机器学习所包含的内容。
4. 针对深度学习在计算机视觉、语音识别和自然语言处理这 3 个方面的应用，每个方面请列举出 3 个以上已发布的系统或软件。

项目 2 Linux 系统和 Python 开发环境安装

学习目标

知识目标

- 了解腾讯云基础知识。
- 了解 Linux 操作系统。
- 掌握 Linux 与 Windows 操作系统的区别。

技能目标

- 掌握在腾讯云上创建虚拟主机和系统安装。
- 掌握腾讯云主机的使用。
- 掌握虚拟机 VMware 软件的使用。
- 掌握在本地计算机上安装 Ubuntu 系统与 Python 环境的操作过程。

素质目标

- 使用第三方软件远程连接并登录云主机。
- 使用命令行远程连接并登录云主机。

笔 记

项目描述

项目背景及需求

小马哥刚开始学习程序设计，由于现在 Python 语言非常流行，小马哥已经学习了 Python 程序设计。但考虑 Python 程序的主要应用在服务器端或者云虚拟主机中，因此，小马哥打算安装 Linux 系统并在此系统中使用 Python 程序设计。但目前 Linux 系统版本较多，Python 程序也有 3.x 和 2.x 版本，小马哥该如何选择呢?

针对目前现有的云环境和 Linux 版本，选择腾讯云并使用腾讯云提供的云环境创建腾讯云 CVM 主机并选择 Linux 版本，但是，考虑有时不方便上网使用虚拟云主机，还要在本地安装 Linux 系统，本项目拟安装 Ubuntu 版本（16.04），并安装 Python 3.6。

项目分解

按照任务要求，将两种安装方式进行步骤分解，如图 2-1 所示。

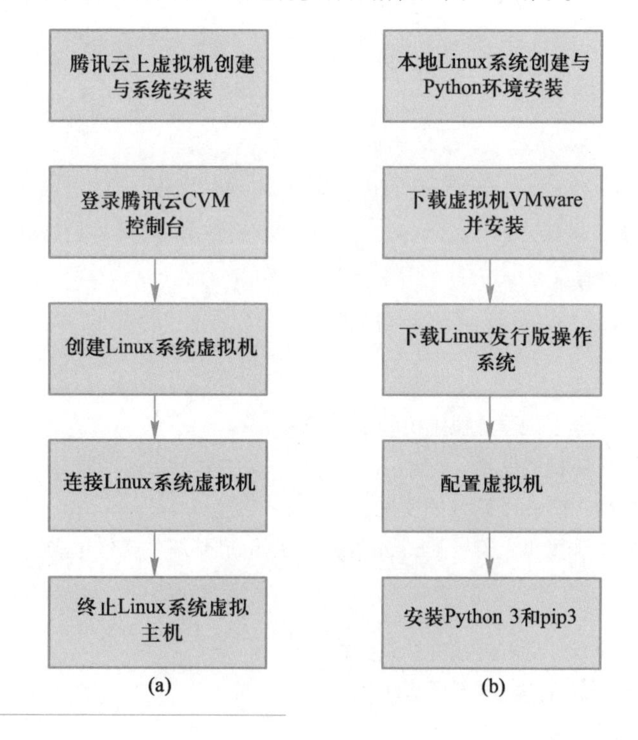

图 2-1
Linux 系统和 Python 开发环境的两种安装方法流程图

工作任务

- 了解不同 Linux 系统的优缺点。
- 申请并使用腾讯云账号。
- 在腾讯云中创建虚拟主机和安装操作系统。
- 下载 VMware 软件和 Ubuntu 16.04 桌面版系统版本。
- 在本地计算机虚拟机中安装 Ubuntu 16.04 系统

任务 2-1　申请并使用腾讯云控制台

申请并使用腾讯云控制台

任务描述

本任务通过对腾讯云账号的申请并使用腾讯云服务所包含的内容，熟悉腾讯云服务的使用。

问题引导

1. 为什么要使用腾讯云?
2. 腾讯云主要有哪些基础服务?

知识准备

1. 云计算

微课 4
操作系统和虚拟化技术

(1)“云计算”简介

“云计算”通过使用基于互联网的云服务平台，按照按需付费的收费方式，实现了对算力、数据库存储、应用程序和其他 IT 资源的按需分配。

云计算服务可以满足多种应用场景的需求。无论是具有多用户、大数据并发特点的移动应用程序，如有数百万用户的视频、图片共享移动应用程序，还是支撑公司重要运营流程的应用软件，云服务平台都可以提供对灵活、低成本 IT 资源的快速访问。

使用云计算服务，不再需要传统的做法进行大量的前期硬件投资、花费大量的时间进行硬件管理。反之，用户需要关注的是如何精准配置所需的计算资源类型及规模，为需要实现的新想法助力，或者帮助用户运作 IT 部门。在需要更多资源的场景，用户可以根据需求获取任意数量的资源，而且只需为所用资源付费。

微课 5
腾讯云简介

云计算提供了一种在互联网上访问服务器、存储空间、数据库和各种应用程序的简单方法。这些硬件属于云平台，并且由云平台进行管理。当用户通过网络请求资源、使用资源时，云服务平台完成对硬件资源的管理和调度。

(2)使用云计算的优势

与传统的服务模式相比，使用云计算具有以下 6 大优势：

① 将资本投入变成可变投入。

使用云计算，用户无须在不确定的情况下，花费大量资金建设数据中心和服务器。与此相反，用户只需在使用计算资源的时候才付费，而且仅需要为自己消耗的计算资源付费。

② 大范围规模经济的优势。

使用云计算，用户可以获得更低的可变成本，比自己去做强得多。由于数十万家客户聚集在云中，这使得云提供商能够实现更高的规模经济效益，从而提供更低的即用即付价格。

③ 无须预估容量。

用户不必再猜测基础设施容量需求。如果用户在部署应用程序前就确定了容量，那

笔 记

么通常的结果是资源闲置或容量不足。而使用云计算技术，这些问题都不会出现。用户可以根据需要使用容量，而且只需几分钟就可以根据需要扩大或缩小容量。

④ 增加速度和灵活性。

在云计算环境中，用户只需点击鼠标就可以获取新的 IT 资源，这意味着可以将开发人员获取可用资源的时间从数周缩短为几分钟。由于用于试验和开发的成本和时间明显减少，这就大大增加了组织的灵活性。

⑤ 无须为运行和维护数据中心额外投资。

云计算的这一特点，帮助用户关注其项目，而非基础设施。使用云计算，用户可以专注于服务自己的客户，而不是忙于搬动沉重的机架、堆栈和电源等。

⑥ 数分钟内实现全球化部署。

可以轻松地将应用程序部署在全世界的多个区域。这意味着，用户能够使用最少的成本，为其客户提供更低的延迟和更好的体验。

（3）云计算的类型

云计算让开发人员和 IT 部门能够专注于最重要的职能，而避免无差别劳动（如采购、维护和容量规划）。云计算日渐普及，已经出现了几种不同的模型和部署策略，以满足不同用户的特定需求。不同类型的云服务和部署方法可为用户提供不同级别灵活的控制和管理。理解基础设施即服务、平台即服务和软件即服务之间的差异，以及可以使用的部署策略，有助于根据需求选用合适的服务组合。

① 云服务计算模型。

● 基础设施服务（Infrastructure as a Service，IaaS）。

IaaS 包含构建云 IT 的基本模块，通常提供对网络功能、计算机（虚拟或专用硬件）以及数据存储空间的访问。IaaS 为用户提供的 IT 资源，具有最高级别的灵活性和管理控制，并且与当今许多 IT 部门和开发人员熟悉的现有 IT 资源极其相似。

● 平台即服务（Platform as a Service，PaaS）。

PaaS 使得用户无须管理底层基础设施（通常是硬件和操作系统），让用户能够专注于应用程序的部署和管理。这有助于提高效率，因为用户可以不再关注资源购置、容量规划、软件维护、补丁安装或任何与应用程序运行有关的、不能产生价值的繁重工作。

● 软件即服务（Software as a Service，SaaS）。

SaaS 为用户提供由服务提供商运营和管理的完整产品。通常人们所说的软件即服务指的是终端用户应用程序。使用 SaaS 产品时，用户不必考虑如何维护服务或如何管理底层基础设施，用户只需考虑如何使用软件。SaaS 应用程序的一个常见示例是基于 Web 的电子邮件，用户使用该应用发送和接收电子邮件，而无须管理电子邮件产品的功能或维护运行电子邮件程序的服务器和操作系统。

② 云服务部署模型。

● 云部署。

基于云的应用程序完全部署在云中且应用程序的所有组件都在云中运行。云中的应用程序既可以在云中创建，也可以从现有基础设施迁移而来，以利用云计算的优势。基于云的应用程序可以构建在级别较低的基础设施组件上，也可以构建在抽象级更高的服务上，这些服务提供了从核心基础设施的管理、架构和扩展要求中抽象提取的能力。

● 混合部署。

笔 记

混合部署提供了一种连接基于云的资源和非云现有资源之间的方法，这些资源可以是基础设施，也可以是应用程序。最常见的混合部署方法是在云与现有的本地基础设施之间进行，将组织的基础设施扩展到云中，同时将云资源连接到内部系统。

- 本地部署。

可以通过使用虚拟化技术和资源管理工具，将资源部署在本地，称作“私有云”。私有云无法提供云计算的诸多好处，但可以为用户提供一些专用资源。在大多数情况下，这种部署模式与传统的 IT 基础设施相同，但它会利用应用程序管理和虚拟化技术来尝试提高资源利用率。

2. 腾讯云平台基础服务

腾讯云平台由很多云服务组成，用户可以根据自己的业务或组织需要，组合使用这些服务。用户可以通过使用腾讯云管理控制台、云 API 接口（Application Programming Interface，应用程序编程接口）或软件开发工具包（Software Development Kits，SDK）来访问这些服务。下面介绍几种常用的服务，更多的服务读者可以查看腾讯云的官方文档。

（1）计算型 CN3

计算型 CN3 实例是最新一代计算型实例，拥有更大带宽、更低时延。提供 CVM 中最高基准主频的处理器和最高的性价比，是高计算性能和高并发读写等受计算限制的应用程序的理想选择。

计算型CN3实例采用至强处理器Skylake全新处理器，最高内网带宽可支持25 Gbit/s，相比计算型 C3 提升 2.5 倍。

① 使用场景。

它们适用于下列情况：

- 批处理工作负载、高性能计算（HPC）。
- 高流量 Web 前端服务器。
- 大型多人联机（MMO）游戏服务器等其他计算密集型业务。

② 实例特点。

- 3.2 GHz Intel Xeon Skylake 6146 处理器。
- 配有全新的 Intel Advanced Vector Extension（AXV-512）指令集。
- 最高可支持 25 Gbit/s 内网带宽，满足极高的内网传输需求。
- 最新一代六通道 DDR4 内存，内存速度达 2666 MT/s。
- 处理器与内存配比为 1∶2 或 1∶4。
- 实例网络性能与规格对应，规格越高网络转发性能越强，内网带宽上限越高。

支持全种类云硬盘。根据付费方式的不同，可以将云服务器 CVM 实例分为如下几种类型：

按量计费实例（On-Demand Instance）。使用按需实例，用户只需要按小时支付计算容量费用，无须长期购买。用户可以根据应用程序的需求提升或降低计算容量，并且只需按规定的小时费率为所使用的实例付费。按需实例让用户不必面对制订计划、采购和维护硬件所带来的成本和复杂性，并能将一般较高的固定成本变为较低的可变成本。

包年包月实例（Reserved Instance）。包年包月是云服务器实例的一种预付费模式，提前一次性支付一个月或多个月甚至多年的费用。这种付费模式适用于提前预估设备需求量

笔 记

的场景，价格相较于按量计费模式更低廉。包年包月云服务器实例是先购买再使用的方式：用户在使用预付费方式购买云服务时，系统会根据用户选购买的资源硬件（包括 CPU、内存、数据盘）和网络费用，对用户云账户进行对应金额扣除。

竞价型实例（Spot Instances）。竞价实例是云服务器 CVM 的一种新实例运作模式，其最核心的特点是折扣售卖和系统中断机制，即用户可以以一定幅度的折扣购买实例，但同时系统可能会自动回收这些折扣售卖的实例。由于竞价型实例相对于按需定价有一定的折扣，因此用户不仅可以大大降低应用程序的运行成本，在预算不变的情况下提升应用程序的计算容量和吞吐量，还能启用新型云计算应用程序。

（2）数据库

① 云数据库 MySQL。

- 硬件保障。

基于 PCI-E SSD，提供至少高于 SATA 三倍的 IOPS 配置，强大 IO 性能保障数据库的访问能力。

存储硬件采用 NvMe 协议，专门针对 PCI-E 接口的 SSD 设计，更能发挥出性能优势。

高 IO 型单实例最大支持 245509 次/s（每秒访问次数）、488 GB 内存和 6 TB 存储空间。

- 内核优化。

主从同步多线程优化，解决 DB 间同步性能瓶颈，无须考虑主从同步不及时的问题。

MySQL 事务线程和 Dump 线程的锁优化，进一步提高了数据库性能。

- 多可用区容灾。

支持跨可用区部署，主机和备机分处于同城不同可用区，通过腾讯专线网络进行实时的数据复制。本地为主机，远程为备机，外部访问该数据时，首先访问本地的实例，若本地实例发生故障或访问不可达时，则访问远程备机。跨可用区部署特性为云数据库 MySQL 提供了多可用区容灾的能力，主机和备机切换过程对用户透明，避免了单 IDC 部署的运营风险，IDC 不可用对业务完全透明。

② 云数据库 Redis。

云数据库 Redis（TencentDB for Redis）是由腾讯云提供的兼容 Redis 协议的缓存数据库，具备高可用、高可靠、高弹性等特征。云数据库 Redis 服务兼容 Redis 2.8、Redis 4.0 版本协议，提供标准版和集群版两大产品版本。最大支持 4 TB 的存储容量、千万级的并发请求，可满足业务在缓存、存储、计算等不同场景中的需求。

其主要功能如下：

- 主从热备：提供主从热备，宕机自动监测，自动容灾。
- 数据备份：标准和集群版数据持久化存储，可提供每日冷备份和自助回档。
- 弹性扩容：可弹性扩容实例的规格或缩容实例规格，支持节点数的扩容和缩容，以及副本的扩容和缩容。
- 网络防护：支持私有网络 VPC，提高缓存安全性。
- 分布式存储：用户的存储分布在多台物理机上，彻底摆脱单机容量和资源限制。

（3）存储

① 云对象存储。

云对象存储（Cloud Object Storage，COS）是由腾讯云推出的无目录层次结构、无数据格式限制，可容纳海量数据且支持 HTTP/HTTPS 协议访问的分布式存储服务。腾讯云

COS 的存储桶空间无容量上限，无须分区管理，适用于 CDN 数据分发、数据万象处理或大数据计算与分析的数据湖等多种场景。COS 提供网页端管理界面、多种主流开发语言的 SDK、API 以及命令行和图形化工具，并且兼容 S3 的 API 接口，方便用户直接使用社区工具和插件。

使用 COS，用户无须传统硬件的采购、部署和运维，从而节省了运维工作和托管成本。COS 支持按需按量使用，用户无须预先支付任何预留存储空间的费用，通过生命周期管理，进一步降低成本。

② 云硬盘 CBS（Cloud Block Store）。

云硬盘为用户提供用于 CVM 的持久性数据块级存储服务。云硬盘中的数据自动地在可用区内以多副本冗余方式存储，避免数据的单点故障风险，提供高达 99.9999999%的数据可靠性。云硬盘提供多种类型及规格的磁盘实例，满足稳定低延迟的存储性能要求。云硬盘支持在同可用区的实例上挂载/卸载，并且可以在几分钟内调整存储容量，满足弹性的数据需求。用户只需为配置的资源量支付低廉的价格就能享受到以上的功能特性。

任务实施

1. 注册腾讯云

微课 6
申请并使用腾讯云账号登录控制台

打开腾讯云注册网址 https://cloud.tencent.com/register，选择“微信扫码快速注册”方式，下方出现二维码，如图 2-2 所示。

注册腾讯云账号

微信扫码快速注册　　其他注册方式

扫码后“确认登录”即可进入注册流程

如果 遇到问题?

图 2-2
注册腾讯云界面

使用微信扫一扫功能扫描 PC 端注册页面的二维码。

在微信客户端点击“确认登录”，登录成功后。若点击“注册新账号”，则需要继续补充账号资料：

阶段 1：手机信息为必填项，因为手机信息是用户初始的安全校验方式。

阶段 2：关注腾讯云助手公众号为可选项，关注后用户可以在微信内接收腾讯云产品

笔 记

相关或告警信息，实时获取工单服务进度。

2. 访问腾讯云

使用浏览器，如 Chrome，登录网址 https://cloud.tencent.com/，如图 2-3 所示。

图 2-3
腾讯云官网界面

3. 使用已有账号登录腾讯云

从页面右上方点击“控制台”，如图 2-4 所示。

图 2-4
登录腾讯云管理控制台

在弹出的界面中，通过微信扫一扫方式，登录进入管理控制台，如图 2-5 所示。

图 2-5
登录进入腾讯云管理控制台

成功登录后进入管理控制台界面，如图 2-6 所示。

图 2-6
腾讯云管理控制台界面

4. 使用计算服务中的云服务器

从腾讯云控制台左上方的"计算"服务中，选择"云服务器"服务，如图 2-7 所示。

图 2-7
选择腾讯云中的云服务器

云服务器控制台界面如图 2-8 所示。

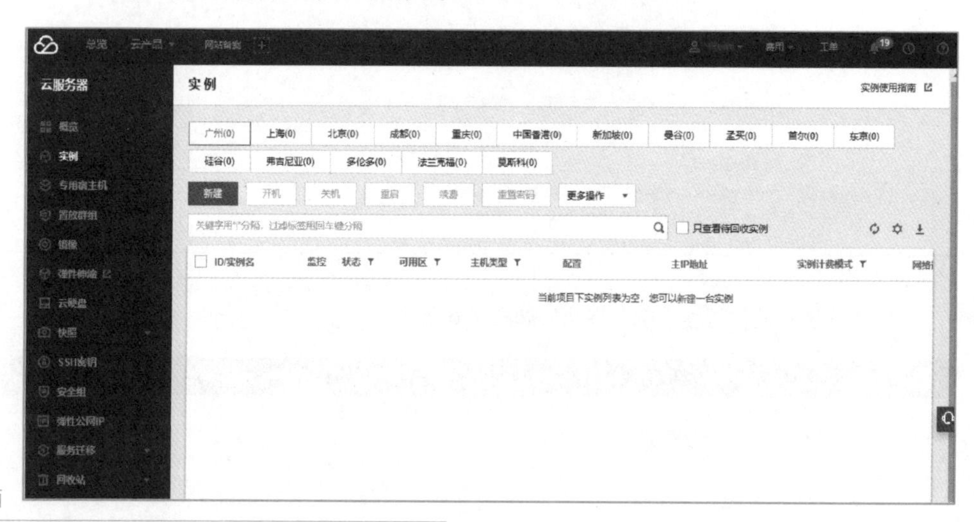

图 2-8
云服务器控制台界面

任务 2-2　创建 Linux 系统虚拟主机

任务描述

创建 Linux 系统虚拟主机

本任务通过在腾讯云控制台中创建云服务器 CVM 以及对云服务器的配置，来熟悉在腾讯云中如何自定义创建一台虚拟云主机。

问题引导

1. 腾讯云服务器 CVM 如何创建?
2. 腾讯云虚拟主机创建时可以自定义哪些配置?

微课 7
在腾讯云控制台中
创建腾讯云服务器

知识准备

云服务器 CVM 的自定义配置如下。

（1）自定义配置：地域与机型

笔 记

- 计费模式：理解包年包月与按量付费两者的不同。对于稳定业务，推荐选择包年包月的计费模式，购买时长越久越划算；对于突发性业务高峰，可以选择按量计费的计费模式，随时开通或销毁计算实例，按实例的实际使用量付费。这里选择“按量付费”。
- 地域：腾讯云云服务器托管机房分布在全球多个位置，由不同的地域（region）构成。每个地域都是指一个独立的物理数据中心。不同地域之间内网不互通，创建后不可更改。请根据学校相邻地域选择。这里选“广州”。
- 可用区：每个地域内都有多个物理上相互隔离的位置，称为可用区（zone）。每个可用区都是独立的，同一个地域下的可用区内网可以互相访问。
- 网络类型：如果有此项，选择“私有网络”。
- 网络：私有网络是用户在腾讯云上自定义的逻辑隔离网络空间，与用户自行搭建的数据中心运行的传统网络相似。用户可以完全掌握私有网络环境，包括自定义网段划分、IP 地址和路由策略等。在“网络”的两个下拉列表中均选择“Default-VPC”。
- 实例：实例类型决定了实例的主机硬件配置。每个实例类型提供不同的计算、内存和存储功能。用户可基于需要部署运行的应用规模，选择一种适当的实例类型。这些实例族是由 CPU、内存、存储、异构硬件和网络带宽组成不同的组合，用户可灵活地为应用程序选择适当的资源。

（2）自定义配置：系统镜像

- 公共镜像：腾讯云官方提供的公共基础镜像，仅包含初始的系统环境和必要组件。需根据实际情况自助配置应用环境或相关软件配置。
- 自定义镜像：基于现有实例为模板创建的系统镜像，包含该时刻的操作系统、应用环境和相关软件配置。可使用自定义镜像快速批量地部署相同环境的云服务器，节省重复配置的时间。
- 共享镜像：由其他用户制作并且共享给本账号使用的自定义镜像。

（3）自定义配置：存储与带宽

- 系统盘：用来存储云服务器运行的操作系统的虚拟硬盘。
- 数据盘：主要用来存储用户数据的虚拟硬盘。
- 网络计费模式：固定带宽是指定公网出方向的最大带宽值。固定带宽的流量单价相对于按使用流量的计费方式所使用的费用低，适合网络带宽使用稳定的用户。按使用流量是指按服务器使用过程中产生的流量大小而产生相应网络费用，对公网出流量需求少的用户具有更高性价比。
- 带宽上限：可自由拖动控制，云服务器需要外网访问能力的时候，需要为云服务器分配公网 IP 地址，如果云服务器不分配公网 IP 地址，不支持外出流量，并且无法使用外网 IP 地址对外进行互相通信。
- 公共网关：公网网关是开启了转发功能的云主机，常用于云主机集群固定网络出口地址。此处保持不选中状态。

（4）自定义配置：安全组和主机

- 安全组：安全组是一种有状态的包过滤虚拟防火墙，用于设置单台或多台云服务器的网络访问控制，安全组是一个逻辑上的分组，是重要的网络安全隔离手段。

- 实例名称：指创建的云主机名称。
- 定时销毁：开启定时销毁后，系统将在设定时间点自动销毁机器。

任务实施

1. 创建新实例

单击蓝色的“新建”按钮，进入创建新实例的界面，如图 2-9 所示。

图 2-9
启动一个新实例

进入快速创建虚拟主机的界面，如图 2-10 所示。

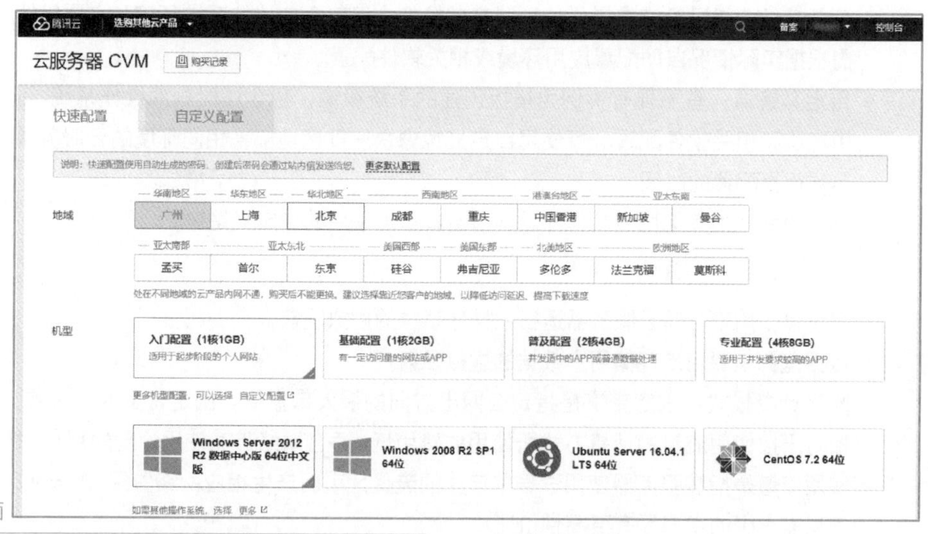

图 2-10
选择虚拟主机类型界面

单击图 2-10 中的“自定义配置”选项卡切换到“自定义配置”界面。

2. 选择地域与机型

- 计费模式：这里选择“按量付费”。
- 地域：根据学校相邻地域选择。这里选择“广州”。
- 可用区：选择“随机可用区”。
- 网络类型：如果有此项，选择“私有网络”。
- 网络：其两个下拉列表中均选择默认设置。

- 实例：选择 S2.SMALL2。

选择地域与机型的结果如图 2-11 所示。

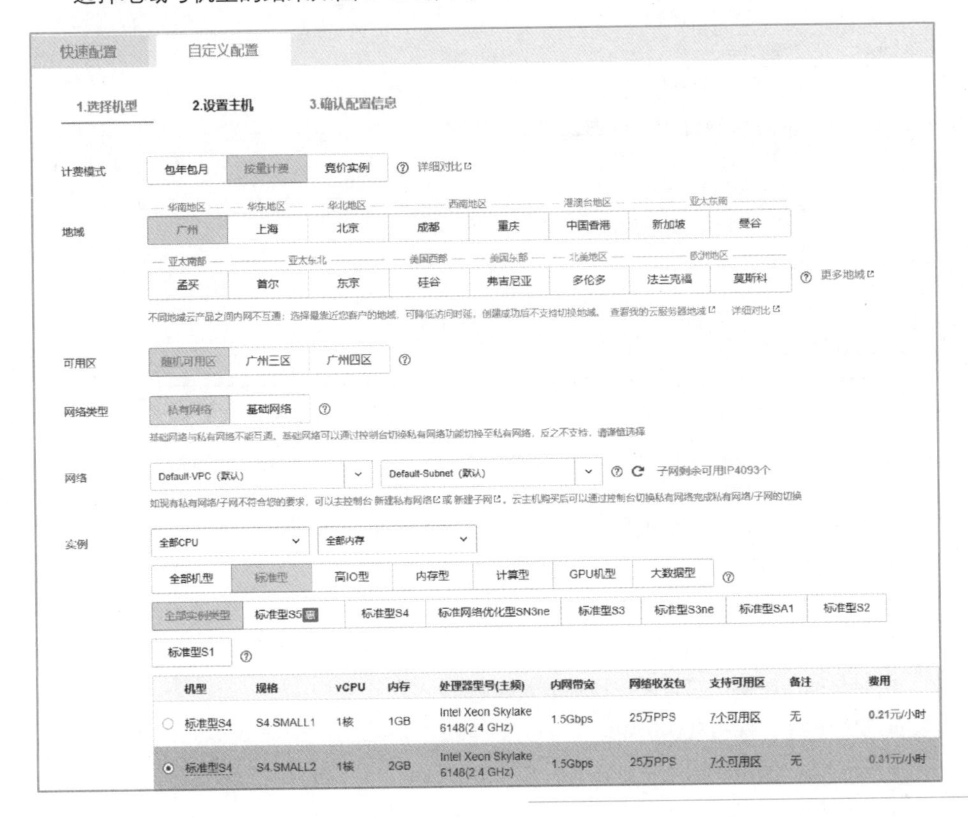

图 2-11
完成选择地域与机型

3. 选择系统镜像

- 公共镜像：此处选择“公共镜像”。
- 操作系统：此处选择 Ubuntu。
- 系统架构：64 位。
- 镜像版本：选择“Ubuntu Server 16.04.1 LTS 64 位”。

系统镜像配置的结果如图 2-12 所示。

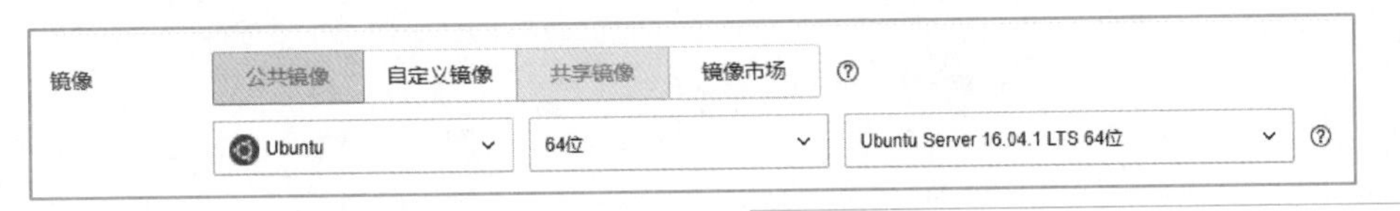

图 2-12
完成系统镜像的配置

4. 选择存储与带宽

- 系统盘：此处保持默认即可（高性能云硬盘，大小为 50 GB）。
- 数据盘：保持默认。
- 网络计费模式：此处选择“按使用流量”。
- 带宽上限：可自由拖动控制，大于 0 Mbit/s 即可。选中“免费分配独立公网 IP”复选框。

- 公共网关：此处保持为不选中状态。

存储与带宽的配置结果如图 2-13 所示。

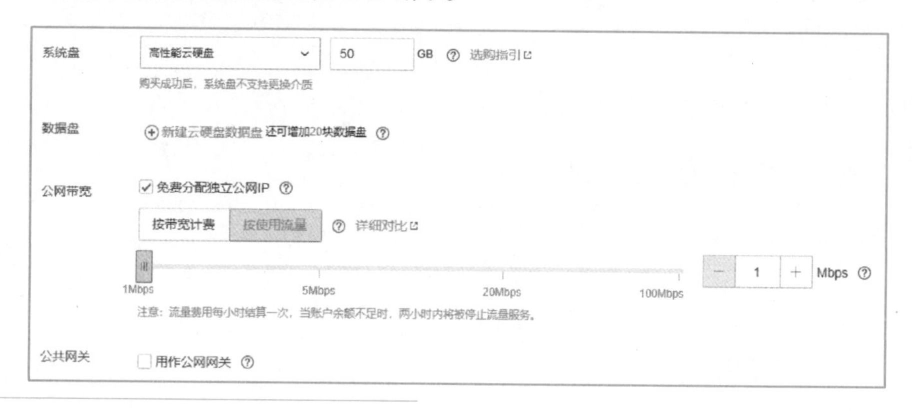

图 2-13
完成存储与带宽的配置

5. 设置安全组和主机

笔 记

- 所属项目：选择默认项目。
- 安全组：选择“新建安全组”。
- 实例名称：可选，按个人习惯输入。

用户名：固定为 ubuntu。

密码与确认密码：符合密码规则填入即可。

- 安全加固：保持默认选中。
- 云监控：保持默认选中。
- 定时销毁：保持不选中。

设置结果如图 2-14 和图 2-15 所示。

1.选择机型　2.设置主机　3.确认配置信息

所属项目　默认项目

安全组　新建安全组　已有安全组

放通22，80，443，3389端口和ICMP协议　使用指引

如您有业务需要放通其他端口，您可以 新建安全组

安全组规则　入站规则　出站规则

来源	协议端口	策略	备注
0.0.0.0/0	TCP:3389	允许	放通Windows远程登录
0.0.0.0/0	TCP:22	允许	放通Linux SSH登录
0.0.0.0/0	TCP:80,443	允许	放通Web服务端口
0.0.0.0/0	ICMP	允许	放通Ping服务
10.0.0.0/8	ALL	允许	放通内网
172.16.0.0/12	ALL	允许	放通内网
192.168.0.0/16	ALL	允许	放通内网

注意：来源为0.0.0.0/0 表示所有IP地址都可以用于访问，建议填写您常用的IP地址

图 2-14
设置安全组

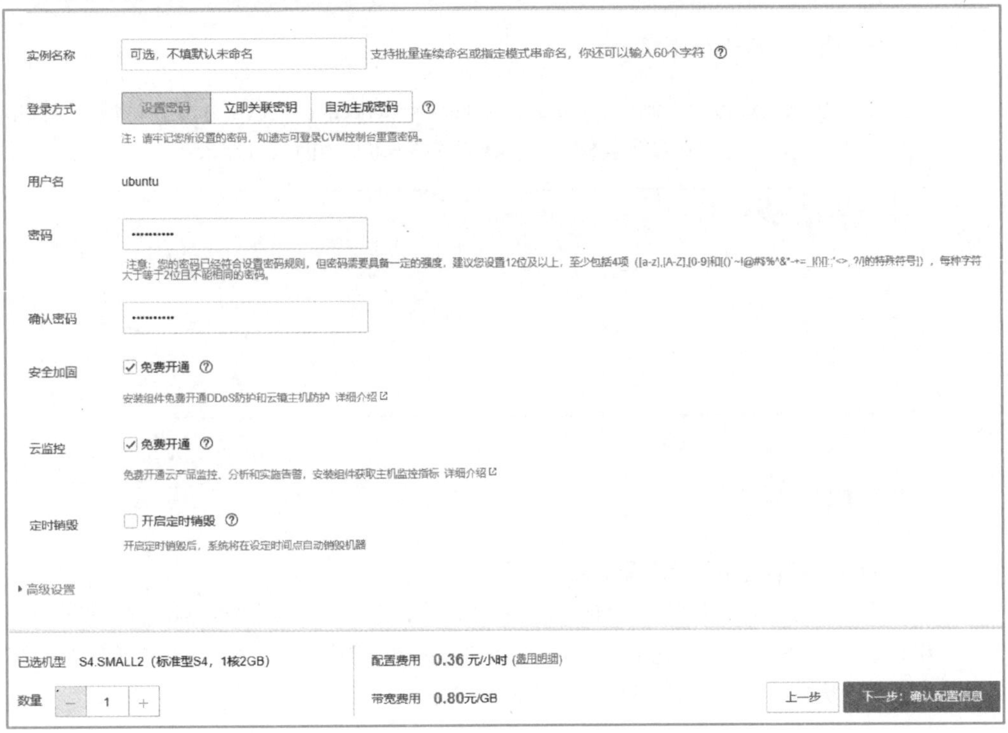

实例名称　可选，不填默认未命名　支持批量连续命名或指定模式串命名，你还可以输入60个字符

登录方式　设置密码　立即关联密钥　自动生成密码

注：请牢记您所设置的密码，如遗忘可登录CVM控制台重置密码。

用户名　ubuntu

密码　••••••••••

注意：您的密码已经符合设置密码规则，但密码需要具备一定的强度，建议您设置12位及以上，至少包括4项（[a-z],[A-Z],[0-9]和[()`~!@#$%^&*-+=_|{}[]:;'<>,.?/]的特殊符号]），每种字符大于等于2位且不能相同的密码。

确认密码　••••••••••

安全加固　✓免费开通

安装组件免费开通DDoS防护和云镜主机防护　详细介绍

云监控　✓免费开通

免费开通云产品监控、分析和实施告警，安装组件获取主机监控指标　详细介绍

定时销毁　开启定时销毁

开启定时销毁后，系统将在设定时间点自动销毁机器

高级设置

已选机型　S4.SMALL2（标准型S4，1核2GB）　配置费用　0.36 元/小时（费用明细）

数量　1　带宽费用　0.80元/GB　上一步　下一步：确认配置信息

图 2-15
设置实例登录
用户名密码

6. 确认配置信息

- 逐项检查配置信息，确认购买数量为 1，如图 2-16 所示。
- 单击“开通”按钮并选择支付方式后完成购买。

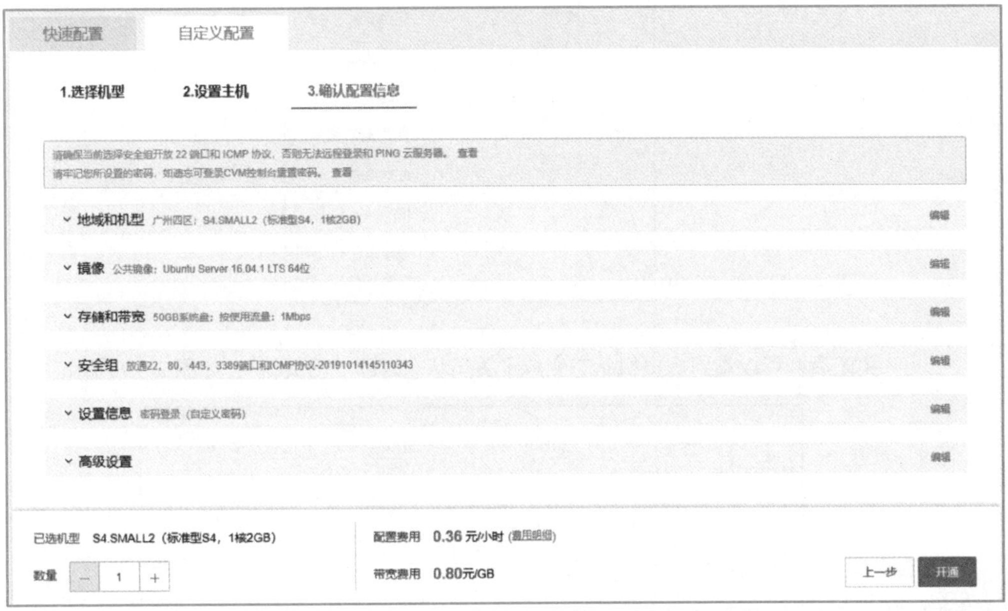

快速配置　自定义配置

1.选择机型　2.设置主机　3.确认配置信息

请确保当前选择安全组开放 22 端口和 ICMP 协议，否则无法远程登录和 PING 云服务器。 查看
请牢记您所设置的密码，如遗忘可登录CVM控制台重置密码。 查看

地域和机型　广州四区：S4.SMALL2（标准型S4，1核2GB）　编辑

镜像　公共镜像：Ubuntu Server 16.04.1 LTS 64位　编辑

存储和带宽　50GB系统盘；按使用流量：1Mbps　编辑

安全组　放通22，80，443，3389端口和ICMP协议-20191014145110343　编辑

设置信息　密码登录（自定义密码）　编辑

高级设置　编辑

已选机型　S4.SMALL2（标准型S4，1核2GB）　配置费用　0.36 元/小时（费用明细）

数量　1　带宽费用　0.80元/GB　上一步　开通

图 2-16
确认配置信息

7. 查看云虚拟机状态

打开腾讯云虚拟机控制台（https://console.cloud.tencent.com/cvm），切换地域为购买虚拟机时选择的地域，可以看到实例已经创建完成并开机，如图 2-17 所示。

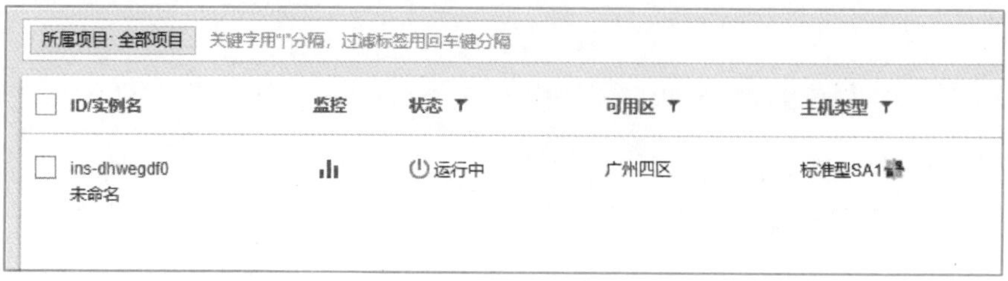

所属项目: 全部项目　关键字用"|"分隔，过滤标签用回车键分隔

ID/实例名	监控	状态	可用区	主机类型
ins-dhwegdf0 未命名		运行中	广州四区	标准型SA1

图 2-17
查看正在运行的实例

知识拓展

修改、编辑虚拟机状态和信息的过程如下。

可以改变虚拟机的状态，如停止、重启和销毁等，也可以进行实例设置、修改安全组和重装系统等操作。在这里，将创建的虚拟机关闭。选中该虚拟机后，依次选择“更多”→“实例状态”→“关机”命令，如图 2-18 所示。

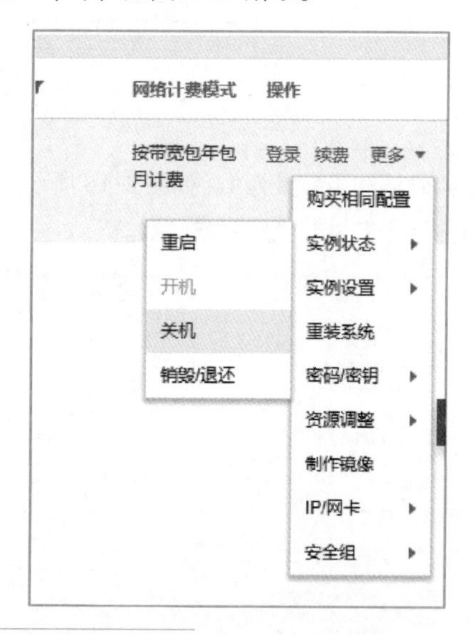

图 2-18
关闭新建的虚拟机

关闭后，可以看到虚拟机状态变成了关闭状态，即“已关机”，如图 2-19 所示。

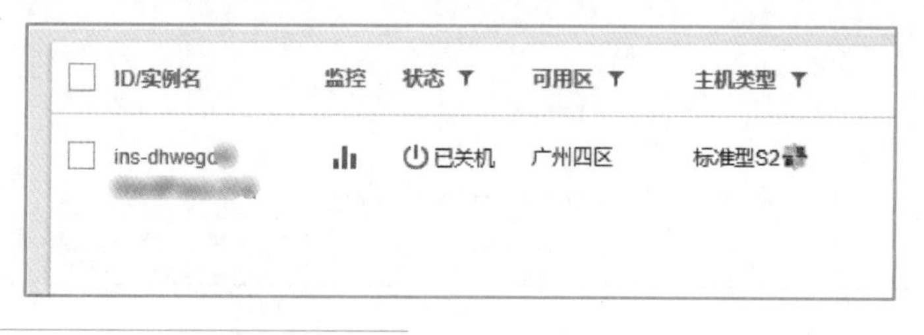

图 2-19
执行“关机”操作后虚拟机的状态

任务 2-3　连接 Linux 系统虚拟主机

任务描述

通过远程连接的方式，对创建好的虚拟主机利用其 IP 地址进行远程访问与登录。

任务实施

1. 获取虚拟机的 IP 地址

启动虚拟机后，选中要连接的虚拟机，在“主 IP 地址”中选择上方的公网 IP 地址，单击公网 IP 地址右侧的“复制公网 IP”按钮，复制该虚拟机的公网 IP 地址，将复制的 IP 数据使用记事本或者其他工具记录下来，如图 2-20 所示。

所属项目：全部项目　关键字用"|"分隔，过滤标签用回车键分隔　只查看待回收实例

ID/实例名	监控	状态	可用区	主机类型	配置	主IP地址	实例计费模式
ins-dhwego		运行中	广州四区	标准型S2	1 核 2 GB 1 Mbps 系统盘：普通云硬盘 网络：广州VPC	193.112. (公) 10.23.1.9 (内)	包年包月 复制公网IP -07 期

图 2-20　获取 CVM 的公网 IP 地址

2. 使用 SSH 客户端工具连接到虚拟机

在这里，使用的 SSH 客户端工具是 Xshell。关于 Xshell 工具的下载安装过程请参考附加：Windows 获取并安装 Xshell 工具。

微课 8　使用 SSH 客户端工具连接到腾讯云服务器

启动 Xshell 后，选择“文件”→“新建”命令，新建一个会话，如图 2-21 所示。

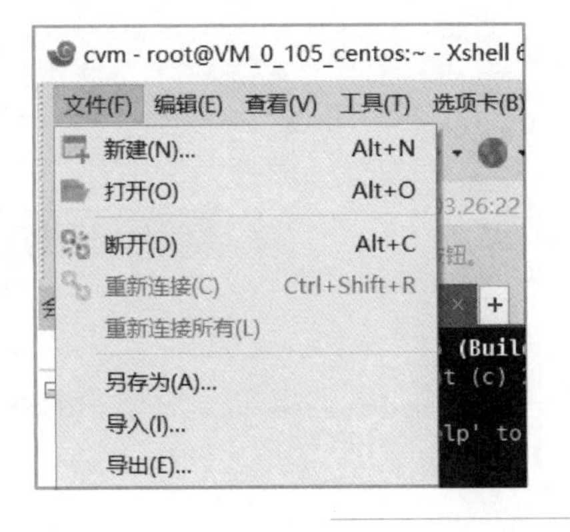

图 2-21　新建一个会话

然后输入远程服务器的地址，端口号默认为 22，如图 2-22 所示。

输入用户名和密码（即主机密码），如图 2-23 所示。

图 2-22
“新建会话属性”对话框

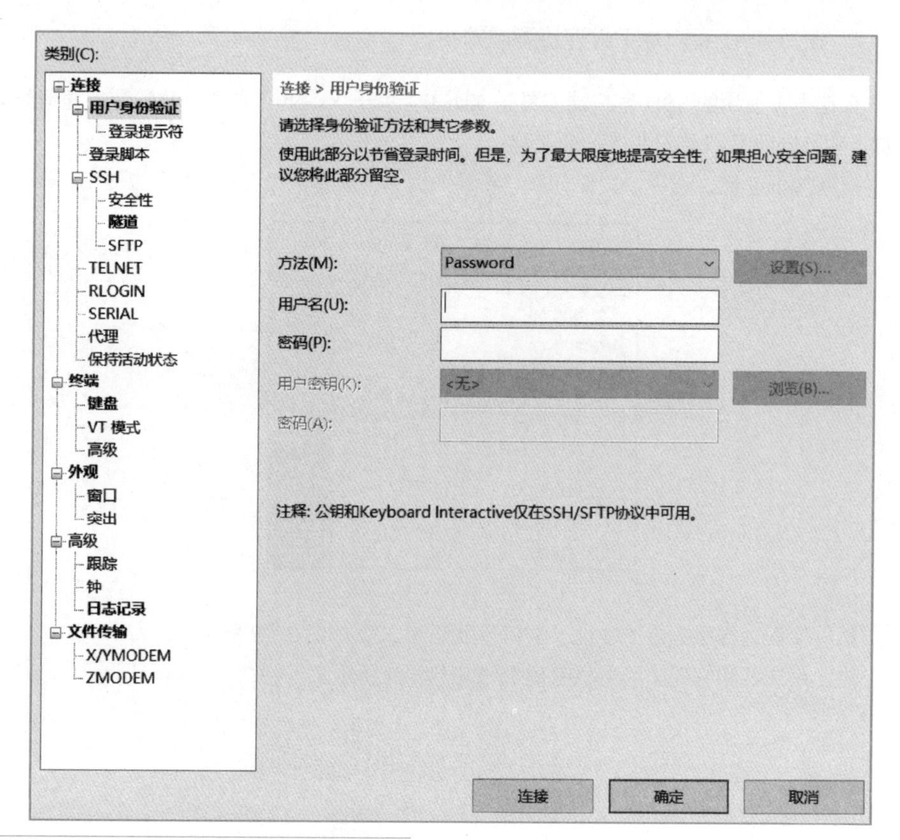

图 2-23
输入用户名和密码

3. 登录虚拟机

完成信息填写后，单击“连接”按钮。这时会弹出如图 2-24 所示的提示框，单击“接受并保存”按钮即可。

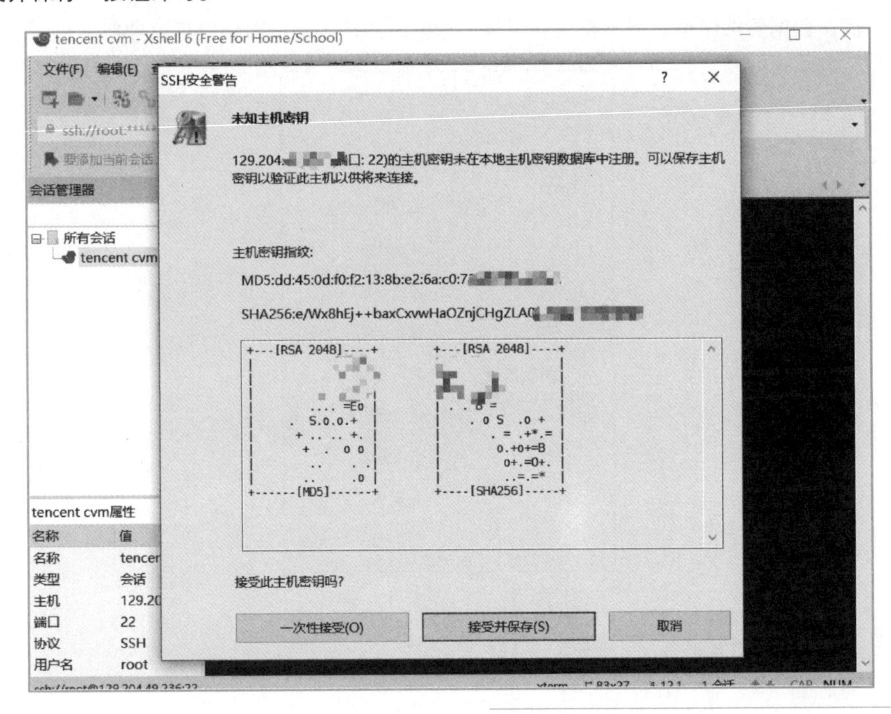

图 2-24
使用默认账号登录虚拟机

是连接成功后的示例如图 2-25 所示。

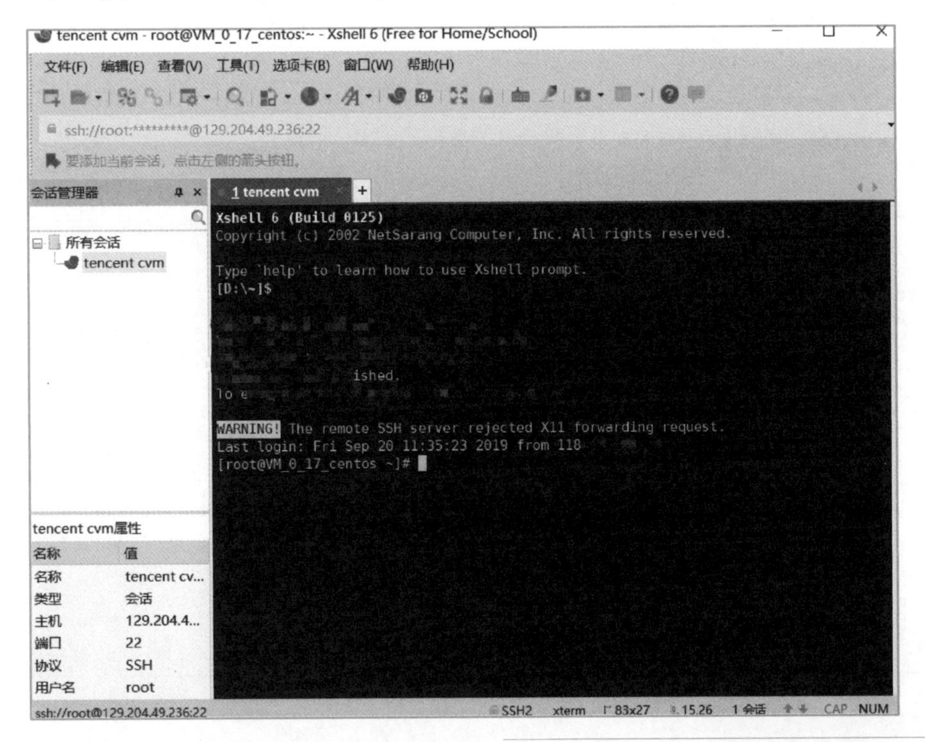

图 2-25
成功登录虚拟机

4. 终止或停止虚拟机

终止 Linux 系统虚拟主机，就是删除 CVM 实例，和此实例相关的 CBS 云硬盘将被自动删除，所有数据将丢失，如图 2-26 所示。停止 Linux 系统虚拟主机，就是关闭该虚拟主机，数据仍然保留，但不能提供服务。建议用户在不用的时候停止该虚拟主机。

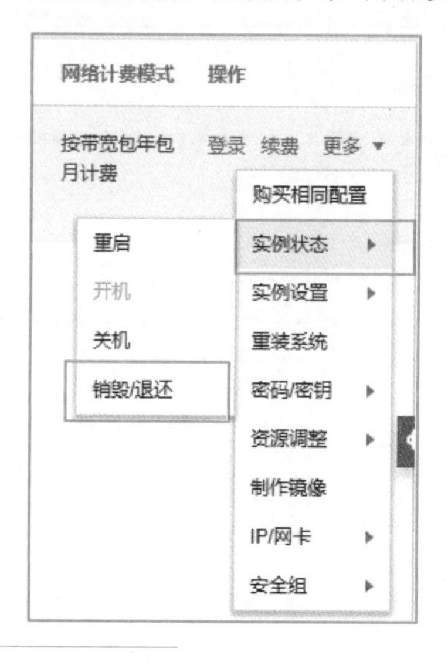

图 2-26
销毁实例

知识拓展

Mac OS 系统连接虚拟机的过程如下。

在 Mac OS 的终端中输入如下代码：

```
➢ ssh -p22 root@x.x.x.x
```

其中，首次登录需要输入“yes”保存远程主机的 HostKey 值，按 Enter 键确认后再输入 root 账户的密码，x.x.x.x 为所要登录的虚拟机的 IP 地址。

运行后，结果如图 2-27 所示，即登入了默认账户的虚拟机。

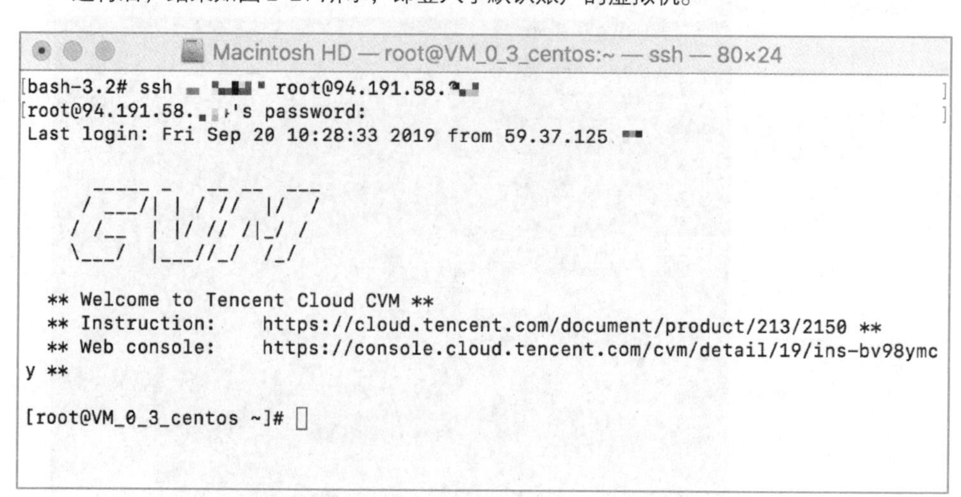

图 2-27
连接虚拟机

任务 2-4　在 Windows 系统中安装 Linux 系统和 Python 环境

在 Windows 系统中安装 Linux 系统和 Python 环境

任务描述

本任务通过在本地 Windows 系统中安装 Linux 系统，来掌握如何通过虚拟化技术安装虚拟系统并使用。

问题引导

1. Linux 系统有哪些?
2. Linux 系统与 Windows 系统的区别有哪些?

笔 记

知识准备

（1）Linux 简介

Linux 是一个操作系统，如同 Windows、Mac OS。操作系统在整个计算机系统中，是在硬件→内核→系统调用→应用程序体系中负责内核→系统调用模块，如图 2-28 所示，但直观地看，操作系统还包含一些在其上运行的应用程序，如文本编辑器、浏览器、电子邮件等。

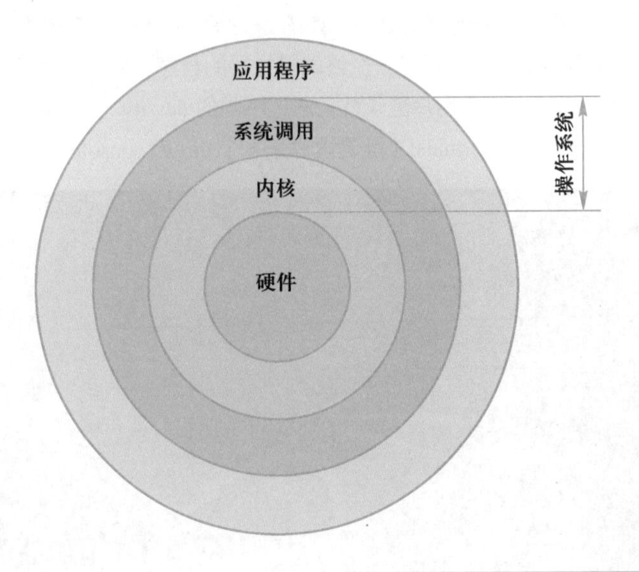

图 2-28
Linux 操作系统

（2）Linux 与 Windows 的区别

目前国内 Linux 更多的是应用于服务器上，而桌面操作系统更多使用的是 Windows，其区别见表 2-1。

表 2-1 Linux 与 Windows 的区别

比较	Windows	Linux
界面	界面统一，外壳程序固定，所有 Windows 程序菜单几乎一致，快捷键也几乎相同	图形界面风格依发布版本不同而不同，可能互不兼容。GNU/Linux 的终端机是从 UNIX 传承下来，基本命令和操作方法也几乎一致
驱动程序	驱动程序丰富，版本更新频繁。默认安装程序中一般包含有该版本发布时流行的硬件驱动程序，之后所出的新硬件驱动依赖于硬件厂商提供。对于一些老硬件，如果没有了原配的驱动有时很难支持。另外，有时硬件厂商未提供所需版本的 Windows 下的驱动	由志愿者开发，由 Linux 核心开发小组发布，很多硬件厂商基于版权考虑并未提供驱动程序，尽管多数无须手动安装，但是涉及安装则相对复杂，使得新用户面对驱动程序问题（是否存在和安装方法）会一筹莫展。但是在开源开发模式下，许多老硬件尽管在 Windows 下很难支持的也容易找到驱动。HP、Intel、AMD 等硬件厂商逐步不同程度支持开源驱动，问题正在得到缓解
使用	使用比较简单，容易入门。图形化界面对没有计算机背景知识的用户使用十分有利	图形界面使用简单，容易入门。文字界面，需要学习才能掌握
学习	系统构造复杂、变化频繁，且知识、技能淘汰快，深入学习困难	系统构造简单、稳定，且知识、技能传承性好，深入学习相对容易
软件	每一种特定功能可能都需要商业软件的支持，需要购买相应的授权	大部分软件都可以自由获取，同样功能的软件选择较少

（3）Linux 中的终端

终端（Terminal）也称为终端设备，是计算机网络中处于网络最外围的设备，主要用于用户信息的输入以及处理结果的输出等，如图 2-29 所示。Linux 系统为实现在图形窗口中完成用户输入和显示输出，提供了一个终端模拟器的程序。终端本质上是对应着 Linux 上的/dev/tty 设备，Linux 的多用户登录就是通过不同的/dev/tty 设备完成的，Linux 默认提供了 6 个纯命令行界面的 terminal（准确地说是 6 个 virtual consoles）让用户登录。

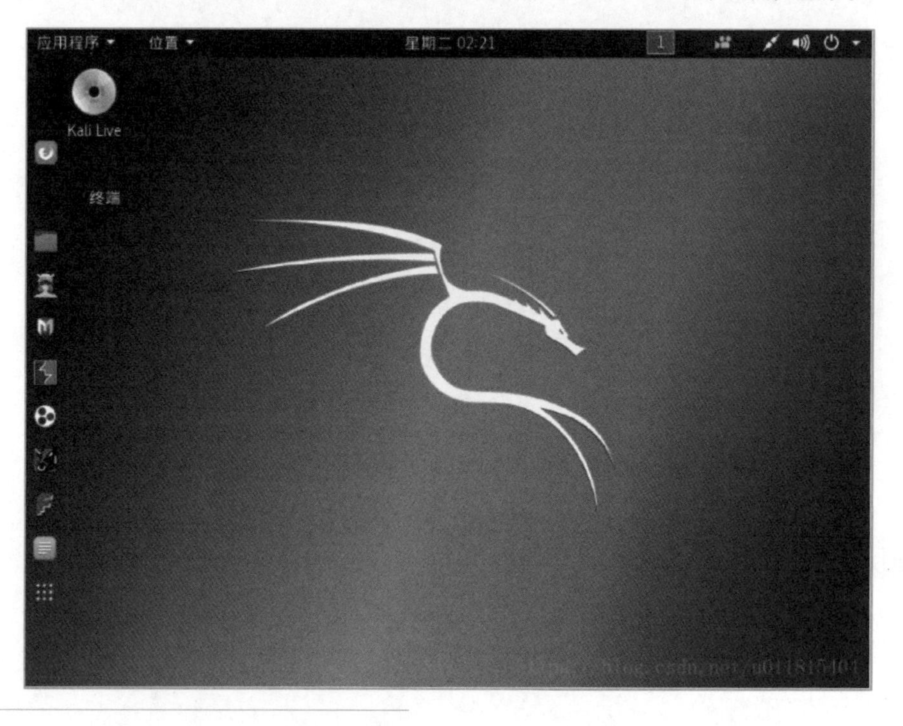

图 2-29
Linux 系统中的终端

（4）Linux 系统中的 Shell

在使用 Linux 时，并不是直接与系统打交道，而是通过一个称为 Shell（壳）的中间程序来完成。普通意义上的 Shell 是指可接收用户输入命令的程序，之所以被称作 Shell 是因为它隐藏了操作系统底层的细节。同样的 UNIX/Linux 下的图形用户界面 GNOME 和 KDE，有时也被称为“虚拟 Shell”或“图形 Shell”。有壳就有核，这里的核就是指 UNIX/Linux 内核，Shell 是指“提供给使用者使用界面”的软件（命令解析器），类似于 DOS 下的 command（命令行）和后来的 cmd.exe。Shell 既是用户交互的界面，也是控制系统的脚本语言。

任务实施

微课 9
使用 Hyper-V
安装 Ubuntu

1. 下载虚拟机 VWmare 并安装

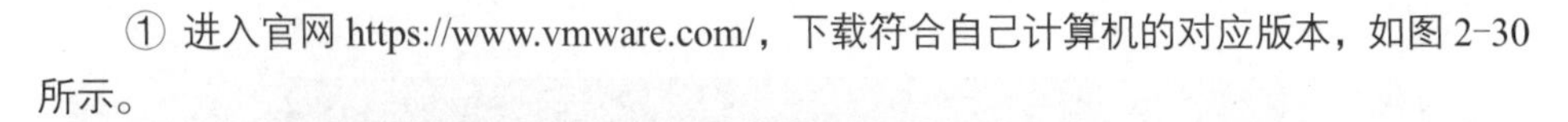

① 进入官网 https://www.vmware.com/，下载符合自己计算机的对应版本，如图 2-30 所示。

图 2-30
VWmare 官网

② 下载完成后，打开安装包，执行安装，如图 2-31～图 2-38 所示。

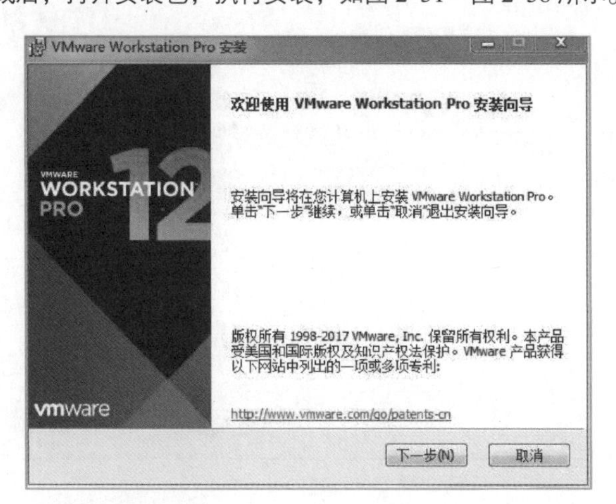

图 2-31
VMware 安装事项

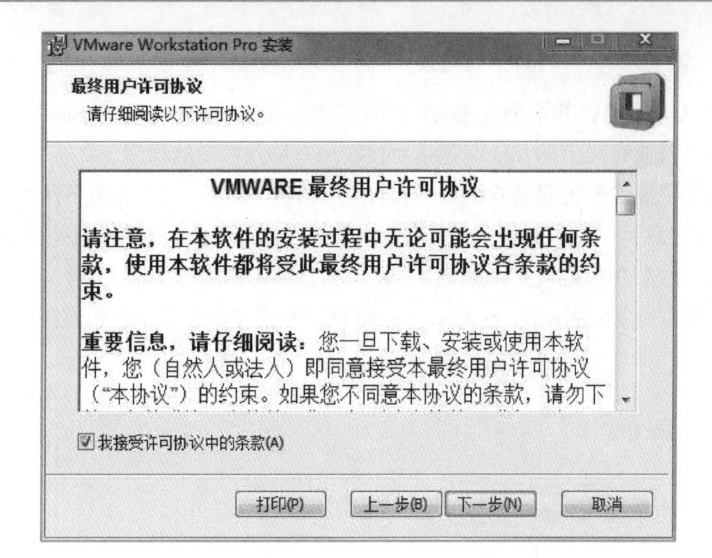

图 2-32
VMware 安装过程

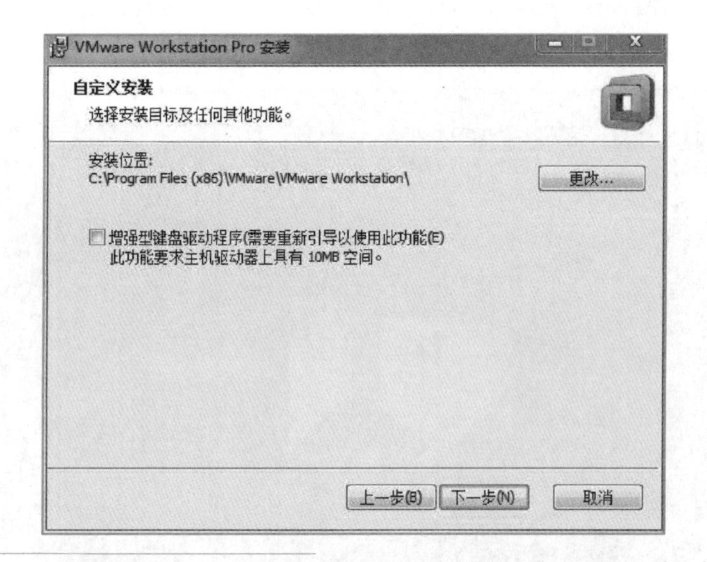

图 2-33
VMware 安装配置-自定义安装

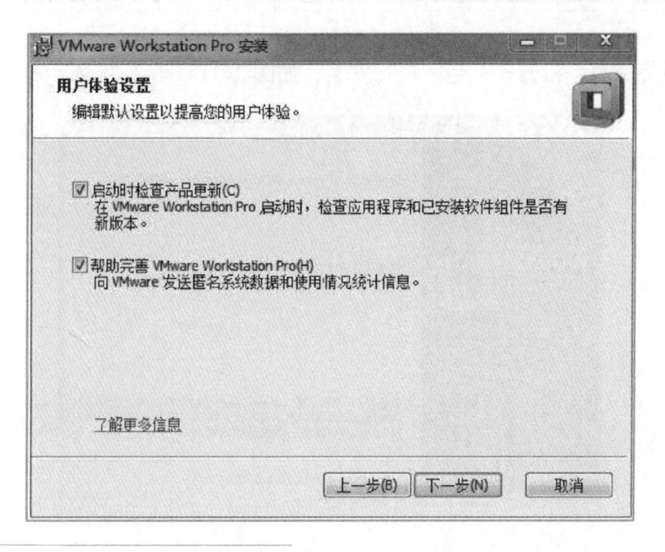

图 2-34
VMware 安装配置-用户体验设置

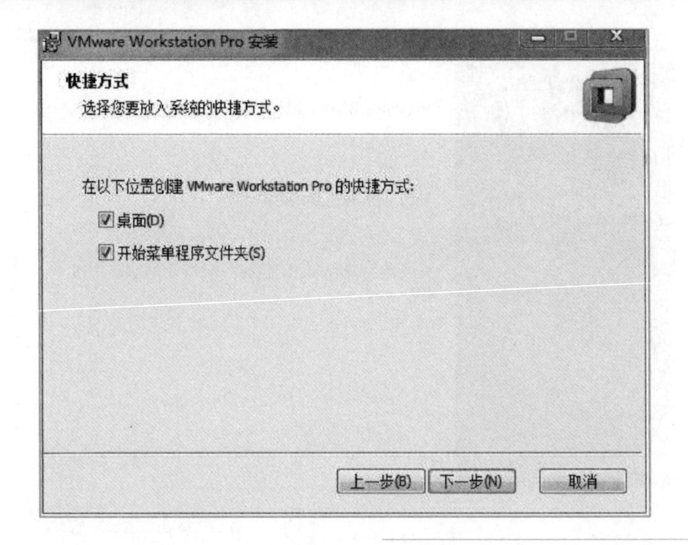

图 2-35
VMware 安装配置-快捷方式

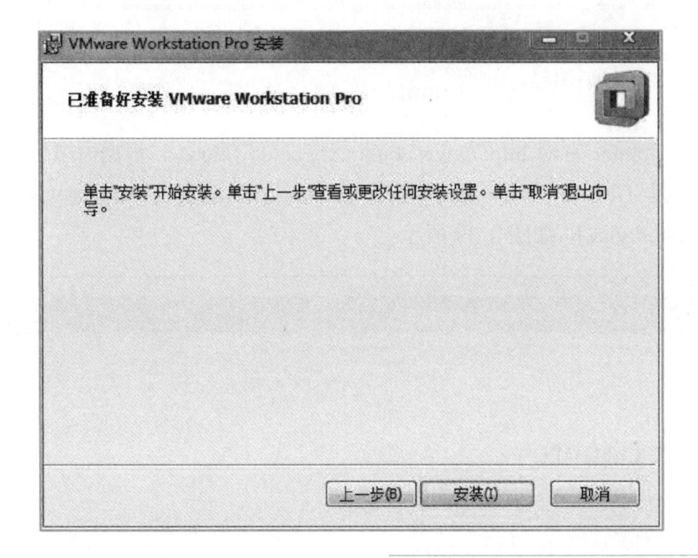

图 2-36
VMware 安装配置-已准备好安装
VMware Workstation Pro

图 2-37
VMware 安装过程-正在安装

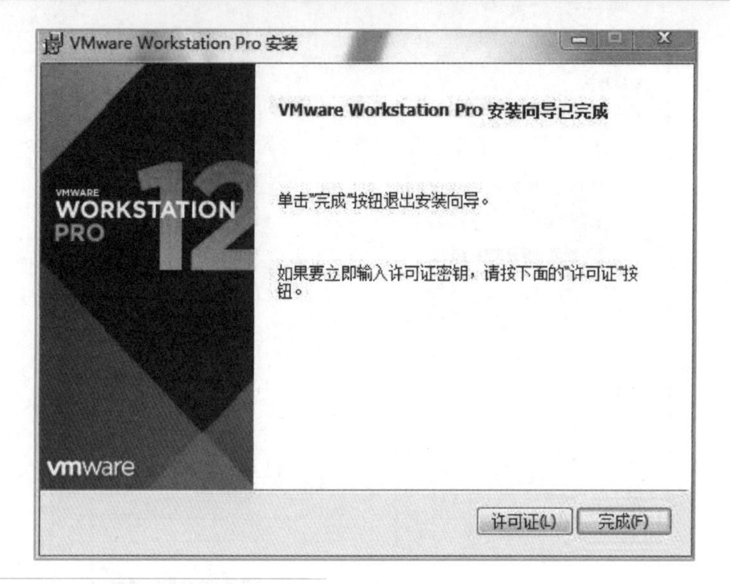

图 2-38
VMware 安装完成

2．下载 Linux 操作系统（Ubuntu）

① 进入 Ubuntu 官网 http://www.ubuntu.org.cn/download/，根据需求下载对应的版本（本书使用的是 Ubuntu Kylin 16.04 LTS 版本，下载地址为 http://www.ubuntu.org.cn/download/ubuntu-kylin），如图 2-39 所示。

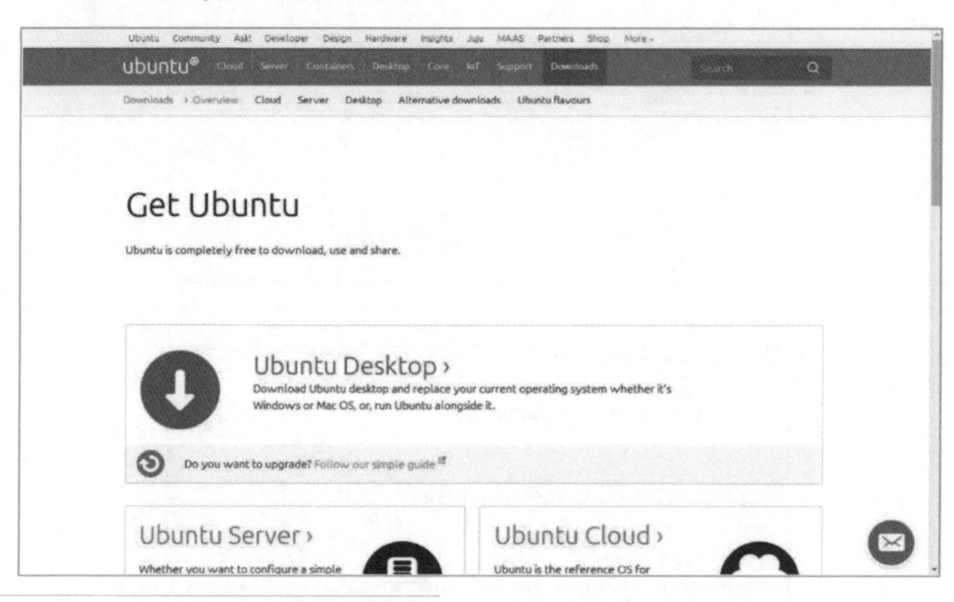

图 2-39
Ubuntu 官网

② 或者在百度网盘中手动下载本文提供的 Ubuntu 系统。百度网盘下载地址为 https://pan.baidu.com/s/1FPA9c--nQBh81e7tpBb4_A，提取码为 6eyy。

3．配置虚拟机

① 打开安装完成的 VMware，如图 2-40 所示。

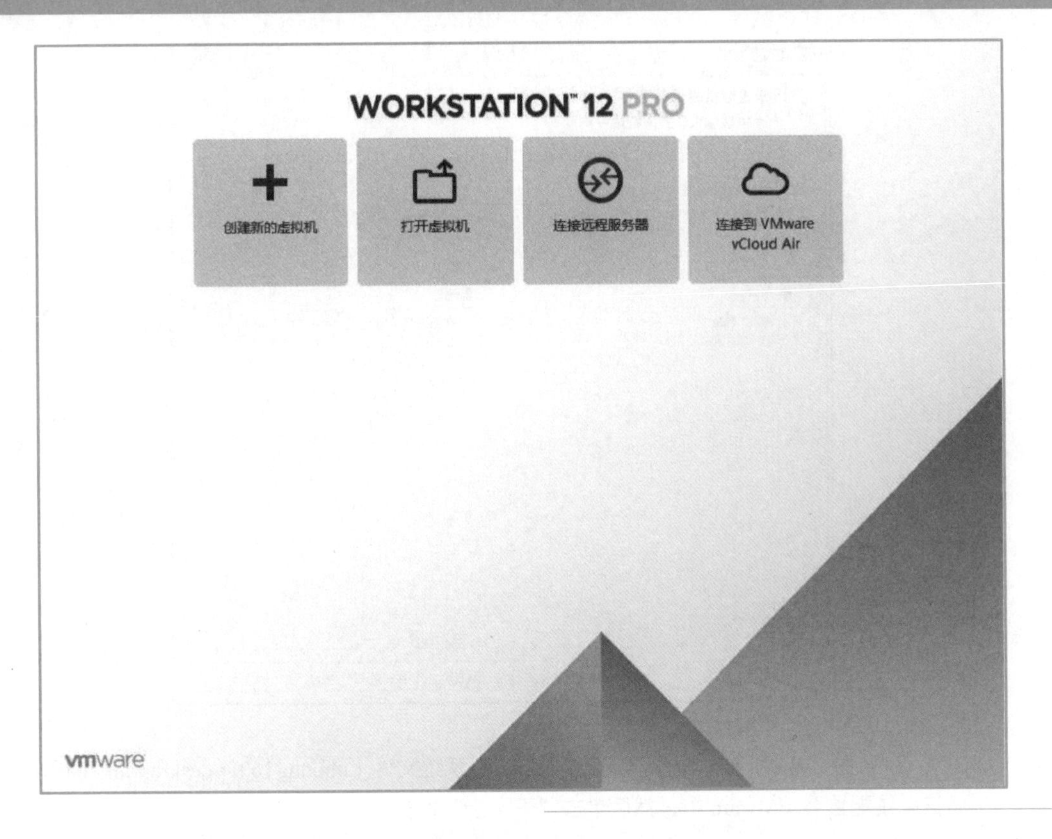

图 2-40
VMware 界面

② 开始配置虚拟机，如图 2-41 和图 2-42 所示。

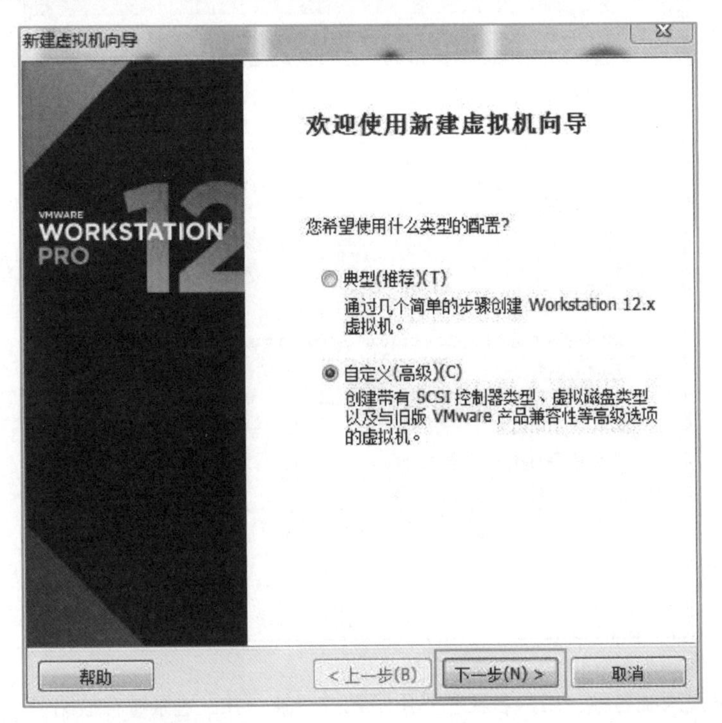

图 2-41
配置虚拟机 1

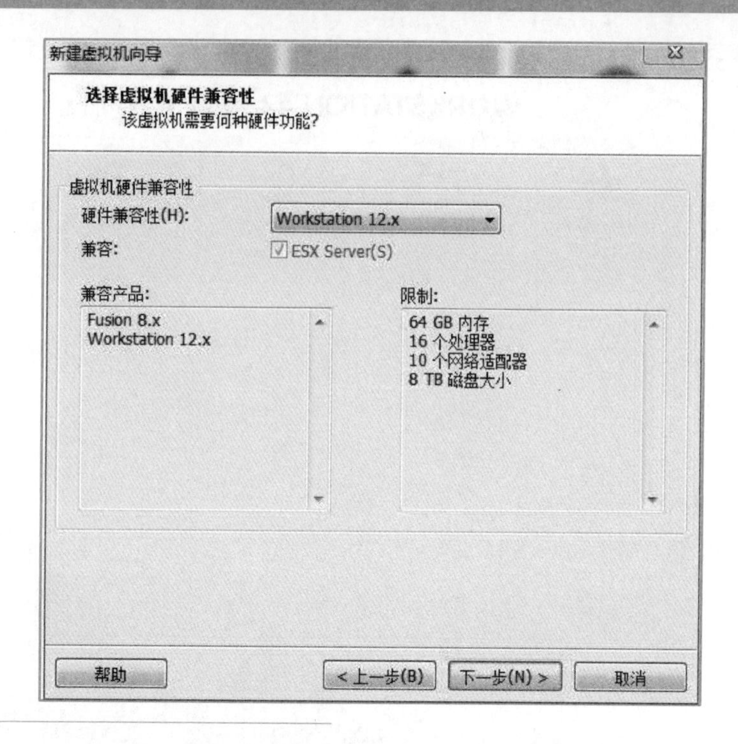

图 2-42
配置虚拟机 2

③ 如图 2-43 所示，选择已下载的 Ubuntu 系统文件（ubuntu-16.04-desktop-amd64），将该系统配置至 VMware 中，然后单击“下一步”按钮。

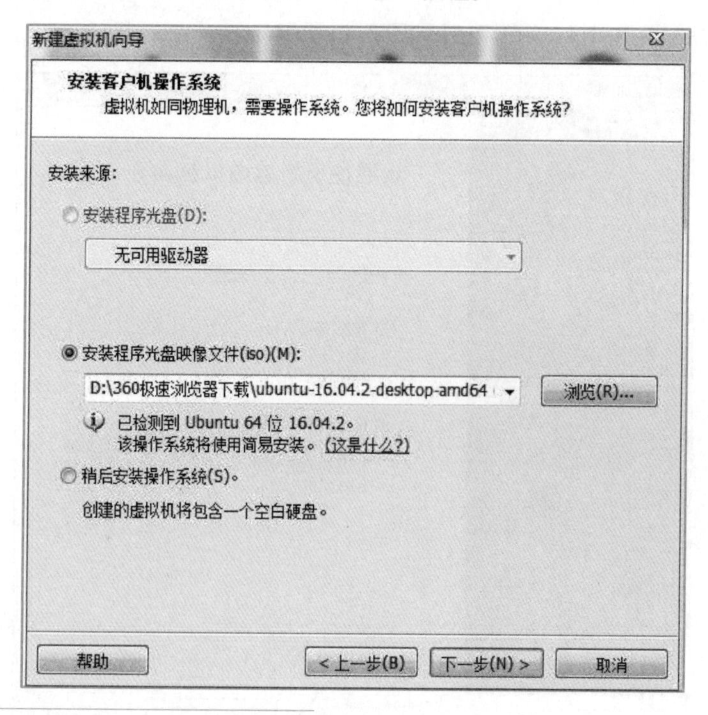

图 2-43
选择已下载的系统

④ 设置系统名称、用户名及密码用于系统登录，并设置系统存放路径，如图 2-44 和图 2-45 所示。

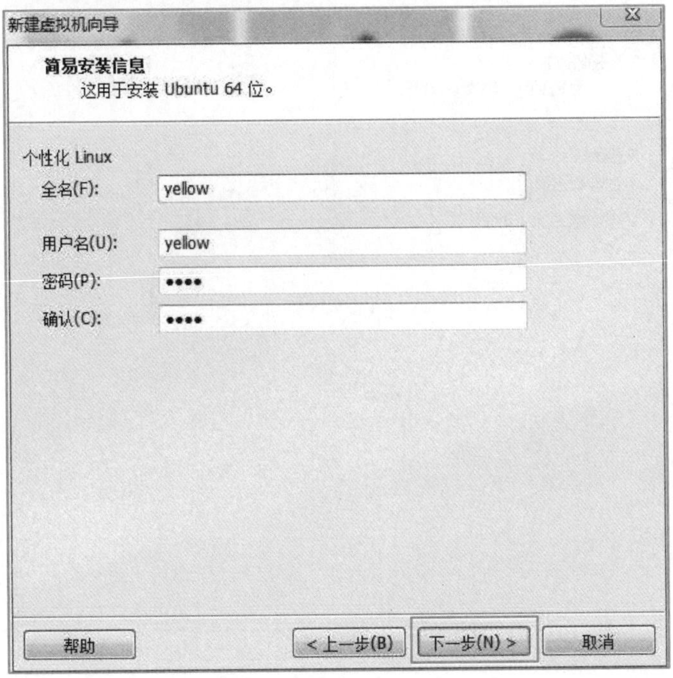

新建虚拟机向导

简易安装信息
这用于安装 Ubuntu 64 位。

个性化 Linux
全名(F): yellow
用户名(U): yellow
密码(P): ••••
确认(C): ••••

帮助　　< 上一步(B)　下一步(N) >　取消

图 2-44
设置系统用户

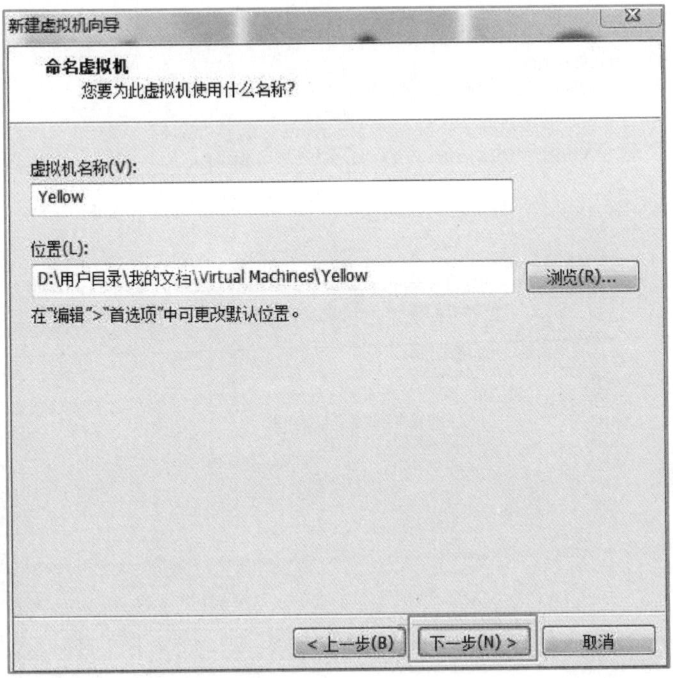

新建虚拟机向导

命名虚拟机
您要为此虚拟机使用什么名称?

虚拟机名称(V):
Yellow

位置(L):
D:\用户目录\我的文档\Virtual Machines\Yellow　　浏览(R)...
在"编辑">"首选项"中可更改默认位置。

< 上一步(B)　下一步(N) >　取消

图 2-45
选择系统存放路径

⑤ 根据计算机的硬件条件为虚拟机分配合适的 CPU 线程、运行内存，如图 2-46 和图 2-47 所示。

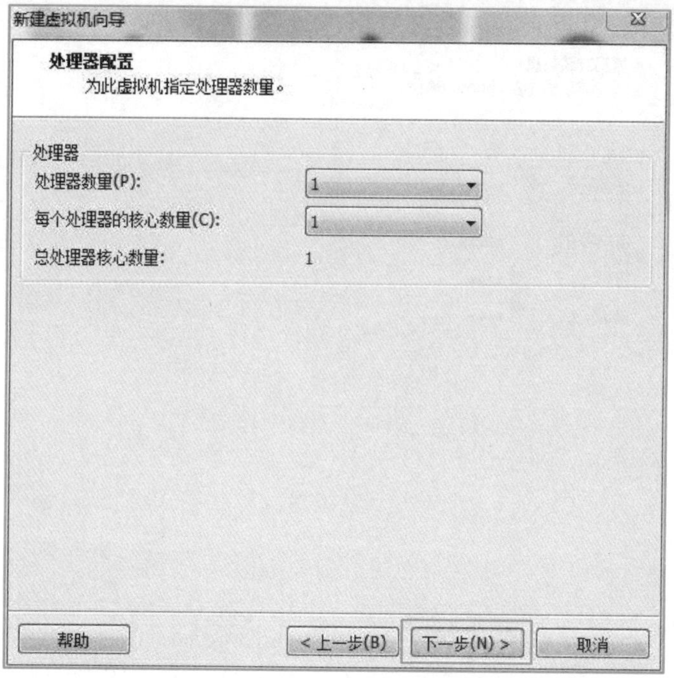

图 2-46
配置系统-处理器配置

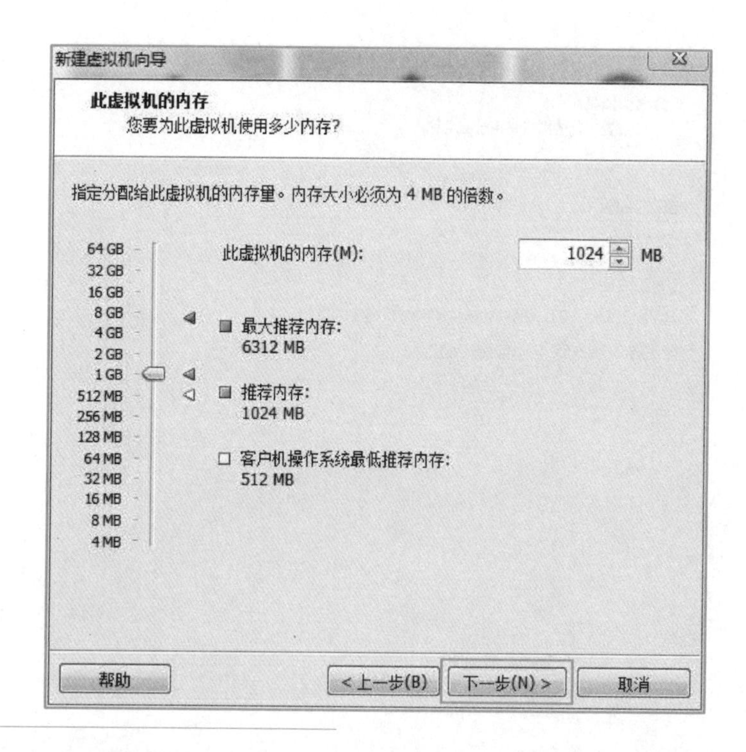

图 2-47
配置系统-此虚拟机的内存

⑥ 虚拟机系统的网络环境是依赖本地计算机的，需要配置虚拟机网络才能使用网络，如图 2-48～图 2-51 所示。

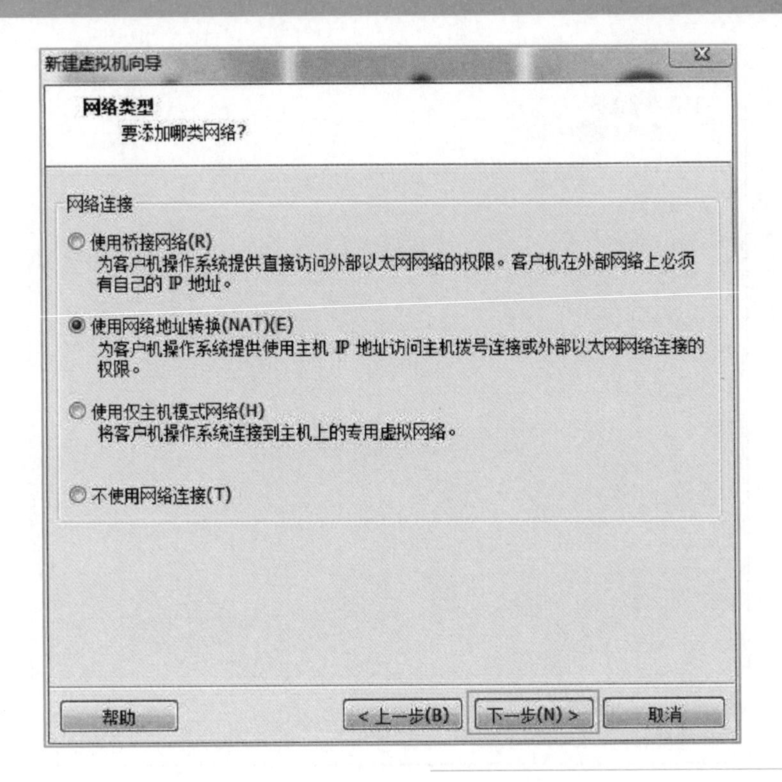

图 2-48
配置系统网络

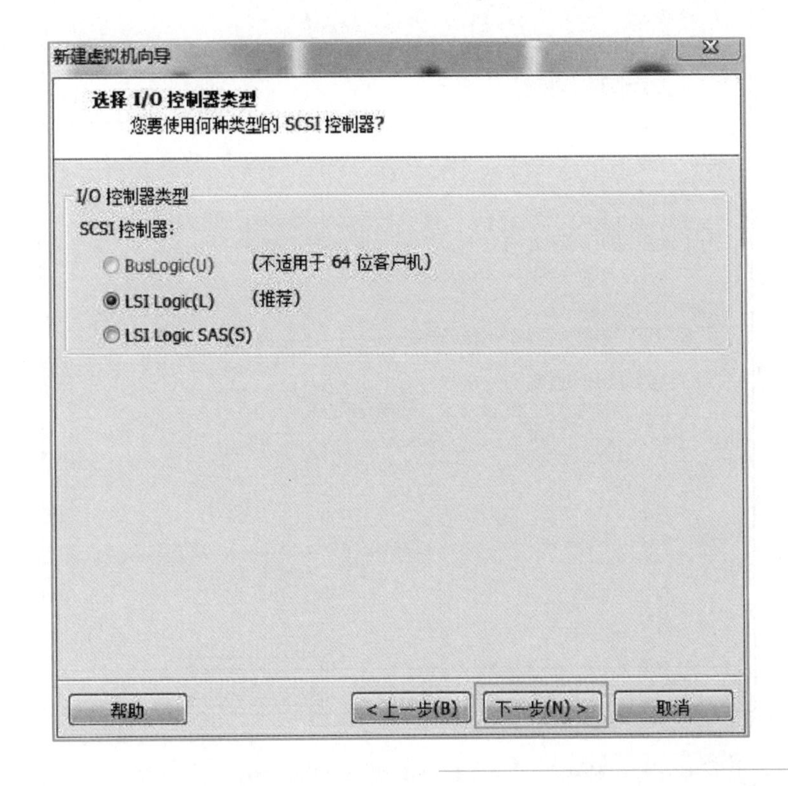

图 2-49
配置 I/O 控制器

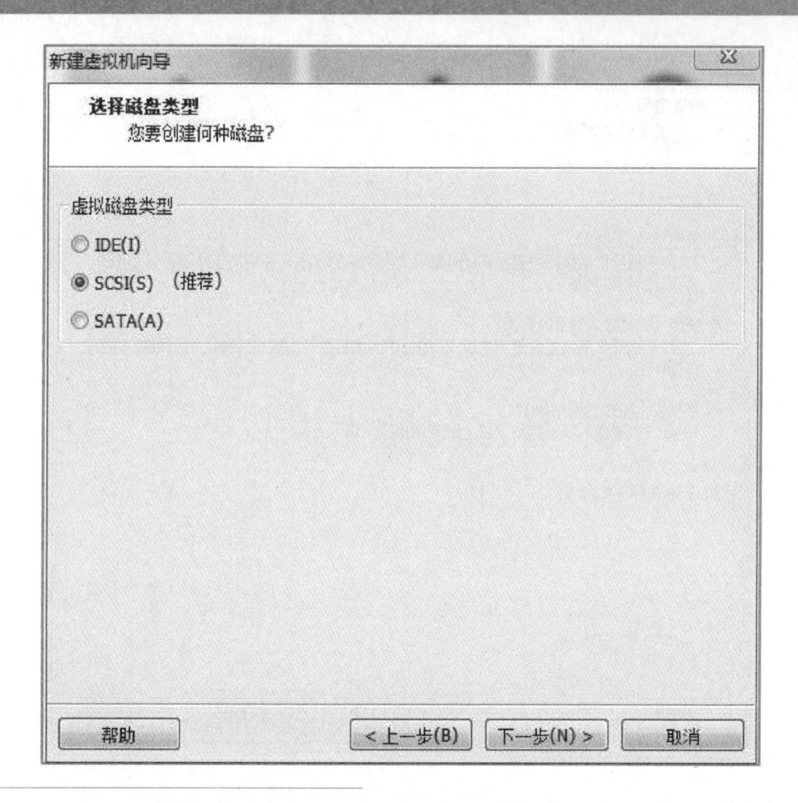

图 2-50
选择系统磁盘类型

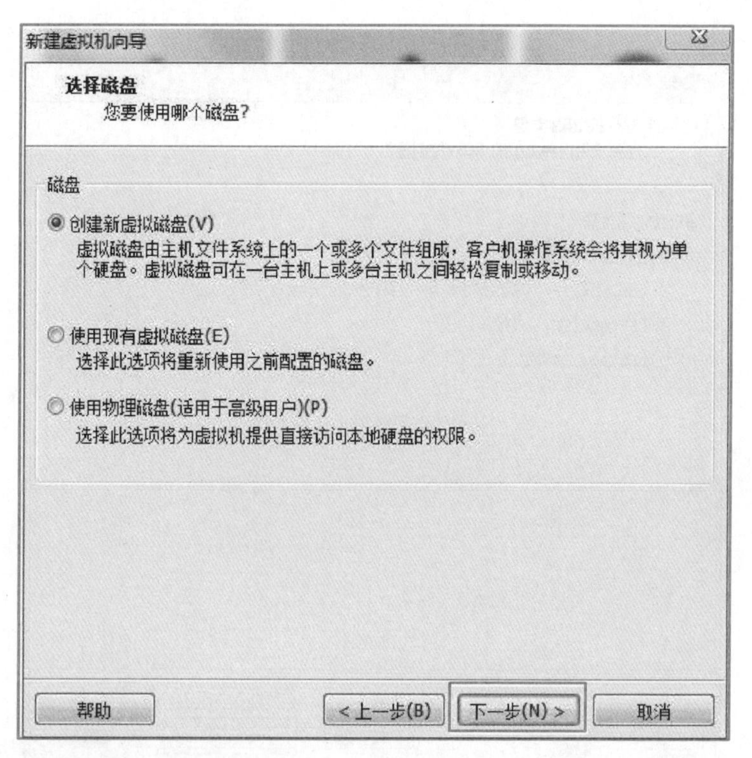

图 2-51
创建磁盘

⑦ 根据本地计算机的磁盘为虚拟机分配磁盘内存，如图 2-52～图 2-55 所示。

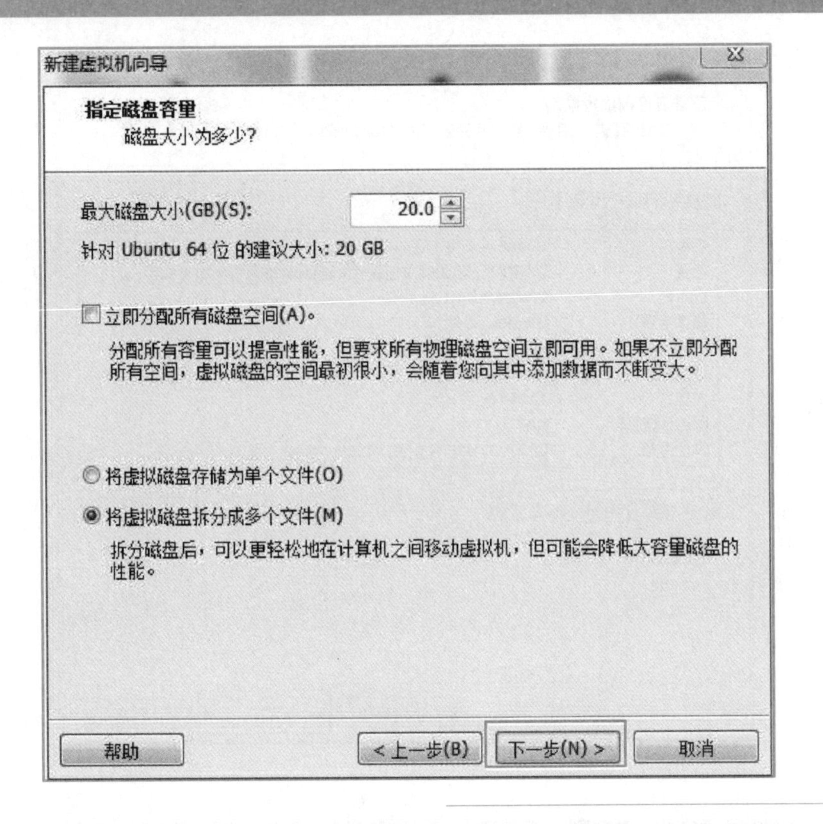

图 2-52
设置磁盘内存大小

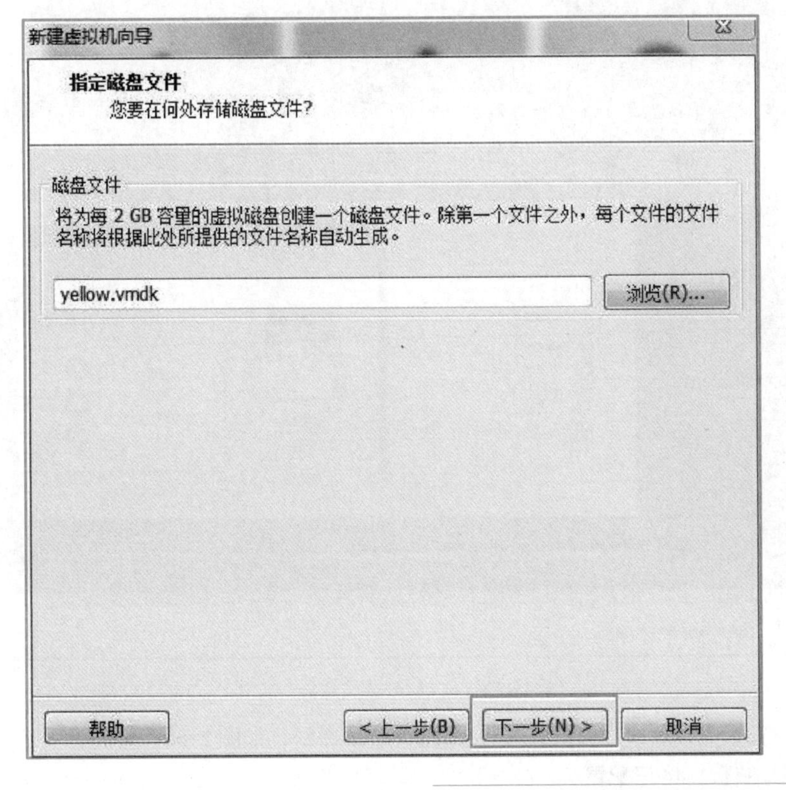

图 2-53
磁盘配置

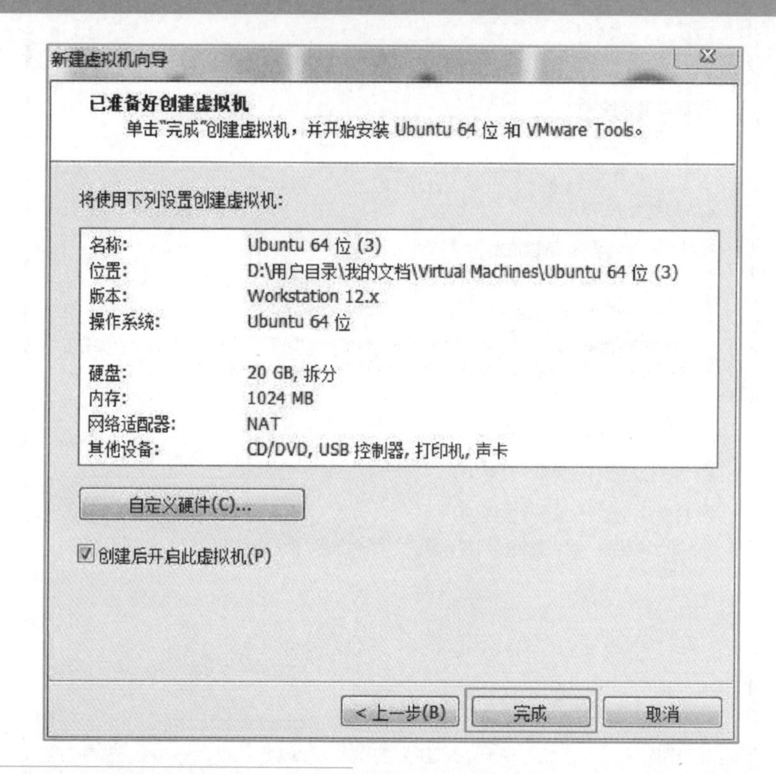

图 2-54
完成配置

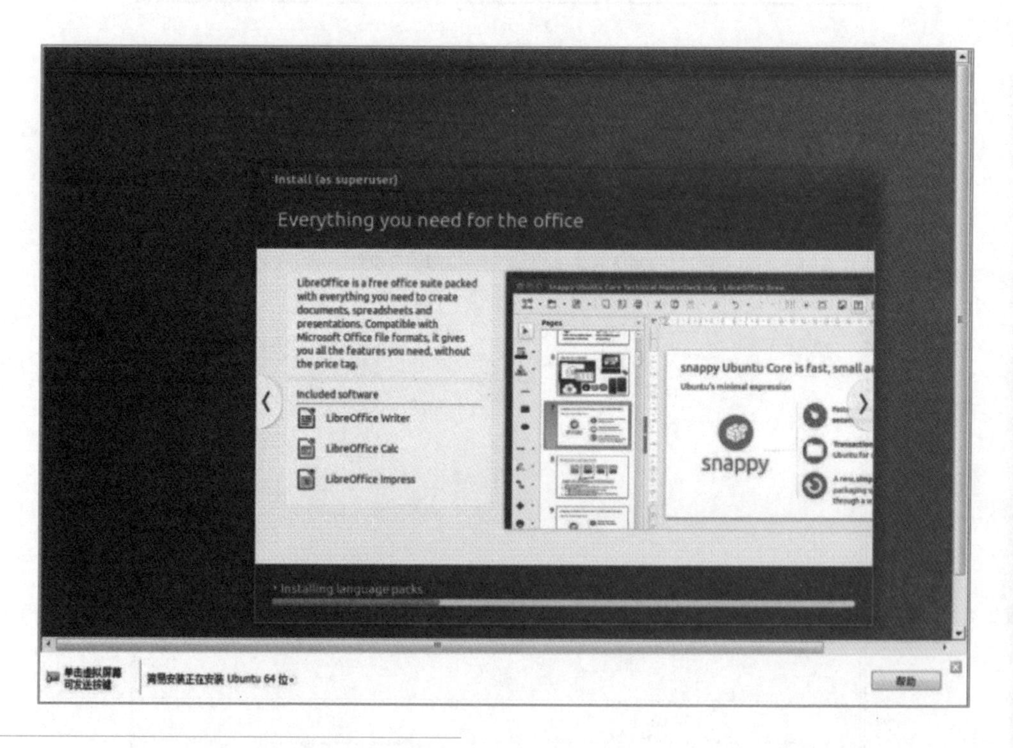

图 2-55
执行安装

⑧ 安装完成后，虚拟机进入已配置的 Linux 系统，如图 2-56 所示是系统登录界面，用户密码在图 2-44 已配置。

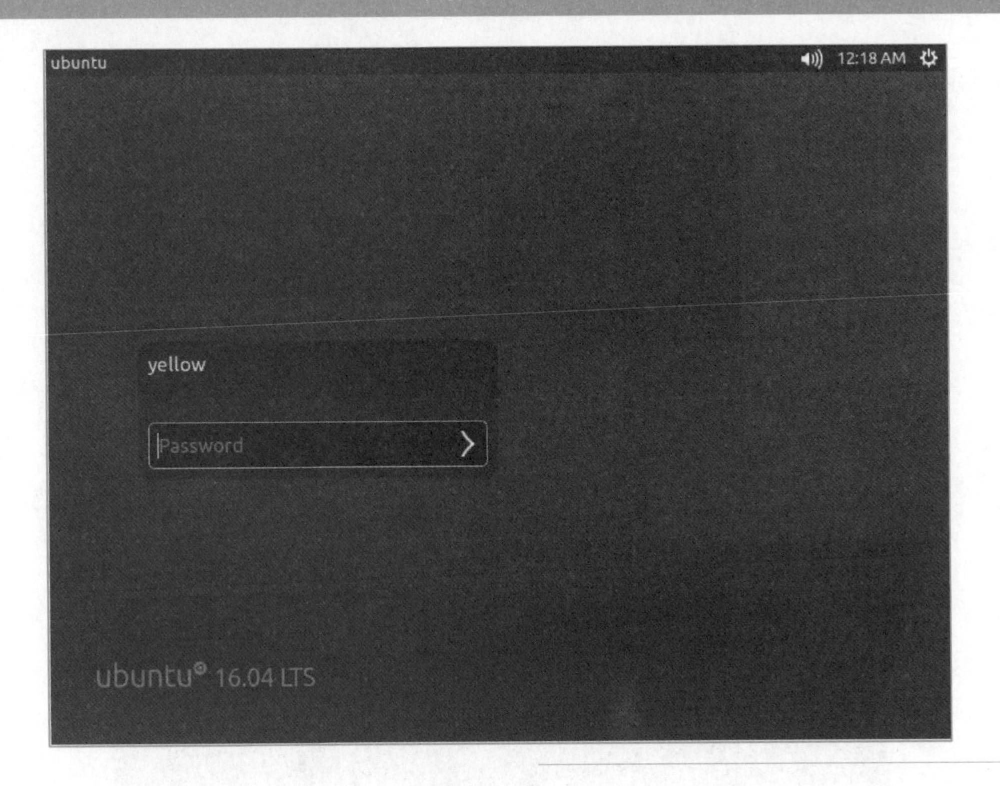

图 2-56
系统登录界面

4. 测试 Python 环境

① 打开终端，在 Ubuntu 操作系统首页中单击终端（Terminal），如图 2-57 所示。

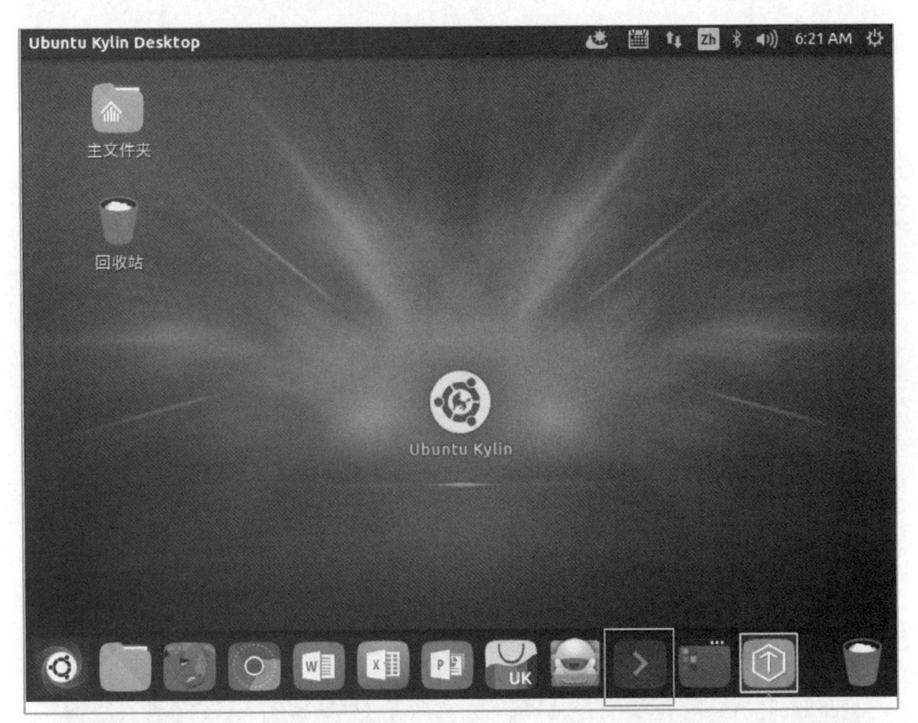

图 2-57
打开 Ubuntu 系统终端（Terminal）

② 打开终端后，弹出如图 2-58 所示的终端窗口。

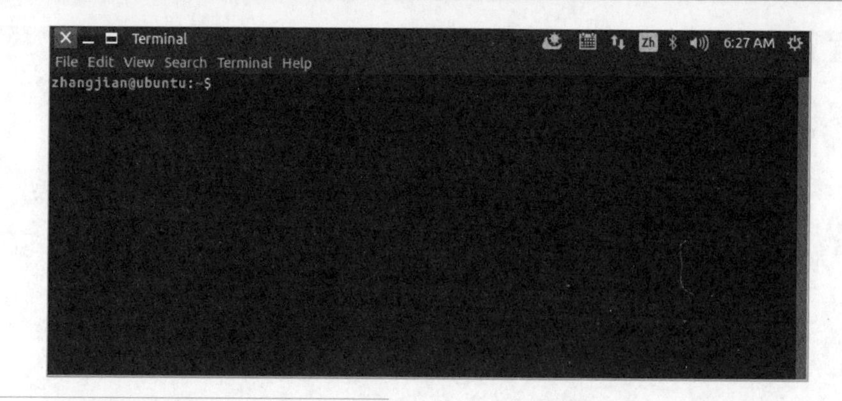

图 2-58
Ubuntu 中的终端窗口

③ 在终端程序中输入如下命令。

```
➢ python3
```

若显示结果如图 2-59 所示，则表示系统中已经存在 Python 3。

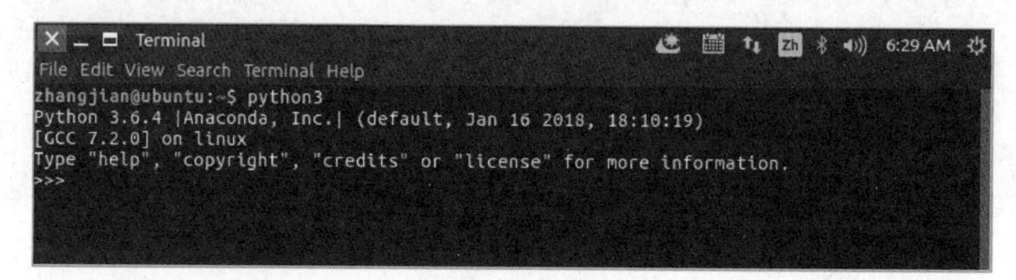

图 2-59
进入 Python 3 开发环境

若系统中显示 Python 3 不存在，则可以执行如下代码安装 Python 3.6。

```
➢ sudo apt-get install python 3.6
```

5. 安装 pip3 安装工具

微课 10
安装远程连接软件

在终端程序中输入如下代码进行 pip3 的安装。

```
➢ sudo apt-get install python3-pip
```

安装成功后在终端中输入如下代码，如果 pip3 安装成功，则显示如图 2-60 所示。

```
➢ pip3
```

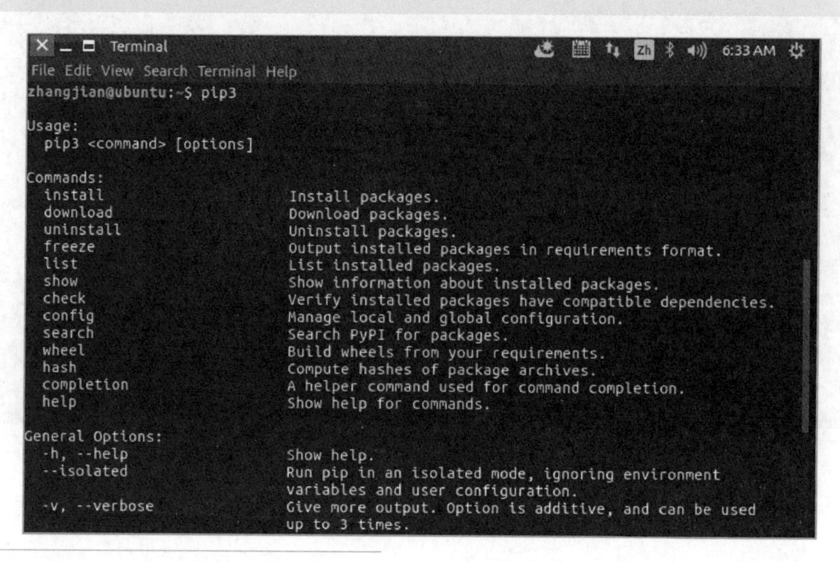

图 2-60
pip3 安装成功的显示结果

项目总结

本项目主要介绍了 Linux 系统和腾讯云环境，并介绍了如何在腾讯云上创建虚拟主机和安装 Linux 系统，还介绍了在没有腾讯云环境的情况下如何在本地通过虚拟机进行 Linux 操作系统的安装以及 Python 开发环境的安装。

本项目重点

- 腾讯云环境下创建虚拟主机。
- 远程连接登录云主机。
- 在虚拟机中安装 Linux 系统。

本项目难点

- 腾讯云主机创建时如何自定义配置。
- 如何利用第三方工具远程连接云主机。
- 虚拟机虚拟硬件参数配置。

课后练习

课后练习

一、单选题

1. 云计算部署模型不包括（　　）。

A. 云部署　　B. 混合部署　　C. 单独部署　　D. 本地部署

2. 云计算的类型包括（　　）。

A. 混合瀑布模型　　B. 云服务计算模型

C. 云服务混合模型　　D. 云计算循环模型

3. “云计算”通过使用基于互联网的云服务平台，按照按需付费的收费方式，下面（　　）不是云计算实现的按需分配。

A. 算力　　B. 数据库存储　　C. 应用程序　　D. 显示器

4. Linux 是一个（　　）。

A. 操作系统　　B. 外设　　C. 用户　　D. 公司

5. 在使用 Linux 时，并不是直接与系统打交道，而是通过（　　）中间程序来完成的。

A. GPU　　B. 网卡　　C. CPU　　D. Shell

6.（　　）是计算机网络中处于网络最外围的设备，主要用于用户信息的输入以及处理结果的输出等。

A. GPU　　B. 网卡　　C. 终端　　D. Shell

7. 目前国内服务器使用最多的是（　　）操作系统。

A. Windows　　B. Linux　　C. Mac OS　　D. Windows 10

8. 在腾讯云服务中，对于稳定业务，推荐选择（　　）计费模式，购买时长越久越划算。

A. 按分钟收费　　B. 按小时收费　　C. 包年包月　　D. 按量计费

笔记

9. 对于突发性业务高峰，可以选择按量计费的计费模式，随时开通或销毁计算实例。

A. 按分钟收费　　B. 按小时收费

C. 包年包月　　D. 按量计费

10. 网络计费模式中的固定带宽是指定公网出方向的（　　）。

A. 最大带宽值　　B. 最小带宽值

C. 平均带宽值　　D. 瞬时带宽值

11. “云计算”通过使用基于（　　）的云服务平台，按照按需付费的收费方式，实现了对于算力、数据库存储、应用程序和其他 IT 资源的按需分配。

A. 广播网　　B. 物联网　　C. 互联网　　D. 局域网

二、简答题

1. 简述云计算。
2. 简述使用云计算的优势。
3. 简述云计算的类型。
4. 云计算的部署模型有哪几种?
5. 在腾讯云中一般什么情况下选择按量付费实例会比较合适?
6. 简述 Linux 系统和 Windows 系统的区别。
7. 列举出 5 种以上的 Linux 操作系统版本。
8. Linux 系统中 Shell 的作用是什么?

项目 3

安装人工智能深度学习开发环境

学习目标

知识目标

- 了解深度学习框架的发展历程。
- 了解 Keras 深度学习框架的基础知识。
- 了解 Jupyter Notebook 开发工具。

技能目标

- 掌握 Keras 框架的安装方法。
- 掌握 Jupyter Notebook 开发工具的使用。

素质目标

- 远程登录腾讯云主机并使用 Jupyter Notebook 进行开发。

项目描述

项目背景及需求

小伟的职业是程序员，近几年来，人工智能开发领域发展非常迅速，小伟想往人工智能深度学习方向发展，但是，有别于软件开发，进行人工智能的学习需要有较深的数学功底，为了快速学习，在查阅了大量资料后，小伟决定从深度学习的框架入手，进行人工智能的学习。但在刚开始学习时，小伟就遇到了困难，深度学习的框架很多，不同框架具有不同的开发环境，小伟如何选择一种快速入门的框架并进行人工智能的学习呢?

针对目前热门的深度学习框架，选择容易入门的 Keras 深度学习框架，并完成在腾讯云上的 Keras 深度学习框架开发的环境安装，此外，在没有云环境的情况下，完成在本地 Linux 系统中进行 Keras 深度学习框架开发的环境安装，如图 3-1 所示。

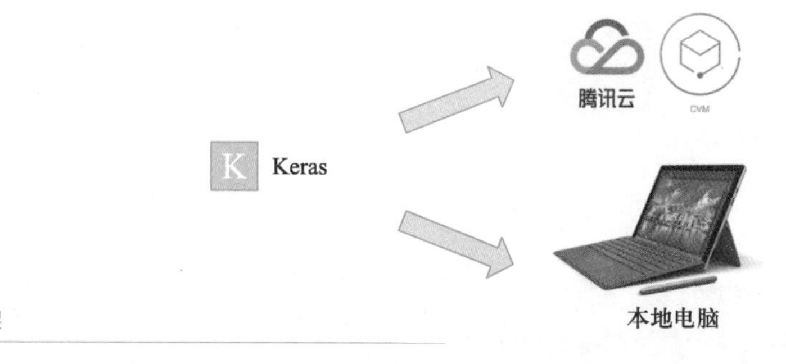

图 3-1
安装 Keras 深度学习框架

项目分解

按照项目要求，将两种安装方式进行步骤分解，如图 3-2 所示。

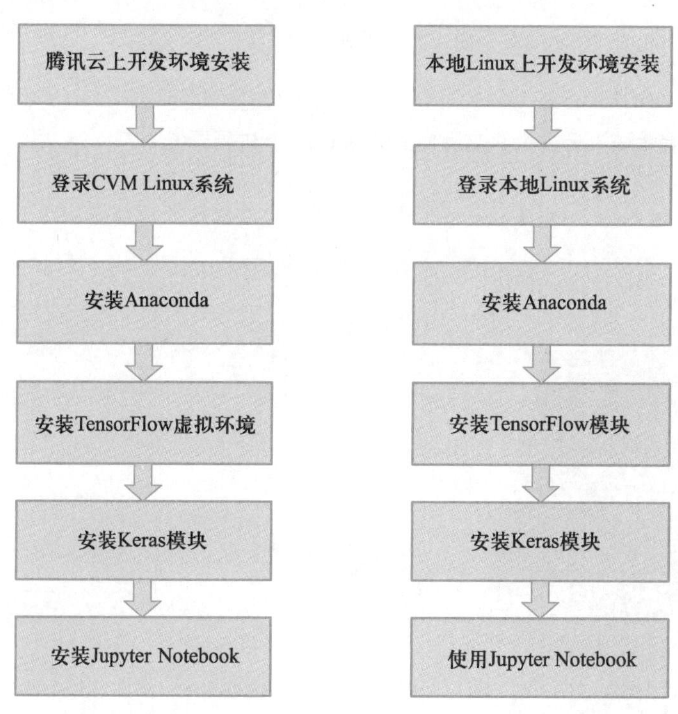

图 3-2
Keras 开发环境的两种安装方法流程图

工作任务

- 了解深度学习框架的发展。
- 掌握深度学习各种框架的优势。
- 在腾讯云主机中安装深度学习开发环境。
- 在本地电脑 Ubuntu 16.04 系统中安装深度学习开发环境。

任务 3-1　在腾讯云主机中安装深度学习开发环境

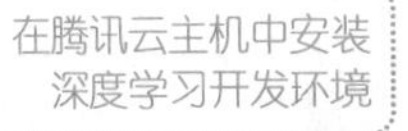

在腾讯云主机中安装深度学习开发环境

任务描述

本任务通过远程登录腾讯云主机安装深度学习开发环境，熟悉远程登录腾讯云主机的软件安装与使用。

问题引导

1. 如何通过远程登录云主机安装软件?
2. 深度学习框架开发需要安装哪些软件?

知识准备

微课 11
Keras 框架简介

1. Keras 深度学习框架

深度学习研究的热潮持续高涨，各种开源深度学习框架也层出不穷，其中包括 TensorFlow、Caffe、Keras、CNTK、Torch、MXNet、Leaf、Theano、DeepLearning4J、Lasagne 等，如图 3-3 所示。

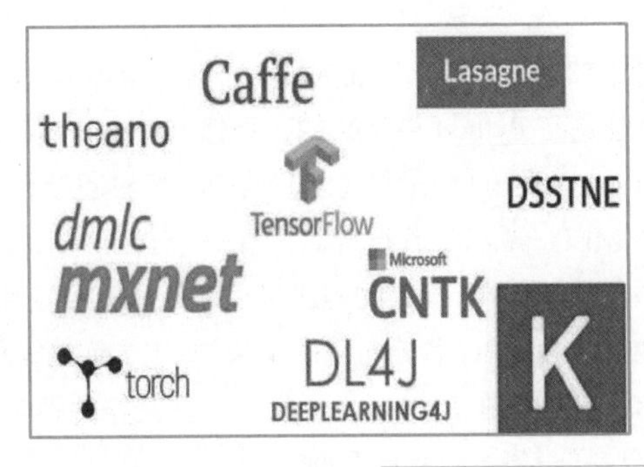

图 3-3
深度学习的框架

然而 TensorFlow 却杀出重围，在关注度和用户数上都占据绝对优势。表 3-1 列出了各类流行的深度学习框架统计。

表 3-1　各类流行的深度学习框架统计

框　架	支持语言
Tensorflow	Python/C++/Go/......
Caffe	C++/ Python

续表

框　架	支持语言
Keras	Python
CNTK	C++
MXNet	Python/C++/R/......
Torch7	Lua
Theano	Python
Deeplearning4J	Java/Scala

TensorFlow 在 2015 年 11 月刚开源的第 1 个月就受到了用户的追捧，其在很多方面拥有优异的表现，如设计神经网络结构的代码的简洁度、分布式深度学习算法的执行效率，还有部署的便利性，都是其得以胜出的亮点。

笔记

对于初学者来说，推荐选择 Keras 这样简单易用的接口入门。在学习完 Keras“前端”框架之后，再选择一个“后端”框架深入学习，TensorFlow（Keras 后端）是最值得推荐的后端框架之一。受到 Torch 启发，Keras 提供了简单易用的 API 接口，特别适合初学者入门。其后端采用 TensorFlow、CNTK 以及 Theano。另外，DeepLearning4J 的 Python 也是基于 Keras 实现的。Keras 已经成为 Python 神经网络的接口标准之一。

Keras 是一个崇尚极简、高度模块化的神经网络库，使用 Python 实现，并可以同时运行在 TensorFlow 和 Theano 上。它旨在让用户进行快速的原型实验，让想法变为结果的过程缩短。Theano 和 TensorFlow 的计算图支持更通用的计算，而 Keras 则专精于深度学习。Theano 和 TensorFlow 更像是深度学习领域的 NumPy，而 Keras 则是该领域的 Scikit-learn。它提供了目前为止最方便的 API，用户只需要将高级的模块拼在一起，就可以设计神经网络，大大降低了编程开销。

Keras 是一种高级的神经网络的 Python API，它可以在 TensorFlow、CNTK 或 Theano 上运行，兼容 Python 2.7～3.6，非常方便。可以在 CPU 和 GPU 上运行，适用于快速验证想法。同时，也很容易添加新的模块，这让 Keras 非常适合最前沿的研究。

Keras 中的模型也都是在 Python 中定义的，不像 Caffe、CNTK 等需要额外的文件来定义模型，这样就可以通过编程的方式调试模型结构和各种超参数。在 Keras 中，只需要几行代码就能实现一个 MLP，或者十几行代码实现一个 AlexNet，这在其他深度学习框架中基本是不可能完成的任务。Keras 最大的问题是目前无法直接使用多 GPU，对大规模的数据处理速度没有其他支持多 GPU 和分布式的框架快。Keras 的编程模型设计和 Torch 很像，但是相比 Torch，Keras 构建在 Python 上，拥有一套完整的科学计算工具链，而 Torch 的编程语言 Lua 并没有这样一条科学计算工具链。

无论从社区人数，还是活跃度来看，Keras 用户目前的增长速度都已经远远超过了 Torch。它同时支持卷积网络和循环网络，支持级联的模型或任意的图结构的模型（可以让某些数据跳过某些 Layer 和后面的 Layer 对接，使得创建 Inception 等复杂网络变得更加容易），从 CPU 上计算切换到 GPU 加速无须任何代码的改动。因为底层使用 Theano 或 TensorFlow，使用 Keras 训练模型相比于前两者基本没有什么性能损耗（还可以享受前两者持续开发带来的性能提升），只是简化了编程的复杂度，节约了尝试新网络结构的时间。模型越复杂，使用 Keras 的收益就越大，尤其是在高度依赖权值共享、多模型组合、多任

务学习等模型上，Keras 表现得非常突出。

Keras 所有的模块都是简洁、易懂、完全可配置、可随意插拔的，并且基本上没有任何使用限制，神经网络、损失函数、优化器、初始化方法、激活函数和正则化等模块都是可以自由组合的。

Keras 的官方文档网址为 https://keras.io/，该文档是英文版，国内已有中文文档，如图 3-4 所示，网址为 https://keras.io/zh/。想要更深入学习 keras 框架中的应用，可参考其官方文档。

笔 记

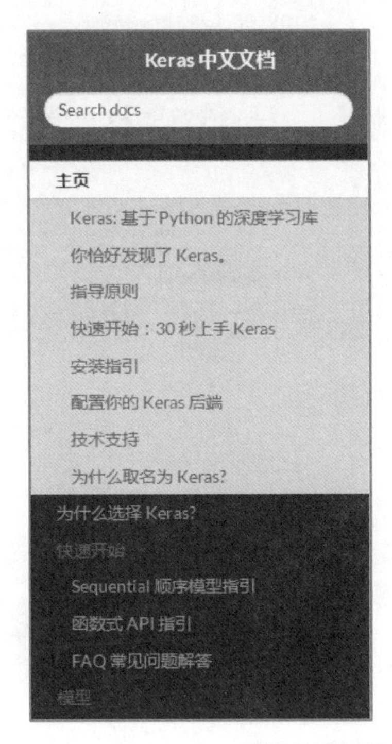

图 3-4
Keras 中文文档

2. Jupyter Notebook

Jupyter Notebook（此前被称为 IPython Notebook）是一个交互式笔记本，支持运行 40 多种编程语言，其主页如图 3-5 所示。

微课 12
Anaconda 和 Jupyter Notebook

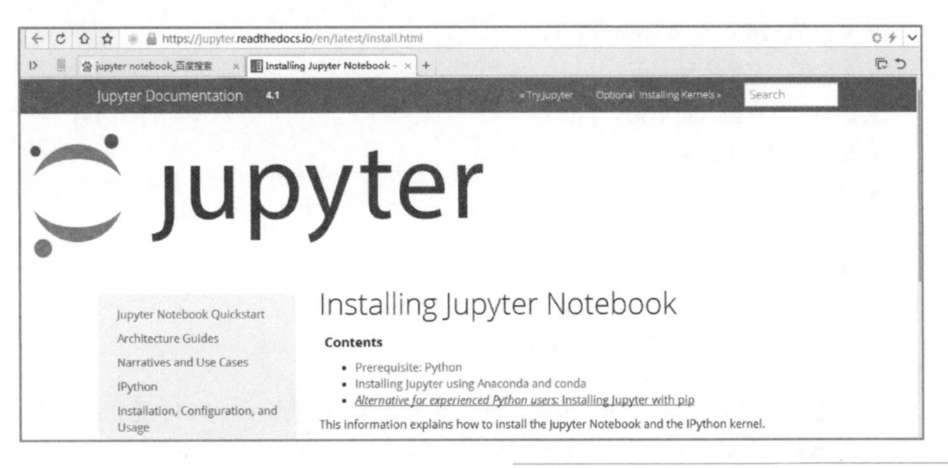

图 3-5
Jupyter Notebook 的主页

笔 记

Jupyter Notebook 的本质是一个 Web 应用程序，便于创建和共享程序文档，支持实时代码、数学方程和可视化。用途包括数据清理和转换、数值模拟、统计建模、机器学习等。

Jupyter Notebook 包含两种键盘输入模式：编辑模式、命令模式。编辑模式，允许用户往单元中输入代码或文本，这时的单元框线是绿色的；命令模式，从键盘输入运行程序命令，这时的单元框线是灰色，如图 3-6 所示，以下是各快捷键的功能。

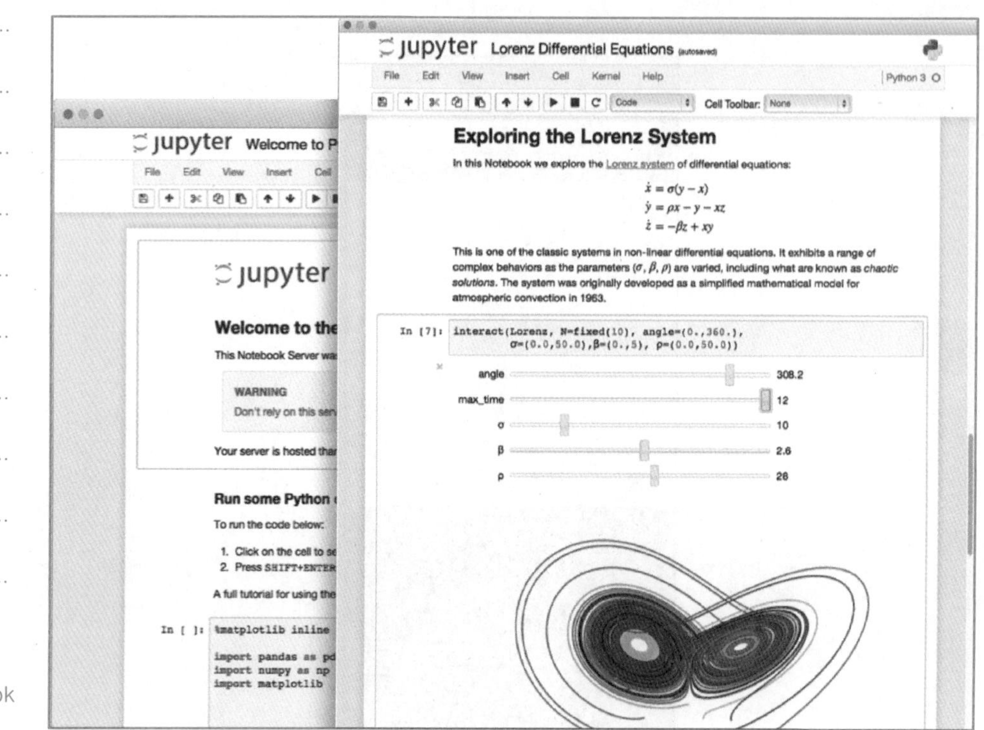

图 3-6
Jupyter Notebook 的使用

- Shift+Enter：运行本单元，选中下个单元。
- Ctrl+Enter：运行本单元。
- Alt+Enter：运行本单元，在其下插入新单元。
- Y：单元转入代码状态。
- M：单元转入 markdown 状态。
- A：在上方插入新单元。
- B：在下方插入新单元。
- X：剪切选中的单元。
- Shift+V：在上方粘贴单元。

任务实施

1. 远程连接登录腾讯云主机 CVM

使用连接云主机方法，采用 ssh 客户端工具 Xshell 登录腾讯云 CVM。运行成功后，如图 3-7 所示，即表示登入了对应账号虚拟机的 Linux 系统中。

```
Welcome to Ubuntu 16.04.1 LTS (GNU/Linux 4.4.0-130-generic x86_64)

 * Documentation:  https://help.ubuntu.com
 * Management:     https://landscape.canonical.com
 * Support:        https://ubuntu.com/advantage
New release '18.04.2 LTS' available.
Run 'do-release-upgrade' to upgrade to it.
```

图 3-7
腾讯云 CVM 的登录

在虚拟机终端中输入命令 nvidia-smi 和 free -m 来查看虚拟机的 GPU 和内存配置，如图 3-8 所示，本台 CVM 没有 GPU，内存为 4 GB。

```
ubuntu@VM-0-7-ubuntu:~$ nvidia-smi
nvidia-smi: command not found
ubuntu@VM-0-7-ubuntu:~$ free -m
              total        used        free      shared  buff/cache   available
Mem:           3823          69        3115          10         638        3487
Swap:             0           0           0
```

图 3-8
查看虚拟机 GPU 和内存配置

2. 安装 Anaconda

微课 13
在腾讯云主机中安装 Anaconda

① 下载 Anaconda。

官方地址为 https://repo.continuum.io/archive/Anaconda3-2018.12-Linux-x86_64.sh。

运行如下命令，结果如图 3-9 所示。

```
➢ wget https://repo.continuum.io/archive/Anaconda3-2018.12-Linux-x86_64.sh
```

```
ubuntu@VM-0-7-ubuntu:~$ wget https://repo.continuum.io/archive/Anaconda3-2018.12-Linux-x86_64.sh
--2019-09-25 17:01:16--  https://repo.continuum.io/archive/Anaconda3-2018.12-Linux-x86_64.sh
Resolving repo.continuum.io (repo.continuum.io)... 104.18.201.79, 104.18.200.79, 2606:4700::6812:c84f, ...
Connecting to repo.continuum.io (repo.continuum.io)|104.18.201.79|:443... connected.
HTTP request sent, awaiting response... 200 OK
Length: 684237703 (653M) [application/x-sh]
Saving to: 'Anaconda3-2018.12-Linux-x86_64.sh'

Anaconda3-2018.12-Linux-x86_64.sh      6%[===>                    ]  39.81M  13.2MB/s    eta 47s
```

图 3-9
Anaconda 的下载过程

② 安装 Anaconda。

- 增加下载文件的可执行属性，命令如下。

```
➢ chmod +x Anaconda3-2018.12-Linux-x86_64.sh
```

- 执行 Anaconda 安装脚本，连续按 Enter 键阅读并同意用户协议后，安装软件，命令如下。

```
➢ ./Anaconda3-2018.12-Linux-x86_64.sh
```

安装成功后，必须退出当前登录，重新使用 SSH 工具登录腾讯云 CVM。

- 修改 Anaconda 更新源镜像加速安装，命令如下。

```
➢ conda   config   --add   channels 'https://mirrors.tuna.tsinghua.edu.cn/anaconda/pkgs/free/'
➢ conda   config   --set   show_channel_urls yes
```

③ 编辑~/.bashrc 加入模块路径。

在终端程序中输入如下命令。

```
➢ sudo gedit ~/.bashrc
```

打开编辑器屏幕显示界面，如图 3-10 所示，输入以下命令。

```
➢ export PATH=/home/ubuntu/anaconda3/bin:$PATH
```

单击“保存”按钮并退出。

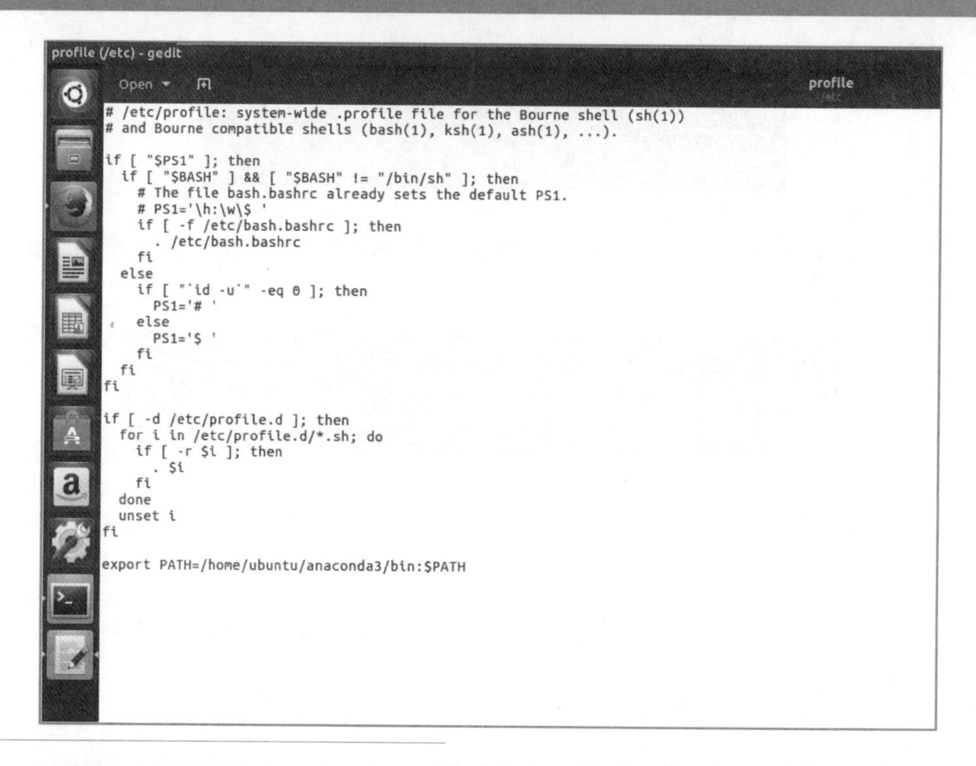

图 3-10
bashrc 文件

将 Anaconda 执行文件路径加入 PATH，这样在不同路径都可以执行 Anaconda。

④ 生效~/.bashrc。

通过重新注销再登录，或者使用下面的命令让用户环境变量的设置生效。

```
source ~/.bashrc
```

3. 安装 TensorFlow 模块

微课 14
在 Anaconda 虚拟环境中安装 TensorFlow

① 输入以下命令，创建并登录 conda 虚拟环境后安装 TensorFlow 1.12 CPU 版本。

```
➢ conda create -n tensorflow python=3.6
➢ source activate tensorflow
➢ conda install tensorflow=1.12
```

根据实际情况选择 CPU 或 GPU 版本安装。

Python 3.6（仅支持 CPU）命令如下：

```
➢ conda install tensorflow=1.12
```

Python 3.6（支持 GPU）命令如下：

```
➢ conda install tensorflow-gpu=1.12
```

② 在终端运行下列代码，测试安装是否成功。

```
➢ python
➢ import tensorflow as tf
➢ hello=tf.constant('hello,Tensorflow')
➢ sess=tf.Session()
➢ print(sess.run(hello))
```

输出'hello,Tensorflow'为成功，如图 3-11 所示。

```
(tensorflow) ubuntu@VM-0-7-ubuntu:~$ python
Python 3.6.2 |Continuum Analytics, Inc.| (default, Jul 20 2017, 13:51:32)
[GCC 4.4.7 20120313 (Red Hat 4.4.7-1)] on linux
Type "help", "copyright", "credits" or "license" for more information.
>>> import tensorflow as tf
>>> hello=tf.constant('hello,Tensorflow')
>>> sess=tf.Session()
2019-09-25 17:41:23.098660: I tensorflow/core/platform/cpu_feature_guard.cc:141] Your CPU supports instructions that this TensorFlow binary was not compiled to use: SSE4.1 SSE4.2 AVX AVX2 FMA
2019-09-25 17:41:23.102566: I tensorflow/core/common_runtime/process_util.cc:69] Creating new thread pool with default inter op setting: 2. Tune using inter_op_parallelism_threads for best performance.
>>> print(sess.run(hello))
b'hello,Tensorflow'
```

图 3-11
测试程序与显示结果

③ 若需退出 conda 虚拟环境，则可以使用下列命令。

➢ sourcedeactivatetensorflow

4. 安装 Keras 模块

① 登录上面创建的 conda 虚拟环境，命令如下。

➢ source　activate　tensorflow

② 当激活 TensorFlow 虚拟环境后，在该环境下安装 Keras 深度学习框架模块，命令如下。

➢ conda install keras

5. 安装 Jupyter Notebook 工具

① 当登录上面创建的 conda 虚拟环境，命令如下。

➢ source　activate　tensorflow

微课 15
安装 Keras 和 Jupyter Notebook 实现远程开发

② 使用 conda 安装 Jupyter，命令如下。

➢ conda install -n tensorflow -y jupyter

安装过程如图 3-12 所示。

```
(tensorflow) ubuntu@VM-0-7-ubuntu:~$ conda install -n tensorflow -y jupyter
Solving environment: done


==> WARNING: A newer version of conda exists. <==
  current version: 4.5.12
  latest version: 4.7.12

Please update conda by running

    $ conda update -n base -c defaults conda



## Package Plan ##

  environment location: /home/ubuntu/anaconda3/envs/tensorflow

  added / updated specs:
    - jupyter


The following packages will be downloaded:

    package                    |            build
    ---------------------------|-----------------
    jinja2-2.9.6               |           py36_0         387 KB  https://mirrors.tuna.tsinghua.edu.cn/anaconda/pkgs/free
    expat-2.1.0                |                0         365 KB  https://mirrors.tuna.tsinghua.edu.cn/anaconda/pkgs/free
    libsodium-1.0.10           |                0         1.2 MB  https://mirrors.tuna.tsinghua.edu.cn/anaconda/pkgs/free
    gst-plugins-base-1.8.0     |                0         3.1 MB  https://mirrors.tuna.tsinghua.edu.cn/anaconda/pkgs/free
    pygments-2.2.0             |           py36_0         1.3 MB  https://mirrors.tuna.tsinghua.edu.cn/anaconda/pkgs/free
    freetype-2.5.5             |                2         2.5 MB  https://mirrors.tuna.tsinghua.edu.cn/anaconda/pkgs/free
    notebook-5.0.0             |           py36_0         5.4 MB  https://mirrors.tuna.tsinghua.edu.cn/anaconda/pkgs/free
    pexpect-4.2.1              |           py36_0          72 KB  https://mirrors.tuna.tsinghua.edu.cn/anaconda/pkgs/free
    ipython-6.1.0              |           py36_0        1013 KB  https://mirrors.tuna.tsinghua.edu.cn/anaconda/pkgs/free
    libffi-3.2.1               |                1          38 KB  https://mirrors.tuna.tsinghua.edu.cn/anaconda/pkgs/free
    qt-5.6.2                   |                5        43.5 MB  https://mirrors.tuna.tsinghua.edu.cn/anaconda/pkgs/free
    nbconvert-5.2.1            |           py36_0         369 KB  https://mirrors.tuna.tsinghua.edu.cn/anaconda/pkgs/free
    dbus-1.10.20               |                0         1.4 MB  https://mirrors.tuna.tsinghua.edu.cn/anaconda/pkgs/free
    nbformat-4.4.0             |           py36_0         136 KB  https://mirrors.tuna.tsinghua.edu.cn/anaconda/pkgs/free
    ipykernel-4.6.1            |           py36_0         137 KB  https://mirrors.tuna.tsinghua.edu.cn/anaconda/pkgs/free
    widgetsnbextension-3.0.2   |           py36_0         2.0 MB  https://mirrors.tuna.tsinghua.edu.cn/anaconda/pkgs/free
    zeromq-4.1.5               |                0         4.1 MB  https://mirrors.tuna.tsinghua.edu.cn/anaconda/pkgs/free
    pyzmq-16.0.2               |           py36_0         921 KB  https://mirrors.tuna.tsinghua.edu.cn/anaconda/pkgs/free
    ipython_genutils-0.2.0     |           py36_0          38 KB  https://mirrors.tuna.tsinghua.edu.cn/anaconda/pkgs/free
    icu-54.1                   |                0        11.3 MB  https://mirrors.tuna.tsinghua.edu.cn/anaconda/pkgs/free
    jsonschema-2.6.0           |           py36_0          62 KB  https://mirrors.tuna.tsinghua.edu.cn/anaconda/pkgs/free
    ptyprocess-0.5.2           |           py36_0          22 KB  https://mirrors.tuna.tsinghua.edu.cn/anaconda/pkgs/free
    tornado-4.5.2              |           py36_0         636 KB  https://mirrors.tuna.tsinghua.edu.cn/anaconda/pkgs/free
    fontconfig-2.12.1          |                3         429 KB  https://mirrors.tuna.tsinghua.edu.cn/anaconda/pkgs/free
    traitlets-4.3.2            |           py36_0         130 KB  https://mirrors.tuna.tsinghua.edu.cn/anaconda/pkgs/free
    sip-4.18                   |           py36_0         267 KB  https://mirrors.tuna.tsinghua.edu.cn/anaconda/pkgs/free
```

图 3-12
Jupyter 的安装过程

③ 生成 Jupyter 配置文件，命令如下。

```
➢ jupyter notebook   --generate-config
```

④ 生成 Jupyter 密码文件（密码用来远程登录 Jupyter），命令如下。

```
➢ jupyter notebook   password
➢ Enter password：****输入你的密码
➢ Verify password：****再次输入你的密码
```

设置完密码后，接下来会提示“[NotebookPasswordApp] Wrote hashed password to /home/ubuntu/.jupyter/jupyter_notebook_config.json”。

⑤ 查看生成的密码文件，命令如下。

```
➢ cat   /home/ubuntu/.jupyter/jupyter_notebook_config.json
```

⑥ 查看并复制自己创建的密钥留用（如下所示），如图 3-13 所示。

```
sha1:4aa9d11622c4: 194c5bba9681a0e7892c74dd56c7222f5b31fdfc
```

```
(tensorflow) ubuntu@VM-0-7-ubuntu:~$ cat /home/ubuntu/.jupyter/jupyter_notebook_config.json
{
  "NotebookApp": {
    "password": "sha1:4aa9d11622c4:194c5bba9681a0e7892c74dd56c7222f5b31fdfc"
  }
}(tensorflow) ubuntu@VM-0-7-ubuntu:~$
```

图 3-13
查看自己创建的密钥

⑦ 修改 Jupyter 配置文件，命令如下。

```
➢ vi   /home/ubuntu/.jupyter/jupyter_notebook_config.py
```

按 I 键进入 Insert 模式，把配置文件修改成下列内容，并将行首的“#”去掉，如下所示。

```
c.NotebookApp.ip='*'
c.NotebookApp.open_browser = False
c.NotebookApp.password = u'sha:ce...你自己创建的那个密文'
c.NotebookApp.port =8888#默认端口可自行指定
```

按 Esc 键进入 command 模式，键入:wq，保存退出文件编辑模式。

⑧ 启动 Jupyter，请务必不要关闭下面已连接的终端窗口。

```
➢ jupyter notebook
```

启动过程如图 3-14 所示。

```
(tensorflow) ubuntu@VM-0-7-ubuntu:~$ jupyter notebook
[W 20:18:03.521 NotebookApp] WARNING: The notebook server is listening on all IP addresses and not using encryption. This is not recommended.
Serving notebooks from local directory: /home/ubuntu
0 active kernels
The Jupyter Notebook is running at: http://[all ip addresses on your system]:8888/
Use Control-C to stop this server and shut down all kernels (twice to skip confirmation).
```

图 3-14
Jupyter Notebook
的启动过程

⑨ 使用本机浏览器访问 Jupyter。

输入虚拟机的 IP 地址及密码，如 52.xx.xx.xx:8888，结果如图 3-15 所示。

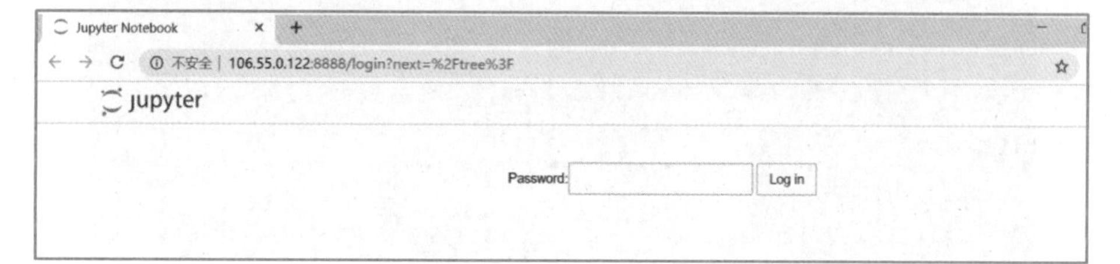

图 3-15
Jupyter Notebook
的启动界面

⑩ 成功登录 Jupyter 后进入主界面，如图 3-16 所示。

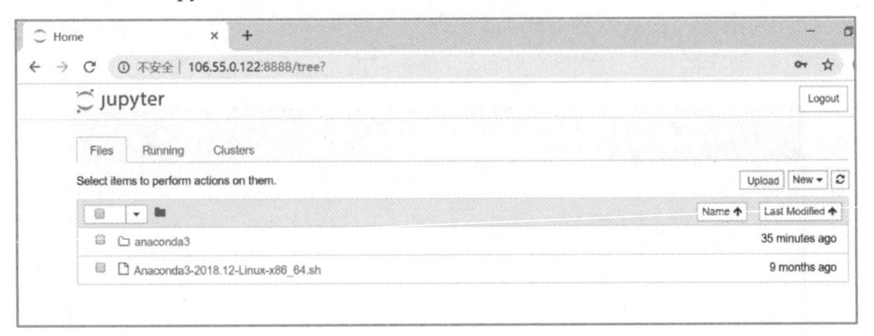

图 3-16
Jupyter Notebook 的主界面

知识拓展

Jupyter Notebook 的基本操作如下。

(1) 建立新的 Notebook

打开 Jupyter Notebook 后，系统会进入到如图 3-17 所示界面。

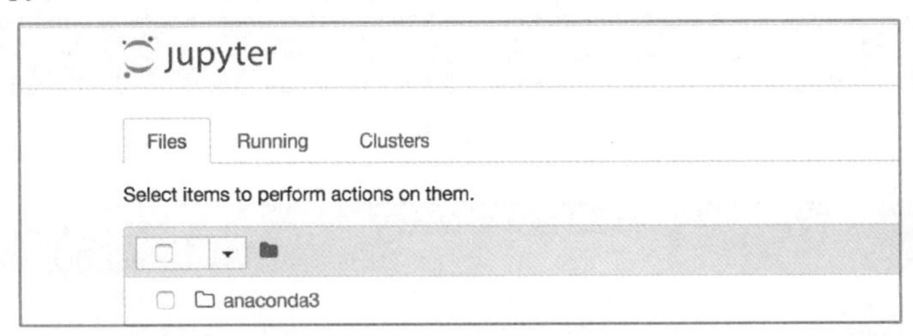

图 3-17
Jupyter 主界面

单击“new”按钮，在弹出的下拉菜单中选择“Python 3”命令，创建一个新的 Notebook 项目，如图 3-18 所示。

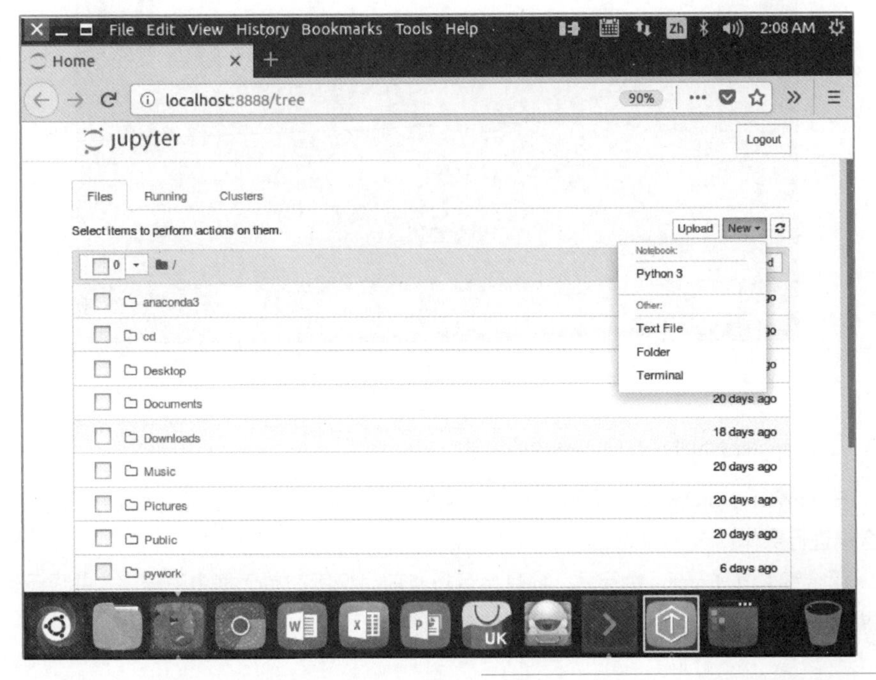

图 3-18
建立新的 Notebook 项目

笔 记

新建项目后，可以给新的项目进行命名。在项目页面中单击 Untitled 标签，弹出如图 3-19 所示对话框，在其中将 Untitled 更改为想要重命名的文件名，文件名命名建议使用英文或英文+数字的组合，如修改为 test，单击“Rename”按钮，完成项目名的修改。

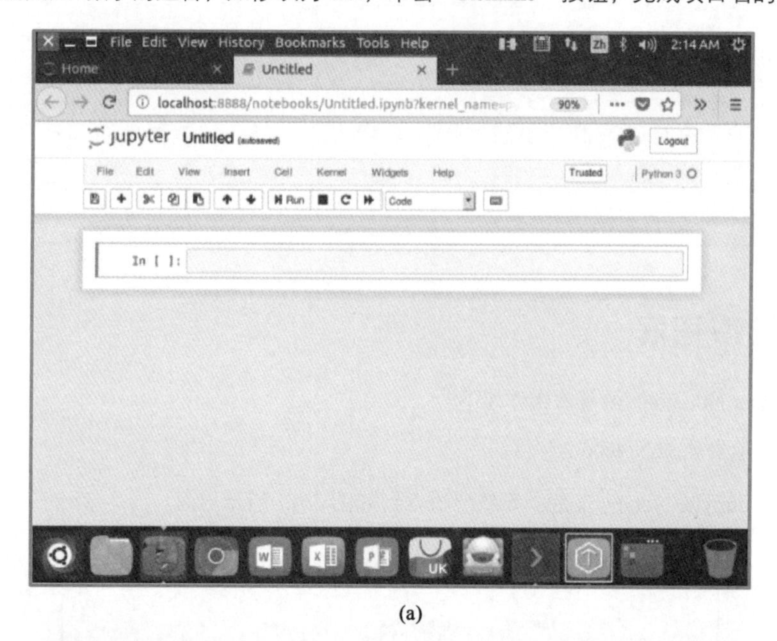

(a)

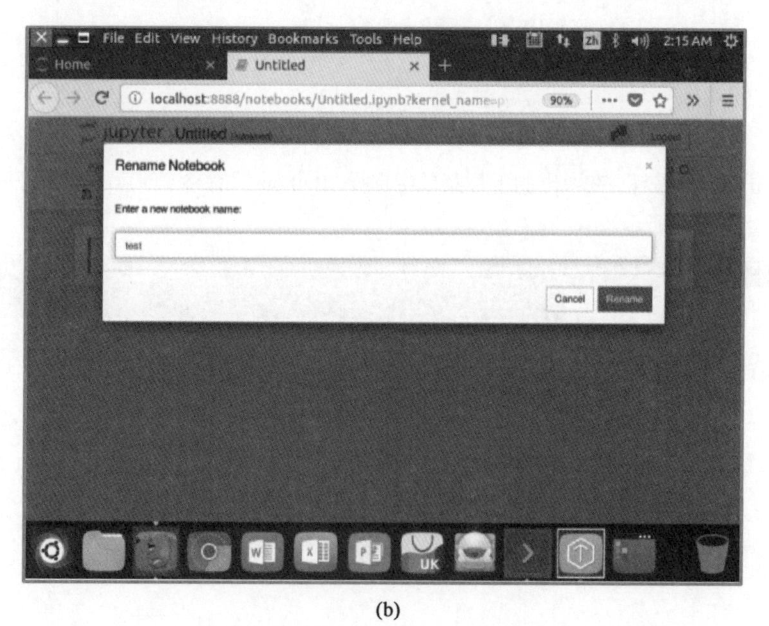

(b)

图 3-19
修改项目名

（2）Jupyter Notebook 输入命令的方式

在 Jupyter Notebook 的单元格中输入程序代码，如图 3-20 所示。然后可以使用如下组合键进行操作：

组合键 Ctrl+Enter：执行后，项目会运行当前光标所在单元格中的程序，并显示运行结果。

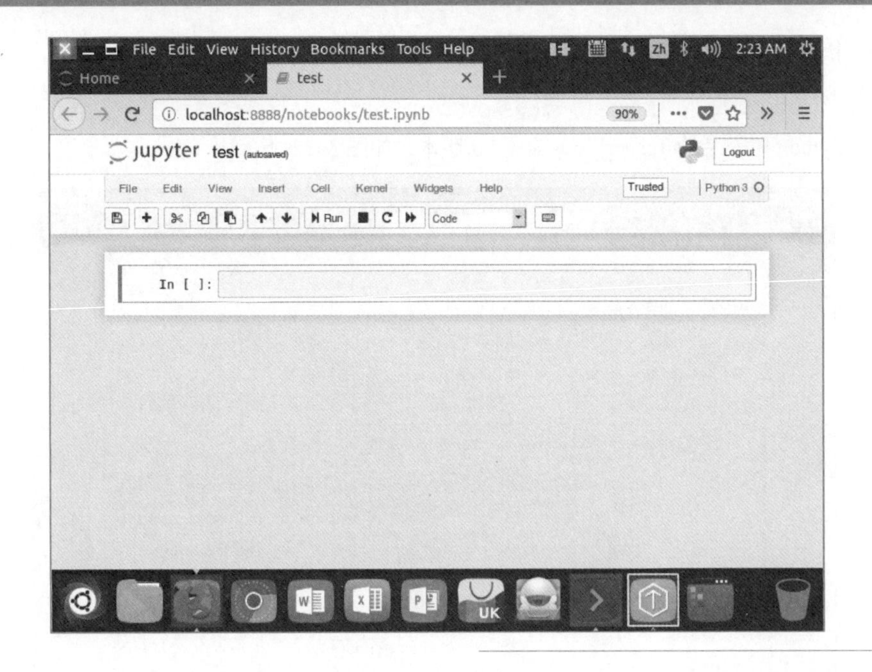

图 3-20
在选定框中编写代码

组合键 Shift+Enter：执行后，项目会往下新建一个单元格，光标移动到新建的单元格中。

注：在单元格中，可以输入一行或多行程序，在执行程序时，会运行一个单元格中所有的程序。

（3）查看 TensorFlow 版本

在单元格中，输入以下命令，如图 3-21 所示。

➢ import tensorflow as tf
➢ tf.__version__

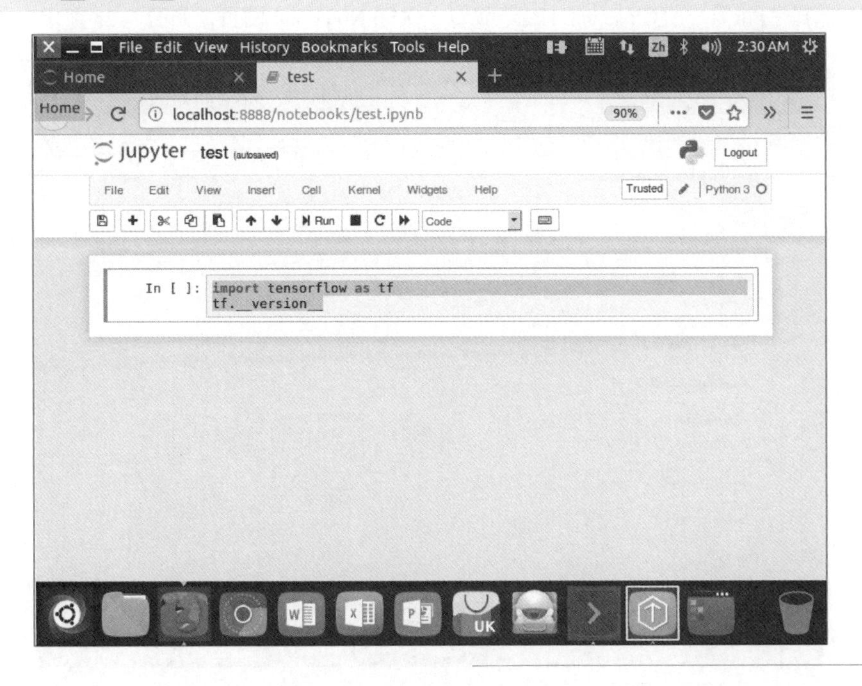

图 3-21
编写显示 TensorFlow
版本代码

执行组合键 Ctrl+Enter 后，显示如下。

```
'1.7.0'
```

Python 中安装的 TensorFlow 为 1.7.0 版本，如图 3-22 所示。

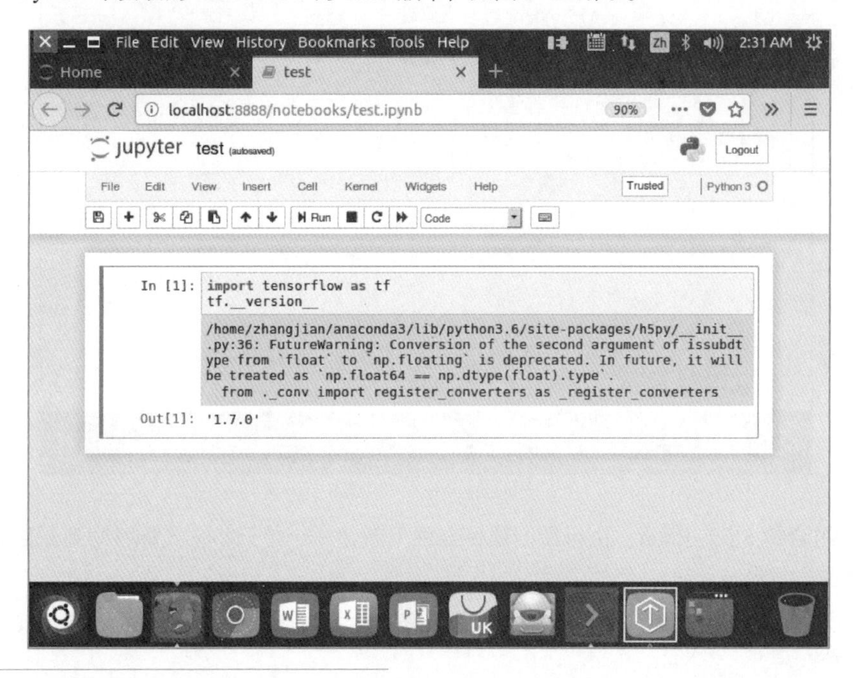

图 3-22
查看 TensorFlow 版本

（4）保存 Notebook

退出项目时，应进行保存。单击“保存”按钮，页面会显示当前保存的时间。

（5）关闭 Notebook

选择“File”→“Close and Halt”命令，关闭 Notebook 网页，如图 3-23 所示。

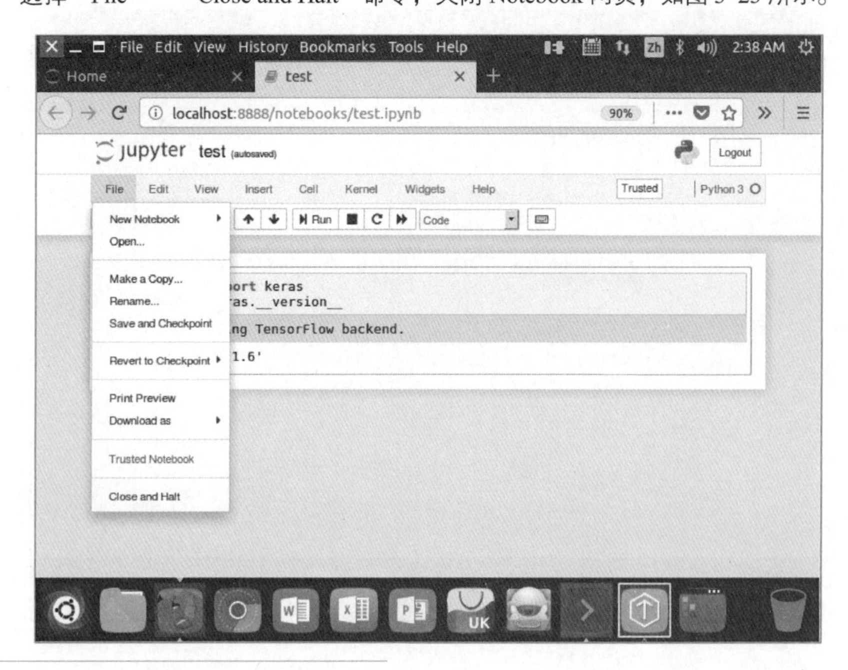

图 3-23
关闭 Notebook 网页

（6）打开已有 Notebook 文件

选择“File”→“Open”命令，会弹出如图 3-24 所示页面。

图 3-24
打开已有文件

此页面会显示 pywork 文件夹下已有的项目，选择想要打开的项目，单击项目名，即可打开已有的项目页面。

任务 3-2　在本地 Ubuntu 系统中安装深度学习开发环境

任务描述

本任务通过在本地 Ubuntu 系统中安装深度学习开发环境，熟悉深度学习开发环境的安装和开发工具的使用。

问题引导

1. 本地安装和云主机安装有哪些不同?
2. 本地 Jupyter Notebook 工具的使用和在云主机中的使用有哪些区别?

任务实施

1. 登录本地 Linux 系统

进入本地 Linux 系统，并打开终端，准备进行环境的安装，如图 3-25 所示。

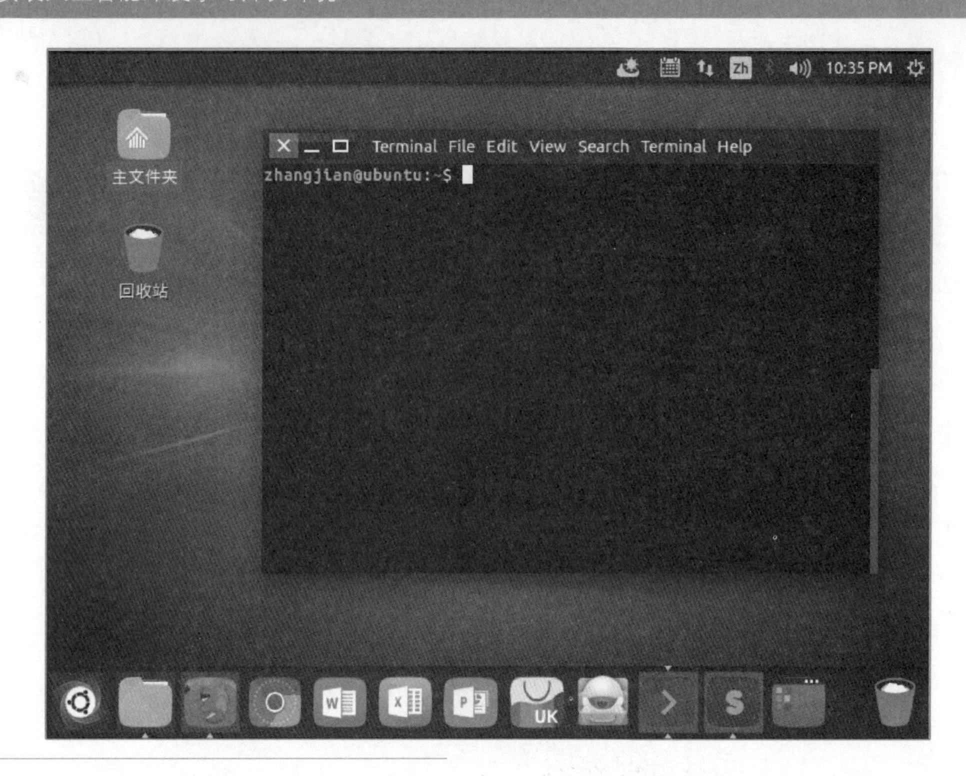

图 3-25
本地 Linux 系统

2. 安装 Anaconda

（1）查找 Anaconda 下载网页

在浏览器中输入网址 https://www.anaconda.com/download，其下载页面如图 3-26 所示。

图 3-26
Anaconda 下载页面

笔 记

（2）下载 Anaconda3-5.1.0-Linux-x86_64.sh

在终端程序中输入如下命令：

```
➢ wget https://repo.continuum.io/archive/Anaconda3-5.1.0-Linux-x86_64.sh
```

（3）安装 Anaconda

在终端程序中输入如下命令：

```
➢ bash Anaconda3-5.1.0-Linux-x86_64.sh -b
```

bash，即 Bourne Again Shell，也是大多数 Linux 系统默认的 Shell。bash -b 参数是 batch 处理安装，会自动省略，阅读 license 条款，并自动安装到路径/home/hduser/anaconda3 下，如图 3-27 所示。

```
ubuntu@ubuntu-virtual-machine: ~/Downloads
installing: odo-0.5.1-py36h90ed295_0 ...
installing: requests-2.18.4-py36he2e5f8d_1 ...
installing: scikit-image-0.13.1-py36h14c3975_1 ...
installing: anaconda-client-1.6.9-py36_0 ...
installing: blaze-0.11.3-py36h4e06776_0 ...
installing: jupyter_console-5.2.0-py36he59e554_1 ...
installing: notebook-5.4.0-py36_0 ...
installing: qtconsole-4.3.1-py36h8f73b5b_0 ...
installing: sphinx-1.6.6-py36_0 ...
installing: anaconda-project-0.8.2-py36h44fb852_0 ...
installing: jupyterlab_launcher-0.10.2-py36_0 ...
installing: numpydoc-0.7.0-py36h18f165f_0 ...
installing: widgetsnbextension-3.1.0-py36_0 ...
installing: anaconda-navigator-1.7.0-py36_0 ...
installing: ipywidgets-7.1.1-py36_0 ...
installing: jupyterlab-0.31.5-py36_0 ...
installing: spyder-3.2.6-py36_0 ...
installing: _ipyw_jlab_nb_ext_conf-0.1.0-py36he11e457_0 ...
installing: jupyter-1.0.0-py36_4 ...
installing: anaconda-5.1.0-py36_2 ...
installing: conda-4.4.10-py36_0 ...
installing: conda-build-3.4.1-py36_0 ...
installation finished.
ubuntu@ubuntu-virtual-machine:~/Downloads$
```

图 3-27 Anaconda 安装过程

（4）编辑~/.bashrc 加入模块路径

在终端程序中输入如下命令：

```
➢ sudo gedit ~/.bashrc
```

打开编辑器屏幕显示界面，输入如下命令，如图 3-28 所示。

```
➢ export PATH="/home/user/anaconda3/bin:$PATH"
```

保存并退出。

将 Anaconda 执行文件路径加入 PATH，用户在不同路径都可以执行 Anaconda。

（5）生效~/.bashrc

通过重新注销再登录，或者使用如下命令让用户环境变量的设置生效。

```
➢ source　~/.bashrc
```

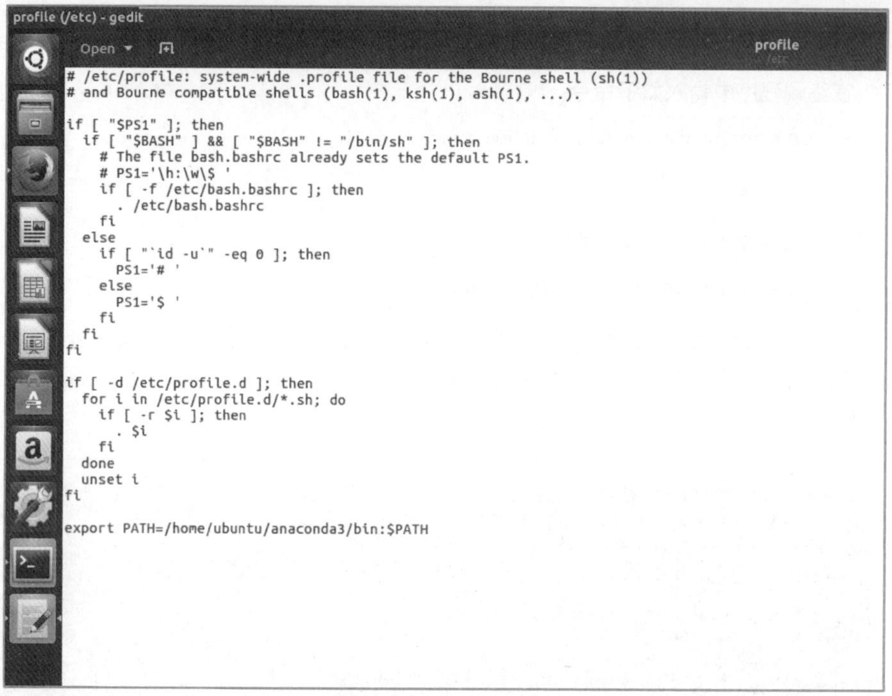

```
profile (/etc) - gedit
Open ▾                                                  profile
# /etc/profile: system-wide .profile file for the Bourne shell (sh(1))
# and Bourne compatible shells (bash(1), ksh(1), ash(1), ...).

if [ "$PS1" ]; then
  if [ "$BASH" ] && [ "$BASH" != "/bin/sh" ]; then
    # The file bash.bashrc already sets the default PS1.
    # PS1='\h:\w\$ '
    if [ -f /etc/bash.bashrc ]; then
      . /etc/bash.bashrc
    fi
  else
    if [ "`id -u`" -eq 0 ]; then
      PS1='# '
    else
      PS1='$ '
    fi
  fi
fi

if [ -d /etc/profile.d ]; then
  for i in /etc/profile.d/*.sh; do
    if [ -r $i ]; then
      . $i
    fi
  done
  unset i
fi

export PATH=/home/ubuntu/anaconda3/bin:$PATH
```

图 3-28
bashrc 文件

（6）查看 python 版本（命令如下）

➢ python --version

执行后，屏幕显示如图 3-29 所示，可以看到当前 Python 的版本号是 Python 3.6.4。

```
ubuntu@ubuntu-virtual-machine:~$ python --version
Python 3.6.4 :: Anaconda, Inc.
ubuntu@ubuntu-virtual-machine:~$
```

图 3-29
查看 Python 版本

3. 安装 TensorFlow 模块

在终端程序中输入如下命令：

➢ pip3 install tensorflow=1.8.0

执行后效果显示如图 3-30 所示。

```
ubuntu@ubuntu-virtual-machine:~$ pip install tensorflow
Collecting tensorflow
  Downloading https://files.pythonhosted.org/packages/22/c6/d08f7c549330c2acc1b18b5c1f0f8d9d2af92f54d56861f331f372731671/tensorflow-1.8.0-cp36-cp36m-manylinux1_x86_64.whl (49.1MB)
    44% |██████████                    | 21.6MB 255kB/s eta 0:01:48
```

图 3-30
TensorFlow 的安装过程

4. 安装 Keras 模块

在终端程序中输入如下命令：

➢ pip3 install keras=2.1.6

执行后效果图如图 3-31 所示。

```
ubuntu@ubuntu-virtual-machine:~$ pip install keras
Collecting keras
  Downloading https://files.pythonhosted.org/packages/54/e8/eaff7a09349ae9bd40d3
ebaf028b49f5e2392c771f294910f75bb608b241/Keras-2.1.6-py2.py3-none-any.whl (339kB
)
    100% |████████████████████████████████| 348kB 306kB/s
Requirement already satisfied: six>=1.9.0 in ./anaconda3/lib/python3.6/site-pack
ages (from keras)
Requirement already satisfied: scipy>=0.14 in ./anaconda3/lib/python3.6/site-pac
kages (from keras)
Requirement already satisfied: numpy>=1.9.1 in ./anaconda3/lib/python3.6/site-pa
ckages (from keras)
Requirement already satisfied: h5py in ./anaconda3/lib/python3.6/site-packages (
from keras)
Requirement already satisfied: pyyaml in ./anaconda3/lib/python3.6/site-packages
 (from keras)
Installing collected packages: keras
Successfully installed keras-2.1.6
You are using pip version 9.0.1, however version 10.0.1 is available.
You should consider upgrading via the 'pip install --upgrade pip' command.
ubuntu@ubuntu-virtual-machine:~$
```

图 3-31
Keras 的安装过程

知识拓展

笔 记

Anaconda 中自带 Jupyter Notebook，因为在之前已经安装了 Anaconda，所以可以直接使用 Jupyter Notebook。

（1）启动 Jupyter Notebook

首先创建工作目录，在 Linux 终端下，输入如下命令：

➢ mkdir -p ~/aiwork#

此程序用来在根目录下创建一个名为 aiwork 的文件夹，用来保存将来要创建的工程文件

然后输入如下命令：

➢ cd ~/aiwork　#跳转到 aiwork 文件夹路径下

这样，成功地在根目录下创建名为 aiwork 的文件夹，并将光标移动到该目录下，然后，在终端下输入如下命令：

➢ jupyter notebook

按 Enter 键后，系统会自动启动浏览器，进入到如图 3-32 所示的 Jupyter 主界面。

图 3-32
Jupyter 主界面

（2）退出 Jupyter Notebook

单击页面左上角的“关闭”按钮，关闭浏览器，返回到命令提示窗口，按 Ctrl+C 组合键，程序会提示是否确认关闭窗口，输入 y，按 Enter 键，即可退出 Jupyter Notebook，如图 3-33 所示。

注：程序等待输入 y 的时间为 5 s，5 s 过后如果没有任何输入的话，需要再次按 Ctrl+C 组合键，才能输入 y 进行确认。

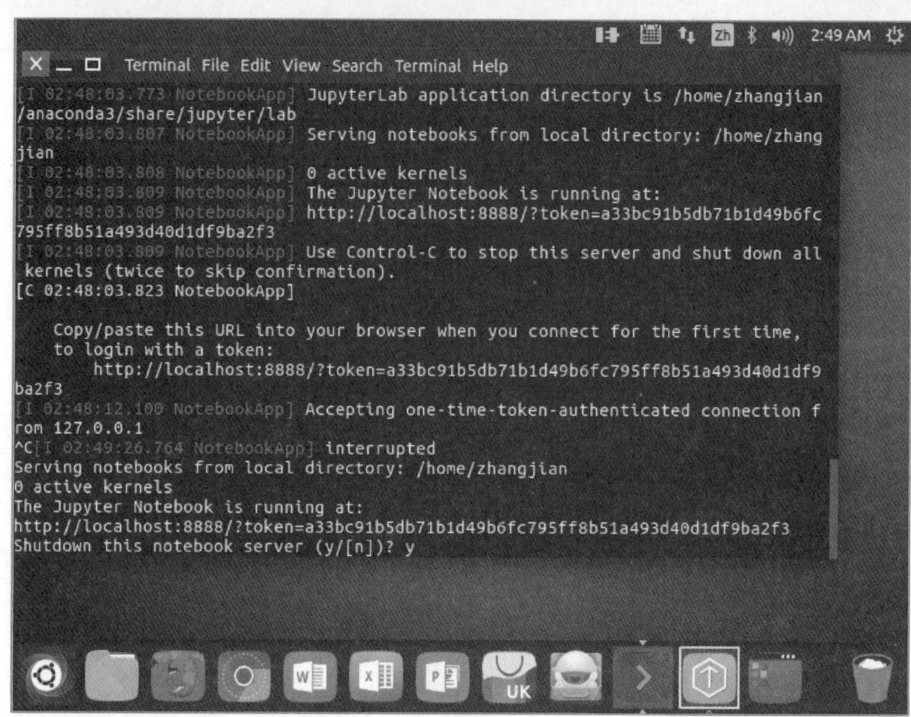

图 3-33
退出 Jupyter Notebook

项目总结

本项目主要介绍了主流的深度学习框架 TensorFlow 和 Keras 框架的应用特点，介绍了两种安装深度学习开发环境的方法：一种是在腾讯云虚拟主机中的安装方法，另外一种是在本地 Ubuntu 系统中进行开发环境的安装方法，本项目还介绍了使用 Jupyter Notebook 进行程序的编辑以及 Jupyter Notebook 的特点和基本操作。

本项目重点

- 腾讯云主机中深度学习开发环境的安装。
- 远程登录腾讯云主机使用 Jupyter Notebook。
- 在本地 Ubuntu 系统中安装深度学习开发环境。

本项目难点

- Anaconda 开发包的安装与配置。
- 腾讯云服务器中安装配置 Jupyter Notebook。
- Jupyter Notebook 的使用。

课后练习

课后练习

一、单选题

1. TensorFlow 是（　　）的深度学习框架。
   A. 有限开放　　B. 封闭　　C. 开源　　D. 收费

笔 记

2. Keras 是由纯（　　）编写的基于 Theano/TensorFlow 的深度学习框架。

A. C 语言　　B. Python　　C. C#　　D. Java

3. Keras 是一种高级的神经网路的 Python API，它不能在（　　）上运行。

A. TensorFlow　　B. CNTK　　C. Theano　　D. Caffe

4. Keras 支持 CPU 和（　　）两种模式的运行。

A. GPU　　B. IO　　C. DISK　　D. 显示器

5. Keras 所有的模块都是简洁、易懂、完全可配置、可随意插拔的，并且（　　）。

A. 没有使用限制　　B. 不能使用

C. 有限的使用　　D. 需要自定义使用

6. Jupyter Notebook 的本质是一个（　　）应用程序，便于创建和共享程序文档，支持实时代码、数学方程和可视化。

A. Android　　B. Windows　　C. Web　　D. Linux

7.（　　）是一个非交互式笔记本，其支持运行 40 多种编程语言。

A. Jupyter Notebook　　B. TensorFlow　　C. Keras　　D. CNTK

8. 在虚拟机终端中输入命令（　　）来查看虚拟机的内存配置。

A. nvidia-smi　　B. free -m　　C. ls　　D. config

9. 增加下载文件的可执行属性命令是（　　）。

A. nvidia-smi　　B. free -m　　C. chmod　　D. cd

10. 使用（　　）命令可以让用户环境变量的设置生效。

A. source　　B. activate　　C. resouce　　D. deactivate

11. 使用（　　）来查看所创建的虚拟环境。

A. conda env list　　B. source~/.bashrc

C. conda create -n　　D. source deactivate

12. 退出当前虚拟环境使用（　　）命令。

A. conda env list　　B. source~/.bashrc

C. conda create -n　　D. source deactivate

13. 安装好 TensorFlow 模块后，执行 import tensorflow as tf 命令，用于（　　）查看其版本。

A. tf.__version__　　B. tf.version　　C. tf.version()　　D. tf.show()

二、简答题

1. 简述 5 种目前使用的深度学习框架。
2. 简述 Keras 框架和 TensorFlow 框架之间的关系。
3. 简述 Keras 框架的优点。
4. 简述 Jupyter Notebook 的特点。
5. 请详细描述出如何配置才能使本地 Jupyter Notebook 接受远程访问。
6. 简述 Anaconda 的特点。
7. 请详细描述如何使用 Anaconda 创建虚拟环境并启动虚拟环境。

项目 *4*

准备训练所用知识库——认识和预处理数据集

学习目标

知识目标

- 了解灰度数字图像的基本概念。
- 掌握 MNIST 手写数字图像数据集。
- 掌握数据集预处理的方法。

技能目标

- 掌握 MNIST 手写数字图像集的组成。
- 掌握 MNIST 手写数字图像集的各部分大小。
- 掌握 MNIST 手写数字图像集的图像和标签的预处理方法。

笔 记

项目描述

项目背景及需求

在过去的教学过程中，教师需要进行基础性、重复性的批改工作，消耗了大量的时间。某知名互联网公司针对此场景，决定开发速算题目智能批改产品“数学作业批改HCM”，如图 4-1 所示。小马哥是公司的数据处理工程师，接到产品经理的需求，需要提供手写数字图像数据集，交给 AI 平台部的基础应用研究中心进行深度学习模型训练。因此需要小马哥提供一个能用来进行深度学习的手写数字图像知识库。

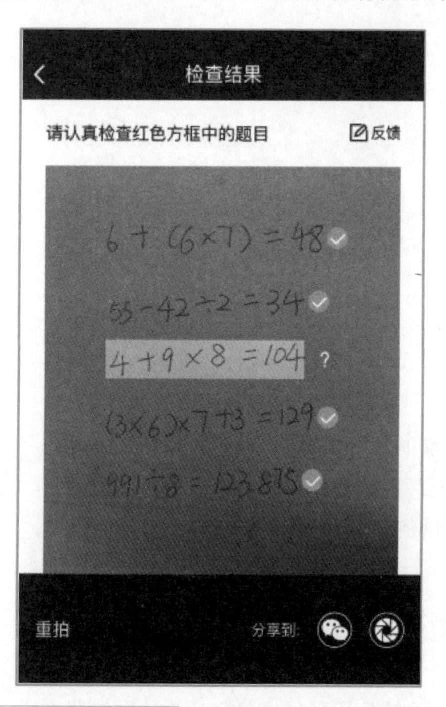

图 4-1
数学作业批改 HCM

通过上网下载通用的标准手写数字图像数据集，查看手写数字图像集对大小、组成结构、单个样本的图像显示以及单个样本的数值显示，并把样本分成训练数据集和测试数据集，对训练与测试数据集中对样本数据进行预处理，转换成能用来进行深度学习对数值数据集，对训练与测试数据集中对标签（label）数据进行预处理，以满足深度学习模型对格式需要，如图 4-2 所示。

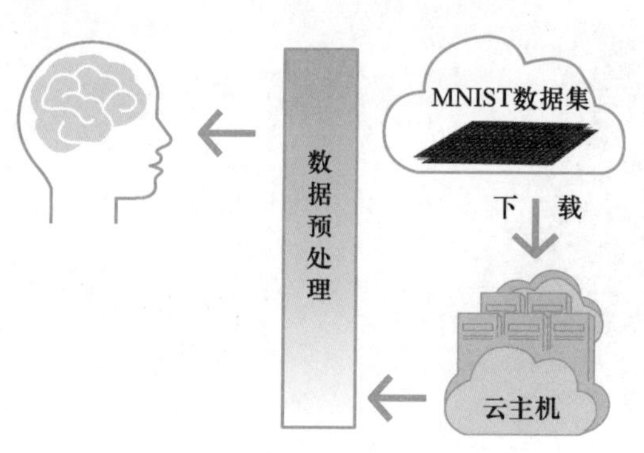

图 4-2
手写数字图像训练知识库准备过程

项目分解

笔 记

按照项目要求，将两种安装方式进行步骤分解，如图 4-3 所示。

第 1 步：导入处理数据所需要的模块，包括 numpy 模块，pandas 模块，Keras 模块中的 utils、datasets 等模块，以方便后续的处理。

第 2 步：下载 MNIST 数据集，利用 keras 提供的 load_data()函数来下载 keras 提供的 MNIST 数据集。

第 3 步：查看下载后的 MNIST 数据集大小，并对每个部分的数据大小进行查看。

第 4 步：导入 matplotlib 模块进行图像绘制，查看 MNIST 数据集中单张照片与对应灰度值数组，进一步了解灰度数字图像。

第 5 步：进行多张图像绘制，并查看 MNIST 中每张图像与其对应的 label 之间的关系。

第 6 步：预处理训练和测试图像，将二维图像进行一维拉伸，并对灰度值进行归一化处理。

第 7 步：预处理训练和测试 label 数据，由于将来是要进行分类预测和识别，因此，将 label 数据进行 One Hot Encoding 编码。

导入处理数据所需模块

```
import numpy as np
import pandas as pd
from keras.utils import np_utils
from keras.datasets import mnist
```

下载MNIST数据集

```
(train_image, train_label),(test_image, test_label)=mnist.load_data()
```

查看下载后的MNIST数据集大小

```
print('train_image =',train_image.shape)
print('test_image =',test_image.shape)
print('train_label =',train_label.shape)
print('test_label =',test_label.shape)
```

查看MNIST数据集中单张照片与对应灰度值数组

```
def plot_image(image):
  fig=plt.gcf()
  fig.set_size_inches(2,2)
  plt.imshow(image, cmap='binary')
```

查看MNIST中每张图像与其对应的label

```
def plot_images_labels(images,labels,idx,num=5):
  fig=plt.gcf()    fig.set_size_inches(12,14)
  if num>5:
    num=5
  for i in range(0,num):
```

预处理训练和测试图像

```
X_train_image=train_image.reshape(60000,784).astype('float32')
X_test_image=test_image.reshape(10000,784).astype('float32')
x_Train_normalize=X_train_image/255
x_Test_normalize=X_test_image/255
```

预处理训练和测试label数据

```
y_TrainOneHot=np_utils.to_categorical(train_label)
y_TestOneHot=np_utils.to_categorical(test_label)
```

图 4-3
准备手写数字图像训练所有知识库

工作任务

- 了解灰度数字图像基本知识。
- 掌握如何获取 MNIST 数据集。
- 掌握 MNIST 数据集各部分大小。
- 掌握 MNIST 数据集各部分的预处理方法。

任务 4　认识和预处理 MNIST 手写数字图像数据集

认识和预处理 MNIST 手写数字图像数据集

任务描述

本任务通过下载 MNIST 数据集，查看数据集各部分的组成、内容和大小，预处理 MNIST 手写数字图像数据集，熟悉数字图像进行深度学习的预处理方法。

问题引导

1. 人从出生的时候开始进行学习，需要满足哪些条件才能开始进行学习?
2. 深度学习的开发过程分成哪几个部分?

知识准备

微课 16
灰度数字图像与
MNIST 数据集简介

1. 灰度数字图像

灰度图像是常见的黑白图像，但是，黑白图像并不是人们所说的非黑即白，只有两种颜色。在计算机图像领域中黑白图像只有黑白两种颜色，灰度图像在黑色与白色之间还有许多级的颜色深度。灰度使用黑色调表示物体，即用黑色为基准色，采用不同的饱和度的黑色来显示图像。 每个灰度对象都具有从 0%（白色）到 100%（黑色）的亮度值。使用黑白或灰度扫描仪生成的图像通常以灰度显示。

在计算机中，图像是用像素点来表示的，例如一张 10×10 的灰度照片，如图 4-4 所示，是一张 10×10 的灰度图像，在计算机中保存这张图像是以一个二维数组来表示的，数组中表示像素点的灰度取值区间在[0,255]之间。0 表示最黑，255 表示最白。

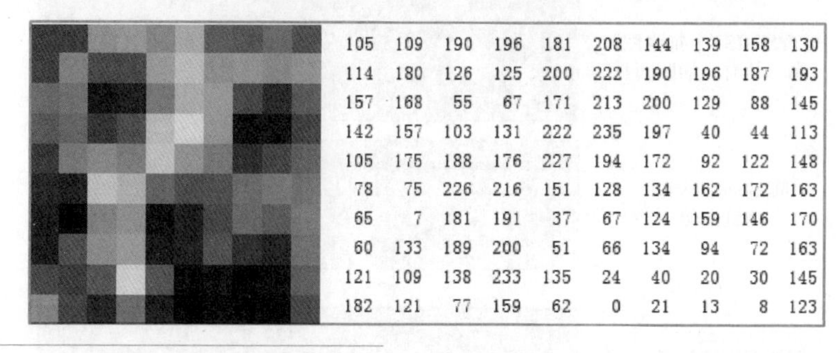

105	109	190	196	181	208	144	139	158	130
114	180	126	125	200	222	190	196	187	193
157	168	55	67	171	213	200	129	88	145
142	157	103	131	222	235	197	40	44	113
105	175	188	176	227	194	172	92	122	148
78	75	226	216	151	128	134	162	172	163
65	7	181	191	37	67	124	159	146	170
60	133	189	200	51	66	134	94	72	163
121	109	138	233	135	24	40	20	30	145
182	121	77	159	62	0	21	13	8	123

图 4-4
灰度图像与像素的灰度值

一幅图像实际上是由很多个像素点组成的，每个像素点就是一个颜色，对于图 4-4 灰度图，可以将其分割为 10×10 的 100 个区域，每个区域就是一个颜色。如图 4-5 所示，

最左上角的像素点的灰度值为 105，该区域对应的 105 所代表的灰度颜色。右下角倒数第 3 个为 13，越接近 0 表示越黑，可以看出该像素点的灰度颜色很黑。因此，平时使用图像处理软件如 Photoshop 处理图像，实际上就是改变了图像像素点的值，相应的显示的颜色也会发生变化。

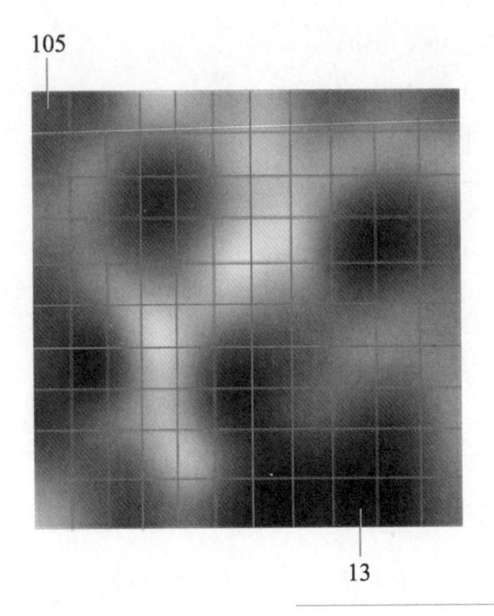

图 4-5
灰度图像各像素点对应的灰度值

2. MNIST 手写数字图像数据集

MNIST 数据集来自美国国家标准与技术研究所（National Institute of Standards and Technology，NIST）。训练集（training set）由来自 250 个不同的人手写的数字构成，其中 50%是高中学生，50%来自工作人员。测试集（test set）也是同样比例的手写数字数据。

MNIST 数据集可在 http://yann.lecun.com/exdb/mnist/ 获取，它包含了以下 4 个部分：

- Training set images: train-images-idx3-ubyte.gz（9.9 MB，解压后 47 MB，包含 60000 个样本）
- Training set labels: train-labels-idx1-ubyte.gz（29 KB，解压后 60 KB，包含 60000 个标签）
- Test set images: t10k-images-idx3-ubyte.gz（1.6 MB，解压后 7.8 MB，包含 10000 个样本）
- Test set labels: t10k-labels-idx1-ubyte.gz（5 KB，解压后 10 KB，包含 10000 个标签）

MNIST 数据集中的数字照片都是灰度图像，每张照片是一个手写数字，如图 4-6 所示。

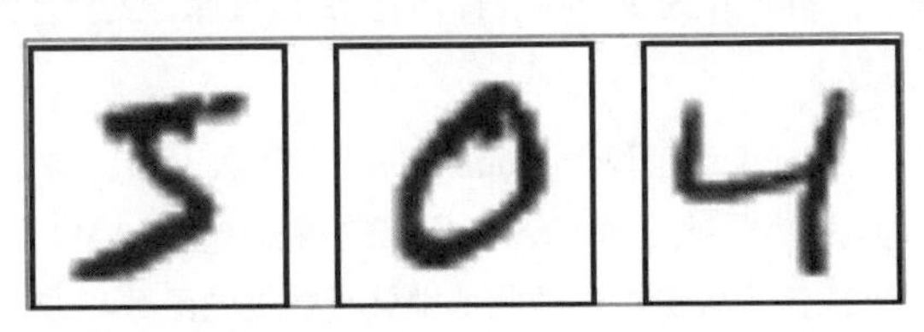

图 4-6
MNIST 数据集中的数字照片

任务实施

1. 创建 Jupyter Notebook 项目

① 打开 Jupyter Notebook，示例命令如下。

zhangjian@ubuntu:~$jupyter notebook

② 在 Python 3 下新建一个 notebook 项目，命名为 rask4-1，如图 4-7 所示。

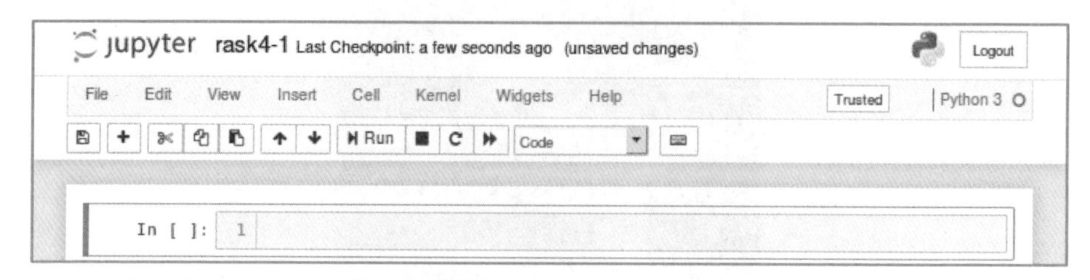

图 4-7
新建 notebook 项目示意图

2. 导入处理数据集所需要的模块

① 在 Jupyter Notebook 中输入图 4-8 中显示的代码，并确认代码无错误。

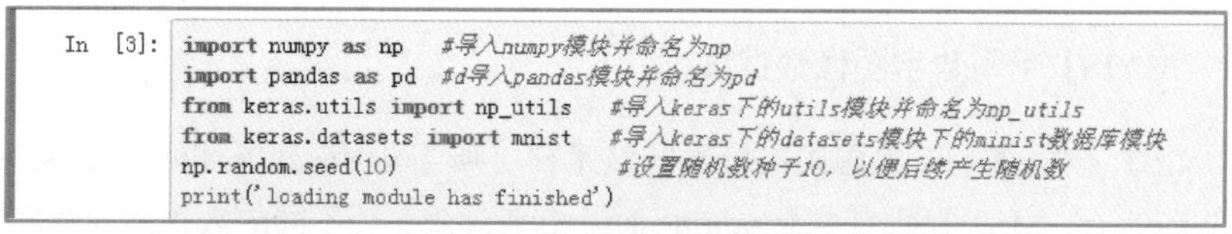

```
In [3]: import numpy as np          #导入numpy模块并命名为np
        import pandas as pd         #d导入pandas模块并命名为pd
        from keras.utils import np_utils      #导入keras下的utils模块并命名为np_utils
        from keras.datasets import mnist      #导入keras下的datasets模块下的minist数据库模块
        np.random.seed(10)                    #设置随机数种子10，以便后续产生随机数
        print('loading module has finished')
```

图 4-8
导入处理数据集所需模块代码

② 按 Ctrl+Enter 组合键执行代码，代码没有错误提示后按 Shift+Enter 组合键新建下一个单元格，结果显示如图 4-9 所示。

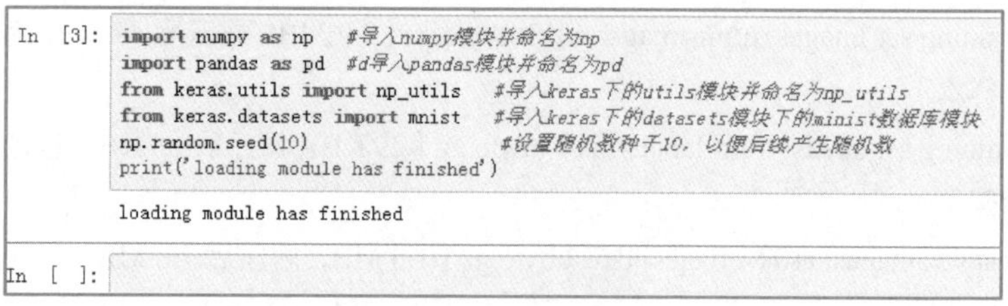

```
In [3]: import numpy as np          #导入numpy模块并命名为np
        import pandas as pd         #d导入pandas模块并命名为pd
        from keras.utils import np_utils      #导入keras下的utils模块并命名为np_utils
        from keras.datasets import mnist      #导入keras下的datasets模块下的minist数据库模块
        np.random.seed(10)                    #设置随机数种子10，以便后续产生随机数
        print('loading module has finished')

        loading module has finished

In [ ]:
```

图 4-9
导入处理数据集所需模块代码运行结果图

③ 代码解析。

> import numpy as np

导入 numpy 模块，Numpy 是 Python 语言的扩展链接库，支持多维数组与矩阵运算。

> import pandas as pd

导入 pandas 模块，pandas 是基于 NumPy 的一种工具，该工具是为了解决数据分析任务而创建的。pandas 纳入了大量库和一些标准的数据模型，提供了高效操作大型数据集所需的工具。pandas 提供了大量能快速便捷地处理数据的函数和方法。

> from keras.utils import np_utils

utils 模块提供了在 Keras 框架下的一系列有用工具，后面会用到 utils 模块中的

to_categorical()和 normali()函数等。更多详细的 utils 模块介绍可参考 Keras 中文文档中的 utils 单元内容，https://keras-cn.readthedocs.io/en/latest/utils/。

微课 17
MNIST 数据集的下载与查看

➢ from keras.datasets import mnist

导入 Keras 中的 dataset 模块，Keras 中提供了一些常用的数据集供用户使用，如 CIFAR10 小图片分类数据集、CIFAR100 小图片分类数据库、IMDB 影评倾向分类、路透社新闻主题分类、MNIST 手写数字识别、Fashion-MNIST 数据集、Boston 房屋价格回归数据集等。

➢ np.random.seed(10)

设置 seed 可以产生的随机数据范围，当设置相同的 seed 时，每次生成的随机数相同。如果不设置 seed，则每次会生成不同的随机数，例如，输入如图 4-10 所示的命令。

```
>>> import numpy
>>> numpy.random.seed(10)
>>> numpy.random.rand(4)
array([0.77132064, 0.02075195, 0.63364823, 0.74880388])
>>> numpy.random.seed(10)
>>> numpy.random.rand(4)
array([0.77132064, 0.02075195, 0.63364823, 0.74880388])
>>>
```

图 4-10
相同的随机数种子产生相同的随机数

当设置相同的随机数种子时，每次产生的随机数是相同的，不同的随机数种子产生的随机数不同，如图 4-11 所示。

```
>>> numpy.random.seed(10)
>>> numpy.random.rand(4)
array([0.77132064, 0.02075195, 0.63364823, 0.74880388])
>>> numpy.random.seed(0)
>>> numpy.random.rand(4)
array([0.5488135 , 0.71518937, 0.60276338, 0.54488318])
>>>
```

图 4-11
不同的随机数种子产生不同的随机数

3. 下载 MNIST 数据集

① 在 Jupyter Notebook 中输入如图 4-12 所示的代码，并确认代码无错误。

```
In [6]:  1  #下载mnist数据集
         2  (x_train_image, y_train_label),(x_test_image, y_test_label)=mnist.load_data()
```

图 4-12
导入处理数据集所需模块代码

② 按 Ctrl+Enter 组合键执行代码，代码没有错误提示后按 Shift+Enter 组合键新建下一个单元格，结果显示如图 4-13 所示，在第一次运行时，程序会检查用户目录下是否已经有 MNIST 数据集文件，如果还没有，程序会自动下载该文件。由于要下载文件，该程序的运行时间可能会比较长。

```
In  [*]:  (train_image, train_label),(test_image, test_label)=mnist.load_data()

          Downloading data from https://s3.amazonaws.com/img-datasets/mnist.npz
            90112/11490434 [..............................] - ETA: 14:20
```

图 4-13
下载 MNIST 数据集

③ 代码解析。

➢ (train_image, train_label),(test_image, test_label)=mnist.load_data()

mnist 数据库有 60000 个用于训练的 28×28 的灰度手写数字图片，10000 个测试图片。

代码下载数据集后，会将数据保存在 4 个集合中，分别如下：

- train_image：保存训练数字图像，共 60000 个。
- train_label：保存训练数字图像的正确数字，共 60000 个。
- test_image：保存测试数字图像，共 10000 个。
- test_label：保存测试数字图像的正确数字，共 10000 个。

④ Keras 下 mnist 数据库的应用

- 使用方法如图 4-14 所示。

```
1 from keras.datasets import mnist
2 (X_train, y_train), (X_test, y_test) = mnist.load_data()
```

图 4-14
Keras 下 mninst 数据集的使用方法

- 参数。

path：如果在本机上已有此数据集（位于'~/.keras/datasets/'+path），则直接载入，否则数据将下载到该目录下。

- 返回值。

两个 Tuple,(X_train, y_train), (X_test, y_test)，其中，X_train 和 X_test 是形如（nb_samples, 28, 28）的灰度图片数据，数据类型是无符号 8 位整形（uint8）;

y_train 和 y_test 是形如（nb_samples,）标签数据，标签的范围是 0～9。

- 数据库保存位置。

数据库将会被下载到'~/.keras/datasets/'+path。

> ➢ (train_image, train_label),(test_image, test_label)=mnist.load_data()

代码下载数据集后，会将数据保存在 4 个集合中，分别如下：

- train_image：保存训练数字图像，共 60000 个。
- train_label：保存训练数字图像的正确数字，共 60000 个。
- test_image：保存测试数字图像，共 10000 个。
- test_label：保存测试数字图像的正确数字，共 10000 个。

4．查看 MNIST 数据集

① 在 Jupyter Notebook 中输入如图 4-15 所示的代码，并确认代码无错误。

```
In [8]: print('train_image =',train_image.shape)   #查看train_image集合中的大小
        print('test_image =',test_image.shape)     #查看test_image集合中的大小
        print('train_label =',train_label.shape)   #查看train_label集合中的大小
        print('test_label =',test_label.shape)     #查看test_label集合中的大小
```

图 4-15
查看数据集所需模块代码

② 按 Ctrl+Enter 组合键执行代码，代码没有错误提示后按 Shift+Enter 组合键新建下一个单元格，结果显示如图 4-16 所示。

```
train_image = (60000, 28, 28)
test_image = (10000, 28, 28)
train_label = (60000,)
test_label = (10000,)
```

图 4-16
查看数据集代码运行结果

③ 代码解析。

> ➢ print('train_image=',train_image.shape)

本段代码分别输出 4 个集合中数据的维度，从结果中可以看出，train_image 集合的输出结果为（60000,28,28），显示为三维数据，可以理解为一共有 60000 张图片，每张图片的大小都是 28×28 像素。train_label 集合的输出结果为（60000, ），显示该集合是一个一维数组，可以理解为 60000 个数字，对应 60000 张图像的真实数字，如图 4-17 所示。

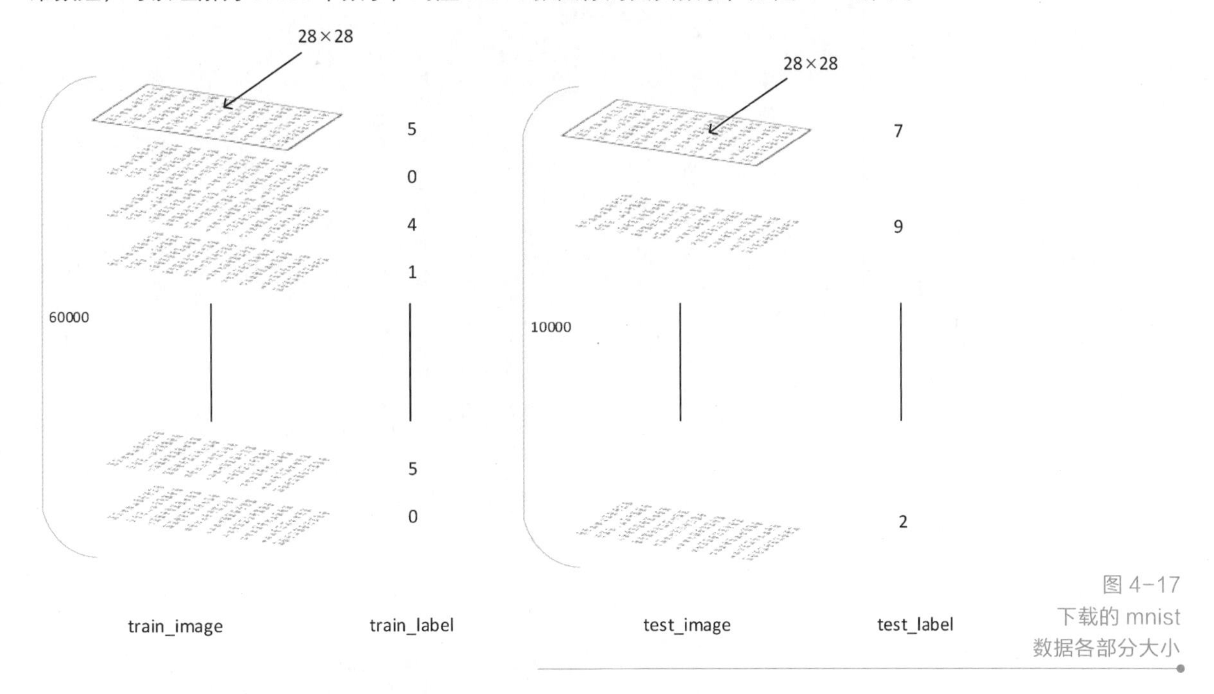

图 4-17
下载的 mnist
数据各部分大小

5. 查看 MNIST 数据集中单张照片与对应灰度值数组

① 在 Jupyter Notebook 中输入如图 4-18 所示的代码，并确认代码无错误。

```
In  [7]: import matplotlib.pyplot as plt
         def plot_image(image):
             fig=plt.gcf()
             fig.set_size_inches(2,2)
             plt.imshow(image, cmap='binary')
             plt.show()
         plot_image(train_image[0])
         train_image[0]
```

图 4-18
查看数据集所需模块代码

② 按 Ctrl+Enter 组合键执行代码，代码没有错误提示后按 Shift+Enter 组合键新建下一个单元格，结果显示如图 4-19 所示。

③ 代码解析。

➢ import matplotlib.pyplot as plt

导入 matplotlib.pyplot 模块并命名为 plt。Matplotlib 是一个 Python 的 2D 绘图库，通过 Matplotlib，仅需要几行代码，便可以生成绘图、直方图、功率谱、条形图、错误图、散点图等。pyplot 是 Matplotlib 软件包中的子包，提供了一个类似 MATLAB 的绘图框架，支持 Python 语言。

微课 18
查看 MNIST 数据集中的图片

➢ def　plot_image(image):

笔 记

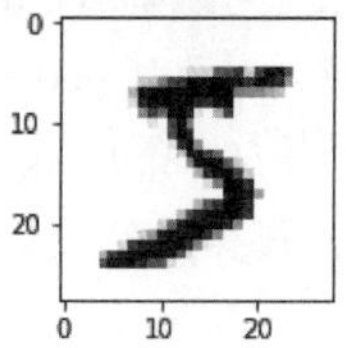

```
Out[7]: array([[  0,   0,   0,   0,   0,   0,   0,   0,   0,   0,   0,   0,   0,
                  0,   0,   0,   0,   0,   0,   0,   0,   0,   0,   0,   0,   0,
                  0,   0],
                [ 0,   0,   0,   0,   0,   0,   0,   0,   0,   0,   0,   0,   0,
                  0,   0,   0,   0,   0,   0,   0,   0,   0,   0,   0,   0,   0,
                  0,   0],
                [ 0,   0,   0,   0,   0,   0,   0,   0,   0,   0,   0,   0,   0,
                  0,   0,   0,   0,   0,   0,   0,   0,   0,   0,   0,   0,   0,
                  0,   0],
                [ 0,   0,   0,   0,   0,   0,   0,   0,   0,   0,   0,   0,   0,
                  0,   0,   0,   0,   0,   0,   0,   0,   0,   0,   0,   0,   0,
                  0,   0],
                [ 0,   0,   0,   0,   0,   0,   0,   0,   0,   0,   0,   0,   0,
                  0,   0,   0,   0,   0,   0,   0,   0,   0,   0,   0,   0,   0,
                  0,   0],
                [ 0,   0,   0,   0,   0,   0,   0,   0,   0,   0,   0,   0,   3,
                 18,  18,  18, 126, 136, 175,  26, 166, 255, 247, 127,   0,   0,
                  0,   0],
                [ 0,   0,   0,   0,   0,   0,   0,   0,  30,  36,  94, 154, 170,
                253, 253, 253, 253, 253, 225, 172, 253, 242, 195,  64,   0,   0,

                      ......................................

               [  0,   0,   0,   0,   0,   0,  18, 171, 219, 253, 253, 253, 253,
                195,  80,   9,   0,   0,   0,   0,   0,   0,   0,   0,   0,   0,
                  0,   0],
               [  0,   0,   0,   0,  55, 172, 226, 253, 253, 253, 253, 244, 133,
                 11,   0,   0,   0,   0,   0,   0,   0,   0,   0,   0,   0,   0,
                  0,   0],
               [  0,   0,   0,   0, 136, 253, 253, 253, 212, 135, 132,  16,   0,
                  0,   0,   0,   0,   0,   0,   0,   0,   0,   0,   0,   0,   0,
                  0,   0],
               [  0,   0,   0,   0,   0,   0,   0,   0,   0,   0,   0,   0,   0,
                  0,   0,   0,   0,   0,   0,   0,   0,   0,   0,   0,   0,   0,
                  0,   0],
               [  0,   0,   0,   0,   0,   0,   0,   0,   0,   0,   0,   0,   0,
                  0,   0,   0,   0,   0,   0,   0,   0,   0,   0,   0,   0,   0,
                  0,   0],
               [  0,   0,   0,   0,   0,   0,   0,   0,   0,   0,   0,   0,   0,
                  0,   0,   0,   0,   0,   0,   0,   0,   0,   0,   0,   0,   0,
                  0,   0]], dtype=uint8)
```

图 4-19
查看数字照片与对应灰度值数组

定义名为 plot_image 的函数，其输入参数是 image。

```
➢ fig=plt.gcf()
➢ fig.set_size_inches(2,2)
```

获取当前的图形对象，并将图像设置为 2×2 像素。

```
➢ plt.imshow(image, cmap='binary')
```

使用 plt.imshow 显示图形，传入的图形是 image，大小是 28×28 像素。

Cmap 参数，由其文档可知，在 colormap 类别上，有如下分类：

- perceptual uniform sequential colormaps：感知均匀的序列化 colormap。
- gray：0～255 级灰度，0：黑色，1：白色，黑底白字。
- gray_r：翻转 gray 的显示，如果 gray 将图像显示为黑底白字，gray_r 会将其显示为白底黑字。

笔 记

- diverging colormaps：两端发散的色图 colormaps。

> plt.show()

图像绘制。

> plot_image(train_image[0])

查看训练数据集中 image 部分的第 1 张图片。

> train_image[0]

查看训练数据集中第 1 张照片的灰度值数组，如图 4-20 所示。

在 MNIST 数据集中，Image 是一幅 28×28 像素的灰度图片，数组中每个单元的数值在 0～255 之间。其中 0 表示白色，255 表示黑色。

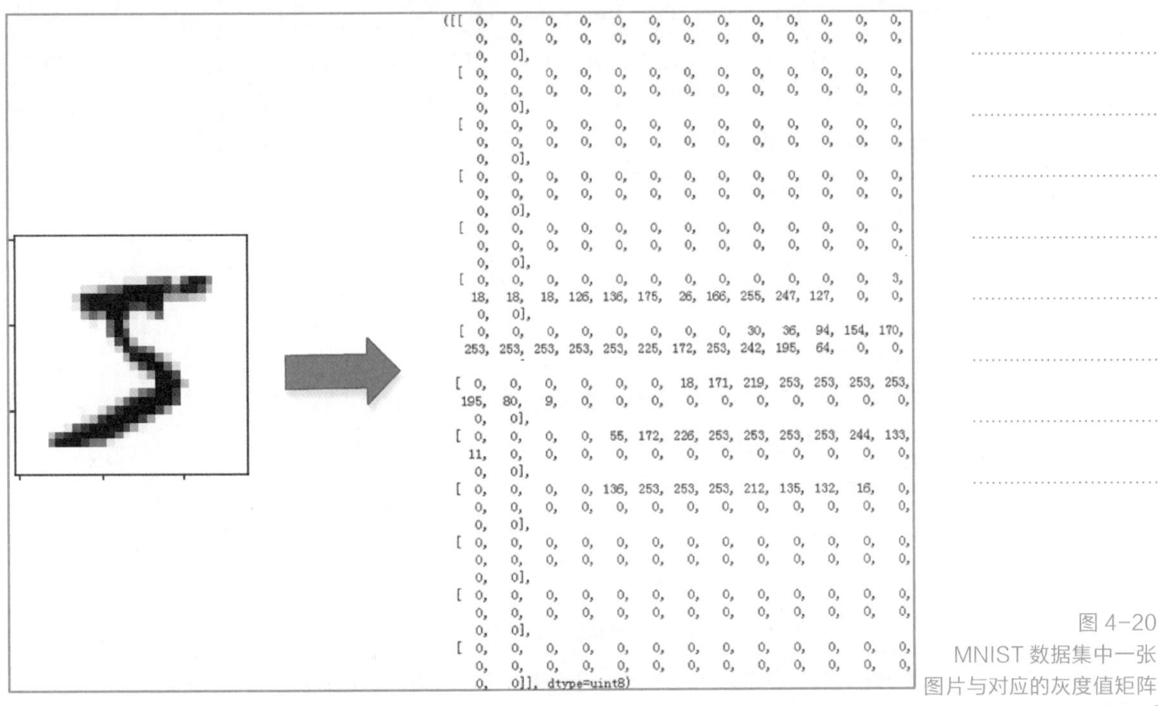

图 4-20 MNIST 数据集中一张图片与对应的灰度值矩阵

6. 查看 MNIST 数据集中多张照片与对应数字类别

① 在 Jupyter Notebook 中输入如图 4-21 所示的代码，并确认代码无错误。

```
In [10]: def plot_images_labels(images,labels,idx,num=5):
             fig=plt.gcf()
             fig.set_size_inches(12,14)
             if num>5:
                 num=5
             for i in range(0,num):
                 ax=plt.subplot(1,5,1+i)
                 ax.imshow(images[idx],cmap='binary')
                 title='label='+str(labels[idx])
                 ax.set_title(title,fontsize=10)
                 ax.set_xticks([])
                 ax.set_yticks([])
                 idx+=1
             plt.show()
         plot_images_labels(train_image,train_label,0,5)
```

图 4-21 查看数据集多张照片与对应数字类别

② 按 Ctrl+Enter 组合键执行代码，代码没有错误提示后按 Shift+Enter 组合键新建下一个单元格，结果显示如图 4-22 所示。

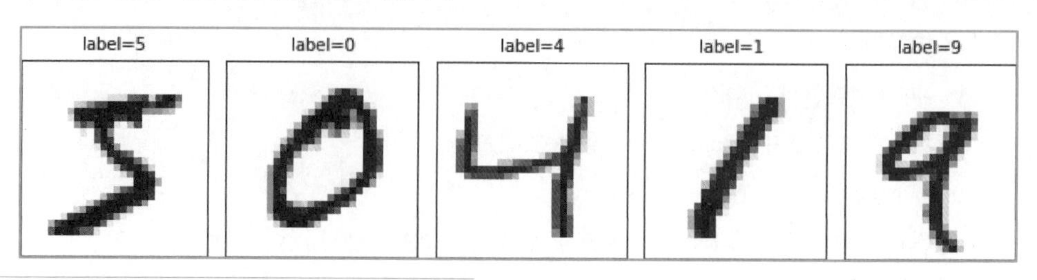

图 4-22
查看数据集中多张照片与对应数字类别

③ 代码解析。

```
➢ def   plot_images_labels(images,label,index,num):
```

定义名为 plot_images_labels 的函数，其输入参数是 images（要显示的图像数组）、label（对应的 label 数组）、index（要显示的图像位于训练集或测试集中的起始位置）和 num（要显示的图像数量）。

笔 记

```
➢ fig=plt.gcf()
➢ fig.set_size_inches(12,14)
```

调用 gcf 创建一个(12,14)绘图对象，并且使它成为当前的绘图对象。

```
➢ if num>5
➢ num=5
```

最多显示不超过 5 张图像，如果超过 5 张，则只选 5 张。

```
➢ for i in range(0,num)
```

循环处理。

```
➢ ax=subplot(1,5,1+i)
```

在绘图对象中创建 1 行 5 列子图形，并选择第 1+i 个来放置图像。

```
➢ ax.imshow(images[index],cmap='binary')
```

在子图形中放置 images[index]图像，并设置为灰度形式。

```
➢ title="label="+label[index]
➢ ax.set_title(title,fontsize=10)
➢ ax.set_xtick([])
➢ ax.set_ytick([])
```

设置子图形的标题（title）内容和字体大小、X 轴和 Y 轴内容为空。

```
➢ plt.show()
```

显示绘制的图像。

```
➢ plot_images_labels(train_image,train_label,0,5)
```

显示训练图像中从第 0 幅开始的连续 5 幅数字图像。

7. 预处理训练和测试图像

① 在 Jupyter Notebook 中输入如图 4-23 所示的代码，并确认代码无错误。

```
In  [12]:  X_train_image=train_image.reshape(60000,784).astype('float32')
           X_test_image=test_image.reshape(10000,784).astype('float32')
           print('X_train_image:',X_train_image.shape)
           print('X_test_image:',X_test_image.shape)
           X_train_image[0]
           x_Train_normalize=X_train_image/255
           x_Test_normalize=X_test_image/255
           x_Train_normalize [0]
```

图 4-23
预处理训练和测试图像代码

② 按 Ctrl+Enter 组合键执行代码，代码没有错误提示后按 Shift+Enter 组合键新建下一个单元格，结果显示如图 4-24 所示。

微课 19
预处理图像数据和标签数据集

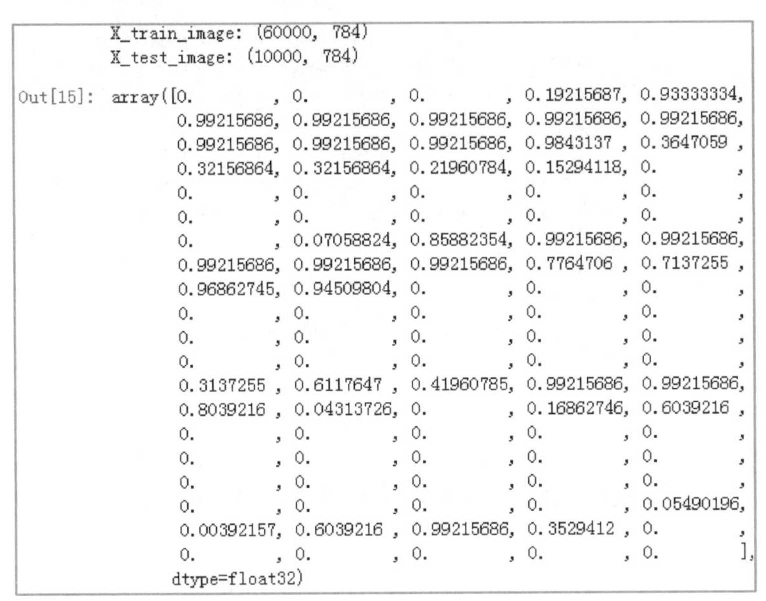

```
         X_train_image: (60000, 784)
         X_test_image: (10000, 784)

Out[15]: array([0.        , 0.        , 0.        , 0.19215687, 0.93333334,
                0.99215686, 0.99215686, 0.99215686, 0.99215686, 0.99215686,
                0.99215686, 0.99215686, 0.99215686, 0.9843137 , 0.3647059 ,
                0.32156864, 0.32156864, 0.21960784, 0.15294118, 0.        ,
                0.        , 0.        , 0.        , 0.        , 0.        ,
                0.        , 0.        , 0.        , 0.        , 0.        ,
                0.        , 0.07058824, 0.85882354, 0.99215686, 0.99215686,
                0.99215686, 0.99215686, 0.99215686, 0.7764706 , 0.7137255 ,
                0.96862745, 0.94509804, 0.        , 0.        , 0.        ,
                0.        , 0.        , 0.        , 0.        , 0.        ,
                0.        , 0.        , 0.        , 0.        , 0.        ,
                0.        , 0.        , 0.        , 0.        , 0.        ,
                0.3137255 , 0.6117647 , 0.41960785, 0.99215686, 0.99215686,
                0.8039216 , 0.04313726, 0.        , 0.16862746, 0.6039216 ,
                0.        , 0.        , 0.        , 0.        , 0.        ,
                0.        , 0.        , 0.        , 0.        , 0.        ,
                0.        , 0.        , 0.        , 0.        , 0.        ,
                0.        , 0.        , 0.        , 0.        , 0.05490196,
                0.00392157, 0.6039216 , 0.99215686, 0.3529412 , 0.        ,
                0.        , 0.        , 0.        , 0.        , 0.        ],
               dtype=float32)
```

图 4-24
预处理训练和测试图像结果

③ 代码解析。

➢ X_train_image=train_image.reshape(60000,784).astype('float')
➢ X_test_image=test_image.reshape(10000,784).astype('float')

将三维的训练图像集和测试图像转换为二维的训练图像集和测试图像集，即将 60000×28×28 的数据集转换成 60000×784 的数据集，并将数据由整形转换成浮点类型。

➢ print（'X_train_image:',X_train.shape）
➢ print（'X_test_image:',X_train.shape）

输出结果如图 4-25 所示。显示转换后数字图像集成为了一个二维数组。转换后的第 1 幅图像变成一维数组共 784 个元素。

```
X_train_image: (60000, 784)
X_test_image: (10000, 784)
```

图 4-25
维度转换后的结果

➢ x_Train_normalize=X_train_image/255
➢ x_Test_normalize=X_test_image/255

将图像的数据进行归一化处理，使得所有的数值都在 0～1 区间内，这样可以提高后续训练模型的准确性，较少图像由于光照不同带来的影响。因为图像的像素值都是在 0～

255，可以通过除以 255 进行归一化处理。

```
➢ x_Train_normalize [0,200:300]
```

输出结果如图 4-26 所示：

```
         X_train_image: (60000, 784)
         X_test_image: (10000, 784)

Out[15]: array([0.        , 0.        , 0.        , 0.19215687, 0.93333334,
                0.99215686, 0.99215686, 0.99215686, 0.99215686, 0.99215686,
                0.99215686, 0.99215686, 0.99215686, 0.9843137 , 0.3647059 ,
                0.32156864, 0.32156864, 0.21960784, 0.15294118, 0.        ,
                0.        , 0.        , 0.        , 0.        , 0.        ,
                0.        , 0.        , 0.        , 0.        , 0.        ,
                0.        , 0.07058824, 0.85882354, 0.99215686, 0.99215686,
                0.99215686, 0.99215686, 0.99215686, 0.7764706 , 0.7137255 ,
                0.96862745, 0.94509804, 0.        , 0.        , 0.        ,
                0.        , 0.        , 0.        , 0.        , 0.        ,
                0.        , 0.        , 0.        , 0.        , 0.        ,
                0.        , 0.        , 0.        , 0.        , 0.        ,
                0.3137255 , 0.6117647 , 0.41960785, 0.99215686, 0.99215686,
                0.8039216 , 0.04313726, 0.        , 0.16862746, 0.6039216 ,
                0.        , 0.        , 0.        , 0.        , 0.        ,
                0.        , 0.        , 0.        , 0.        , 0.        ,
                0.        , 0.        , 0.        , 0.        , 0.        ,
                0.        , 0.        , 0.        , 0.        , 0.05490196,
                0.00392157, 0.6039216 , 0.99215686, 0.3529412 , 0.        ,
                0.        , 0.        , 0.        , 0.        , 0.        ],
               dtype=float32)
```

图 4-26
对图像数据进行预处理后的数值

显示归一化处理后第 1 幅图像的数据。由结果中可见，所有的数据都是除以 0～1 之间。经过处理，将所有的图像全部转换为一维的数据，取值区间在[0,1]之间，如图 4-27 所示。

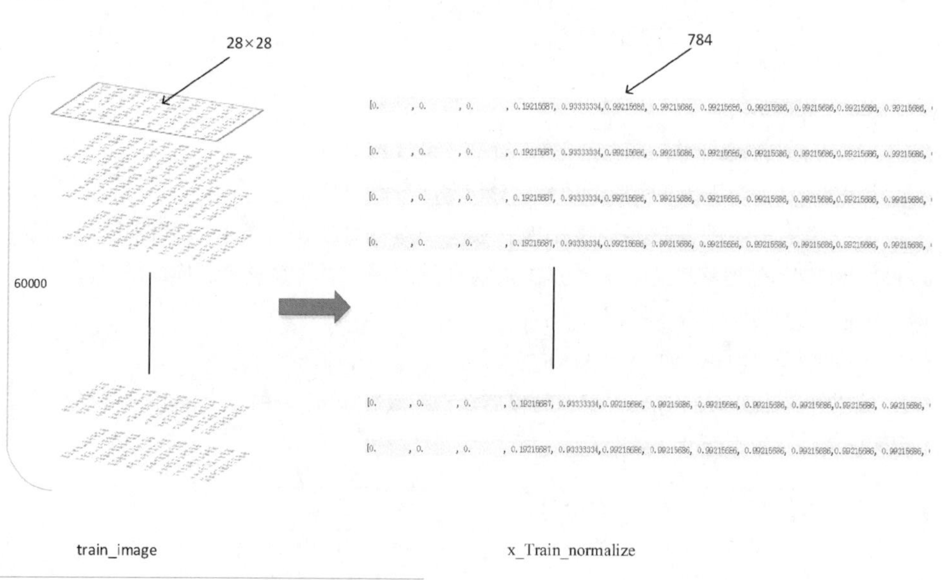

图 4-27
预处理训练图像数据

8. 预处理训练和测试的 label 数据

① 在 Jupyter Notebook 中输入如图 4-28 所示的代码，并确认代码无错误。

```
In  [16]:  print(train_label[0:10])
           y_TrainOneHot=np_utils.to_categorical(train_label)
           y_TestOneHot=np_utils.to_categorical(test_label)
           y_TrainOneHot[:10]
```

图 4-28
预处理训练和测试 label 数据代码

② 按 Ctrl+Enter 组合键执行代码，代码没有错误提示后按 Shift+Enter 组合键新建下一个单元格，结果显示如图 4-29 所示。

```
          [5 0 4 1 9 2 1 3 1 4]

Out[16]:  array([[0., 0., 0., 0., 0., 1., 0., 0., 0., 0.],
                 [1., 0., 0., 0., 0., 0., 0., 0., 0., 0.],
                 [0., 0., 0., 0., 1., 0., 0., 0., 0., 0.],
                 [0., 1., 0., 0., 0., 0., 0., 0., 0., 0.],
                 [0., 0., 0., 0., 0., 0., 0., 0., 0., 1.],
                 [0., 0., 1., 0., 0., 0., 0., 0., 0., 0.],
                 [0., 1., 0., 0., 0., 0., 0., 0., 0., 0.],
                 [0., 0., 0., 1., 0., 0., 0., 0., 0., 0.],
                 [0., 1., 0., 0., 0., 0., 0., 0., 0., 0.],
                 [0., 0., 0., 0., 1., 0., 0., 0., 0., 0.]], dtype=float32)
```

图 4-29
预处理训练和测试 label 数据结果

③ 代码解析。

➢ print(train_label[:10])

显示训练 label 集中前 10 个数据。

输出结果如下：

```
[5 0 4 1 9 2 1 3 1 4]
```

由结果可以看到，所有的数字都在 0～9 之间，并且是 int 类型的数据。

➢ y_TrainOneHot=np_utils.to_categorical(train_label)
➢ y_TestOneHot=np_utils.to_categorical(test_label)

利用 np_utils.to_categorical()函数对 label 数据进行 One-Hot-Encoding 转换。

np_utils.to_categorical()函数：多类分类问题与二类分类问题类似，需要将类别变量（categorical function）的输出标签转化为数值变量。在多分类问题中，将转化为虚拟变量（dummy variable），即使用 one hot encoding 方法将输出标签的向量（vector）转化为只在出现对应标签的那一列为 1，其余为 0 的布尔矩阵。

➢ y_TrainOneHot[:10]

显示 One-Hot-Encoding 转换后训练 label 集中前 10 个数据。

输出结果如图 4-30 所示。

```
array([[0., 0., 0., 0., 0., 1., 0., 0., 0., 0.],
       [1., 0., 0., 0., 0., 0., 0., 0., 0., 0.],
       [0., 0., 0., 0., 1., 0., 0., 0., 0., 0.],
       [0., 1., 0., 0., 0., 0., 0., 0., 0., 0.],
       [0., 0., 0., 0., 0., 0., 0., 0., 0., 1.],
       [0., 0., 1., 0., 0., 0., 0., 0., 0., 0.],
       [0., 1., 0., 0., 0., 0., 0., 0., 0., 0.],
       [0., 0., 0., 1., 0., 0., 0., 0., 0., 0.],
       [0., 1., 0., 0., 0., 0., 0., 0., 0., 0.],
       [0., 0., 0., 0., 1., 0., 0., 0., 0., 0.]], dtype=float32)
```

图 4-30
One-Hot-Encoding
转换后 label 的输出结果

笔 记

由输出结果可以看到，每个数据是由 9 个 0 和 1 个 1 组成的。1 的位置对应原来 label 数据的数值大小。如第 1 个数是 5，那么转换后的第 1 行数据中，第 5 个位置是 1，其他位置都是 0，如图 4-31 所示。

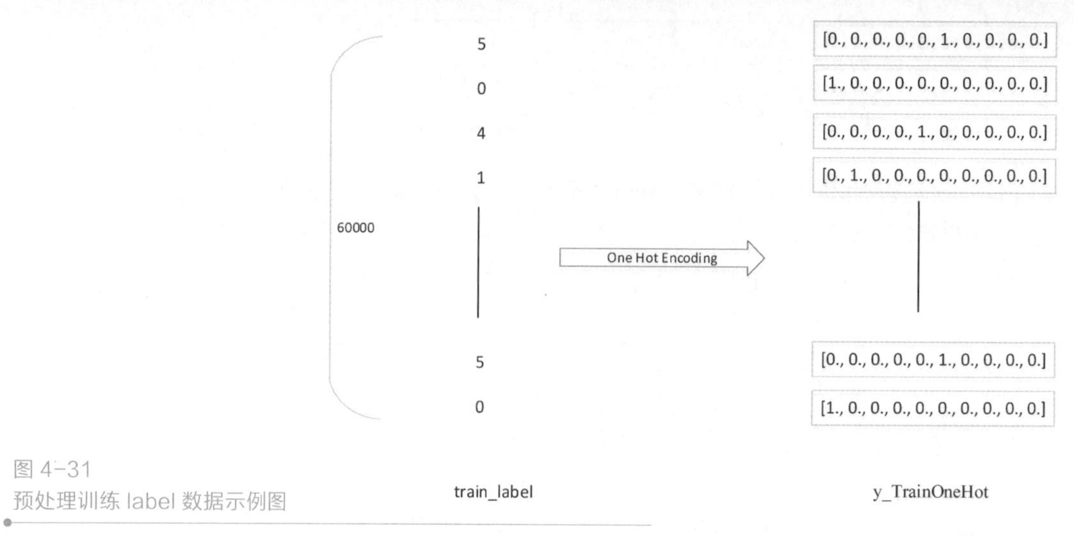

图 4-31
预处理训练 label 数据示例图

项目总结

笔 记

本项目主要介绍了 MNIST 数据集的情况，以及如何下载 MNIST 数据集并对 MNIST 数据集进行训练前的数据预处理，同时，本章还初步介绍了数字图像处理的概念。图像是人类获取和交换信息的主要来源，因此，图像处理的应用领域必然涉及人类生活和工作的方方面面。随着人类活动范围的不断扩大，图像处理的应用领域也将随之不断扩大。

（1）航天和航空技术方面

数字图像处理技术在航天和航空技术方面的应用，除了对月球、火星照片的处理之外，另一方面的应用是在飞机遥感和卫星遥感技术中。

（2）生物医学工程方面

数字图像处理在生物医学工程方面的应用十分广泛，而且很有成效。除了 CT 技术之外，还有一类是对医用显微图像的处理分析，如红细胞、白细胞分类、染色体分析、癌细胞识别等。此外，在 X 光肺部图像增晰、超声波图像处理、心电图分析、立体定向放射治疗等医学诊断方面都广泛地应用图像处理技术。腾讯推出将人工智能技术运用到医疗领域的产品："腾讯觅影"，得益于"腾讯觅影"在 AI+医疗上的探索和实践，依托腾讯承建国家新一代人工智能开放创新平台。

（3）安防公安方面

公安业务图片的判读分析、指纹识别、人脸鉴别、不完整图片的复原，以及交通监控、事故分析等。目前已投入运行的高速公路不停车自动收费系统中的车辆和车牌的自动识别都是图像处理技术成功应用的例子。公安局车辆追踪，利用电警视频捕捉目标车辆，实时地在地图中定位，并支持高低空摄像头的自动切换。系统同时具有预估到达时间功能，与交通控制系统联动，确保目标车辆安全快速同行。深圳滨海大厦接入优图人脸识别能力，打造"人脸识别"门禁系统，告别传统门禁，让"刷脸进门"成为现实。解决传统门禁用户体验差的缺陷，在保证安全可靠的同时，深度提升用户体验，并大大降低人工成本。

（4）机器人视觉

笔 记

机器视觉作为智能机器人的重要感觉器官，主要进行三维景物理解和识别，是目前处于研究之中的开放课题。机器视觉主要用于军事侦察、危险环境的自主机器人，邮政、医院和家庭服务的智能机器人，装配线工件识别、定位，太空机器人的自动操作等。

腾讯优图手写体 OCR 可以实时高效地定位与识别快递单据图片中的地址、电话号码等字段。使用优图手写体 OCR，仅需轻轻一拍，即可自动完成相关信息的识别录入，为物流行业从业者提供方便快捷的信息录入体验。“绝艺”围棋机器人通过计算机视觉实现棋盘的精准定位，与“绝艺”围棋 AI 结合实现后台决策，实现机械臂的轨迹规划和控制（https://share.weiyun.com/5AHHV3l）。桌上冰球机器人使用高速相机跟踪、预测冰球运动轨迹，自主判断当前对局状态、制定击球策略（进攻、防守或保持不动），实现有效的机械臂的轨迹规划和快速控制（https://share.weiyun.com/5CYy4AO）。

随着数字图像处理技术与人工智能技术的不断发展，其应用领域也在不断扩展。

本项目重点

- MNIST 数据集的下载和大小查看。
- 图像数据集的预处理方法。
- 标签数据集的 one-hot 编码方法。

本项目难点

- 灰度数字图像的理解。
- 图像数据集的二维转一维的结果。
- 预处理数据集后数据集大小的变化。

课后练习

课后练习

一、单选题

1. 存储一幅大小为 1024×1024，256 个灰度级的灰度数字图像，需要（　　）bit。
   A. 8 M　　B. 4 M　　C. 2 M　　D. 1 M
2. 在计算机中，一般用字节（Byte）来表示数据的单位，1 Byte 等于（　　）bit。
   A. 8　　B. 4　　C. 2　　D. 10
3. 一幅数字图像是（　　）。
   A. 一个观测系统　　B. 一个有许多像素排列而成的实体
   C. 一个 2D 数组中的元素　　D. 一个 3D 空间的场景
4. 一幅 256×256 像素的图像，若灰度级数为 16，则存储它所需的比特率是（　　）。
   A. 256 K　　B. 512 K　　C. 1 M　　D. 2 M
5. 数字图像出现马赛克格子效果是由于下列（　　）原因所产生的。
   A. 图像的幅度分辨率过小　　B. 图像的幅度分辨率过大
   C. 图像的空间分辨率过小　　D. 图像的空间分辨率过大
6. 在 BMP 格式、GIF 格式、TIFF 格式和 JPEG 格式中（　　）。
   A. 图像的幅度分辨率过小　　B. 图像的幅度分辨率过大
   C. 图像的空间分辨率过小　　D. 图像的空间分辨率过大

笔 记

7. MNIST 数据集中一共有（　　）张灰度数字图像。

A. 10000　　B. 20000　　C. 50000　　D. 60000

8. MNIST 数据集中训练图像集中一共有（　　）张灰度数字图像。

A. 10000　　B. 20000　　C. 50000　　D. 60000

9. MNIST 数据集中每张图片大小相同，分辨率为（　　）。

A. 38×38　　B. 28×28　　C. 26×26　　D. 40×40

10. 一幅灰度图片，数组中每个单元的数值在（　　）之间。

A. [0,1]　　B. [0,128]　　C. [128,255]　　D. [0,255]

11. 下面（　　）不是 one-hot-encoding 的结果。

A. 00010001　　B. 1000010001　　C. 1000000　　D. 100000001

12. 一幅图像进行归一化处理后，该图像数组中所有的数值取值范围在（　　）之间。

A. [0,1]　　B. [0,128]　　C. [128,255]　　D. [0,255]

二、简答题

1. 简述数字图像中图像量化等级的含义。
2. 图像中灰度值和量化等级有哪些区别?
3. 简述用 Keras 代码下载 MNIST 数据集。
4. 用 Keras 自带的 load_data()函数下载数据集后，数据集保存在什么路径下?
5. 详细描述 MNIST 数据集中 4 个部分集合的大小。
6. 一段视频 1 分钟长度的高清灰度视频，分辨率为 1920×1280 像素，请问需要多少存储空间。
7. 一幅灰度图像 36×36 像素，转换为一维向量，请写出将该图像一维化的代码。
8. 标签数据集中有 20 种类别，则经过 one-hot 编码后，每个类别标签被转换成对应的 one-hot 编码为多少?

项目 5
构建多层感知模型进行手写数字图像识别

学习目标

知识目标

- 掌握感知器的数学模型。
- 掌握多层感知模型的结构。
- 了解模型训练过程中的计算参数。
- 了解模型训练过程中的可配置参数。

技能目标

- 掌握多层感知模型的创建方法。
- 掌握模型训练过程中的计算参数的配置。
- 掌握模型训练过程中的参数配置。
- 掌握模型的训练结果的查看方法。
- 掌握模型的评估方法。

项目描述

项目背景及需求

微课 20
深度学习的训练与应用过程

王老师是某小学数学教师，每天都要批改 100 多本数学作业。小学生的“手写体”千奇百怪，写出的数字结果有些需要靠猜，如图 5-1 所示。王老师想，如果有个软件能够直接识别这些数字并批改就好了。

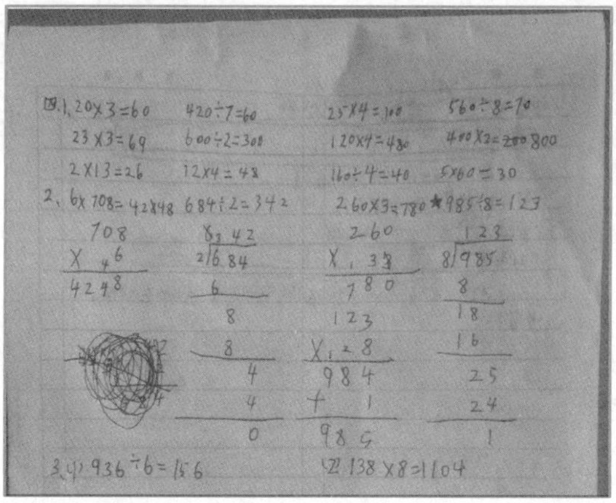

图 5-1
手写数学作业

创建一个手写数字识别“大脑”，用来对输入的手写数字图像进行识别，如图 5-2 所示。本项目将使用一个多层感知器模型来创建一个空白“大脑”，然后利用 MNIST 数据集，对空白“大脑”进行训练，使得该“大脑”成为一个手写数字识别“大脑”。同时，对手写数字识别“大脑”进行测试，查看手写数字识别“大脑”是否足够聪明。

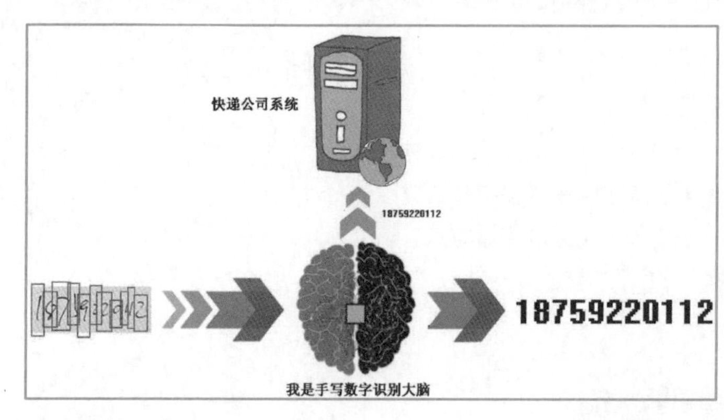

图 5-2
创建智能“大脑”识别手写数字

项目分解

按照任务要求，手写数字识别大脑的创建流程如图 5-3 所示。

第 1 步：准备知识库，导入手写数字图像数据集，使用 MNIST 数据集并对数据集进行处理以适应 MLP 模型的输入数据格式要求。

第 2 步：创建空白大脑，建立 MLP 学习模型。使用 Keras 框架中的函数来建立 MLP 学习模型，完成输入层、隐藏层与输出层的参数配置。

笔 记

第 3 步：将手写数字图像知识送给大脑学习，设置模型的训练参数，启动模型进行训练，并动态查看模型的训练状态。

第 4 步：通过查看模型训练过程中的准确率和误差变化，了解大脑的学习过程和效果。

第 5 步：使用训练好的“大脑”模型，对 MNIST 中的测试数据进行预测和识别。

准备知识库
(导入预处理过后的MNIST学习数据)

```
(x_train_image,y_train_label),(x_test_image, y_test_label)=mnist.load_data()
...
```

创建一个空白大脑
(建立MLP学习模型)

```
model=Sequential()
model.add(Dense(units=256,input_dim=784,kernel_initializer='normal',activation='relu'))
model.add(Dense(units=10,kernel_initializer='normal',activation='softmax'))
print(model.summary())
```

将手写数字知识送给大脑学习
(对模型进行训练)

```
model.compile(loss='categorical_crossentropy',optimizer='adam',metrics=['accuracy'])
train_history=model.fit(x=x_train_norm,y=y_train_ohe,validation_split=0.2,epochs=10,batch_size=200,verbose=2)
...
```

显示大脑的学习过程和效果
(显示模型准确率和误差)

```
...
show_train(train_history,'acc','val_acc')
show_train(train_history,'loss','val_loss')
```

看看我创建的大脑是否足够聪明
(使用测试数据进行识别)

```
results=model.evaluate(x_test_norm,y_test_ohe)
print('acc=',results[1])
prediction=model.predict_classes(x_test)
prediction
...
```

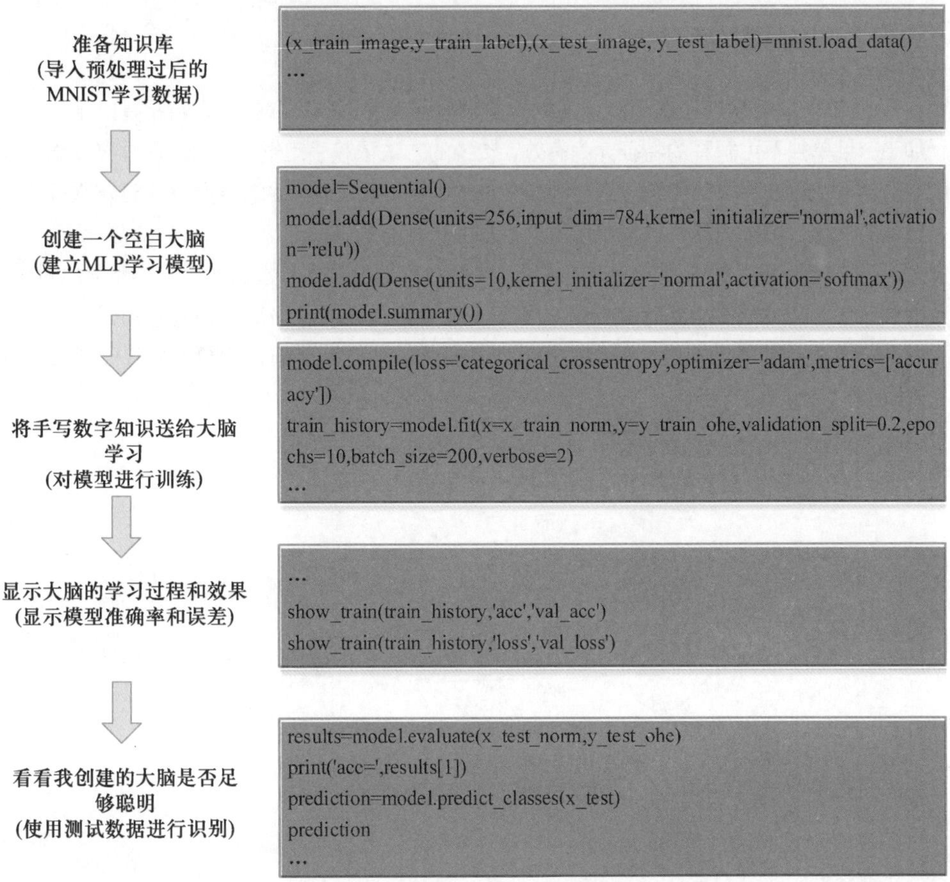

图 5-3
手写数字识别大脑的创建流程图

工作任务

- 掌握多层感知模型的创建方法。
- 掌握模型的计算过程参数作用。
- 掌握模型的训练过程中参数的作用。
- 掌握模型的评估方法。

任务 5　构建多层感知模型进行手写数字图像识别

构建多层感知模型进行手写数字图像识别

PPT

任务描述

本任务通过构建多层感知模型，配置模型训练中的计算参数、模型的训练参数以及

评估训练后的多层感知模型，掌握基本的多层感知模型的深度学习方法。

微课 21
感知器与多层感知模型 1

问题引导

1. 具有知识后，需要空白大脑来学习知识，空白大脑如何创建?
2. 大脑在学习过程中如何能够更加准确、更加有效率?

知识准备

近年来深度学习在各个领域都取得了十分巨大的影响力和效果，特别是对于原始未加工，且单独不可解释的特征尤为有效，传统的方法依赖手工选取特征，而神经网络可以进行学习，通过层次结构学习到更利于任务的特征。深度学习的发展得益于近年来互联网充足的数据、计算机硬件的发展以及大规模并行计算的普及。

感知器：接受每个感知元（神经元）传输过来的数据，当数据到达某个阈值的时候，就会产生对应的行为。每个神经感知元有一个对应的权重，当所有神经感知元加权后超过某个激活函数的阈值时，输出执行对应的行为。如图 5-4 所示为单个神经元感知器结构图。

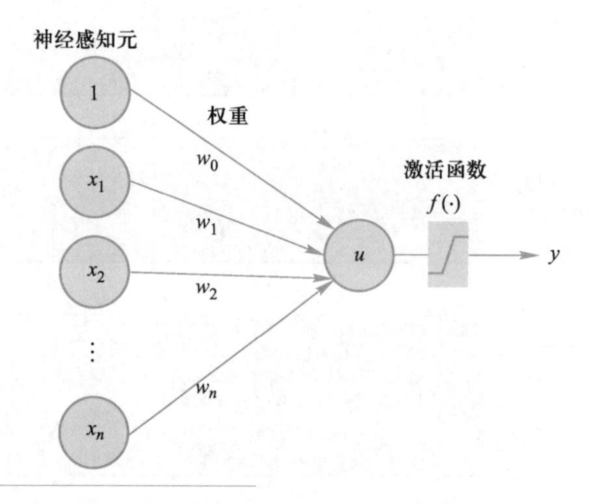

图 5-4
单个神经元感知器结构

$$u = w_0 + x_1w_1 + x_2w_2 + \cdots + x_nw_n$$

$$y = f(u)$$

例如，当计算学生成绩是否能获得一等奖学金时，会按照学生的每门课的成绩再乘上每门课的权重，判断最后获得的加权成绩是否超过 90，如果超过 90，则获得一等奖学金。此时，可以把 x_n 当做第 n 门课的分数，w_n 当成第 n 门课所占的权重，假设有 5 门课{数学,英语,体育,政治,人工智能开发}，每门课所占权重为{0.2,0.2,0.1,0.1,0.4}，某位学生 5 门课的成绩分别为{90,80,78,90,88}，则最后的加权成绩为：

$$u = 90\times0.2 + 80\times0.2 + 78\times0.1 + 90\times0.1 + 88\times0.4 = 86$$

但是，由于 $u = 86 < 90$，令：

$$y = f(u) = 0$$

因此，这名学生不能获得一等奖学金。

多层感知器（Multi-Layer Perceptron，MLP）：也称为全连接神经网络模型，网络结构如图 5-5 所示，分为输入层、隐含层与输出层。

微课 22
感知器与多层感知模型 2

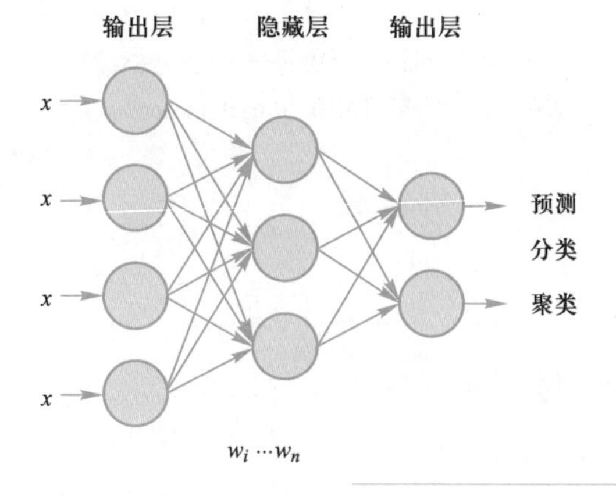

图 5-5
多层感知器模型结构（只含有一层隐藏层）

- 输入层（input layer）：该层是神经网络的输入。在这一层，有多少个输入就有多少个神经元。
- 隐藏层（hidden layers）：隐藏层在输入层和输出层之间，隐藏层的层数是可变的。隐藏层的功能就是把输入映射到输出。如果存在一个函数连接输入和输出，使得输出=*f*(输入)，则一个只有一个隐藏层的多层感知器可以完全模仿这个函数。
- 输出层（output layer）：该层的神经元的多少取决于要解决的问题。例如前面所说的值判断是否获得一等奖学金，则输出只有是或者否，采用一个神经元即可。

笔 记

除了输入层外，其余的每层激活函数均默认采用 sigmod 函数，如图 5-6 所示。多层感知器就如它的名字一样，由很多个神经元，分成很多层。可以实现更好的性能，但是 MLP 容易受到局部极小值与梯度弥散的困扰。

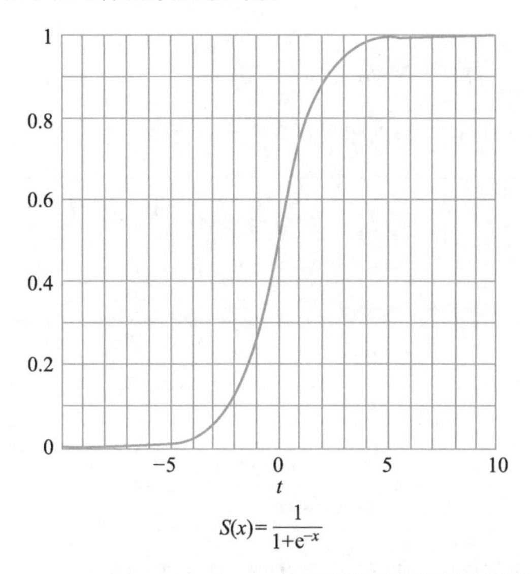

图 5-6
sigmod 函数输入输出曲线

多层感知器与简单的感知器有很多不同。相同的是它们的权重都是随机的，所有的权重通常都是[−0.5,0.5]之间的随机数。多层感知器有很多应用，统计分析学、模式识别、光学符号识别只是其中的一些应用。

MLP 存在以下不足：

① 网络的隐含节点个数选取问题至今仍是一个世界性难题。

② 停止阈值、学习率、动量常数需要采用 trial-and-error 法（试错法），极其耗时。

③ 学习速度慢。

④ 容易陷入局部极值，学习不够充分。

任务实施

1. 创建 Jupyter Notebook 项目

① 打开 Jupyter Notebook，如图 5-7 所示。

图 5-7
启动 Jupyter Notebook

② 在 Python 3 下新建一个 notebook 项目，命名为 task5-1，如图 5-8 所示。

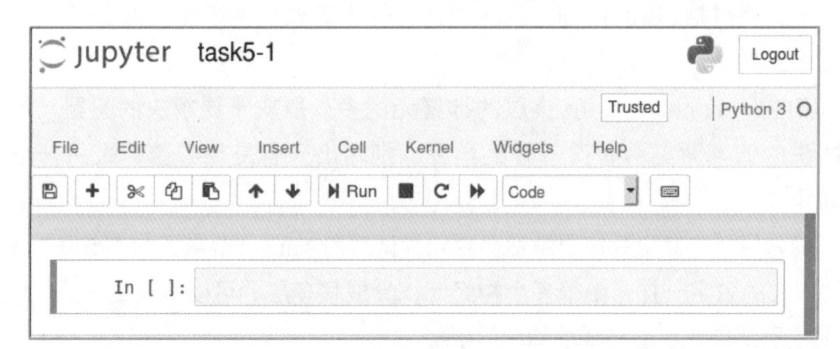

图 5-8
新建 notebook 项目
task5-1 示意图

2. 处理手写数字图像数据集

① 在 Jupyter Notebook 中输入如图 5-9 所示的代码，并确认代码无错误。

```
In [1]: import numpy as np          #import numpy named as np
        import pandas as pd         #import pandas named as pd
        #import mp_utils model in the  keras.utils
        from keras.utils import np_utils
        #import mnist model in the keras.datasets
        from keras.datasets import mnist
        np.random.seed(10)  # set random seed for producing random number

        #loading mnist dataset
        (x_train_image, y_train_label),(x_test_image, y_test_label)=mnist.load_data()

        #processing the image sets
        X_train_image=x_train_image.reshape(60000,784).astype('float32')
        X_test_image=x_test_image.reshape(10000,784).astype('float32')
        x_train_normalize=X_train_image/255
        x_test_normalize=X_test_image/255

        #processing the label sets
        y_train_oht=np_utils.to_categorical(y_train_label)
        y_test_oht=np_utils.to_categorical(y_test_label)
```

图 5-9
处理手写数字图像
数据集代码

② 按 Ctrl+Enter 组合键执行代码，代码没有错误提示后按 Alt+Enter 组合键新建下一个单元格，结果显示如图 5-10 所示：

```
/home/teacher/anaconda3/lib/python3.6/site-packages/h5py/__init__.py:36: FutureWarning: Conversion of the second argum
ent of issubdtype from `float` to `np.floating` is deprecated. In future, it will be treated as `np.float64 == np.dtyp
e(float).type`.
  from ._conv import register_converters as _register_converters
Using TensorFlow backend.
```

图 5-10
导入手写数字图像数据集后结果

③ 代码解析可参考项目 4 内容。

3. 建立 MLP 学习模型

微课 23
MLP 模型的构建 1

① 在 Jupyter Notebook 中输入如图 5-11 所示的代码，并确认代码无错误。

```
In [3]: from keras.models import Sequential #import Sequential from keras.models
        from keras.layers import Dense #import Dense from keras.layers
        model=Sequential() #build linear sequential model
        model.add(Dense(units=256,
                        input_dim=784,
                        kernel_initializer='normal',
                        activation='relu'))  # add hidden layer
        model.add(Dense(units=10,
                        kernel_initializer='normal',
                        activation='softmax'))# add output layer
        print(model.summary()) #print model structure
```

图 5-11
建立 MLP 学习模型代码

② 按 Ctrl+Enter 组合键执行代码，结果显示如图 5-12 所示。

微课 24
MLP 模型的构建 2

```
Layer (type)                 Output Shape              Param #
=================================================================
dense_1 (Dense)              (None, 256)               200960
_________________________________________________________________
dense_2 (Dense)              (None, 10)                2570
=================================================================
Total params: 203,530
Trainable params: 203,530
Non-trainable params: 0
_________________________________________________________________
None
```

图 5-12
建立的 MLP 学习模型参数显示

③ 按 Alt+Enter 组合键新建下一个单元格。

④ 代码解析。

➢ from keras.models import Sequential

导入 Keras 框架中的模型库。

➢ from keras.layers import Dense

导入 Keras 框架中全连接层模型。

➢ model=Sequential()

建立一个贯序学习模型。Keras 有两种类型的模型：序贯模型（Sequential）和函数式模型（Model），函数式模型应用更为广泛，序贯模型是函数式模型的一种特殊情况，是函数式模型的简略版，为最简单的线性、从头到尾的结构顺序，不分叉。贯序模型是线性的层结构（Layers），可以任意添加层数，并且需要对模型中每层进行配置，模型每层中也可以添加其他的模型，如图 5-13 所示。

输入层	隐藏层	输出层

图 5-13
Keras 贯序模型中的层结构图

笔 记

Sequential 模型包含很多组件，常用的基本组件如下：

- model.add( )：在模型中添加层。
- model.compile( )：对模型训练的模式设置。
- model.fit( )：对模型进行训练参数设置并启动训练。
- model.evaluate( )：对模型进行评估。
- model.predict_classes( )：模型进行分类预测。
- model.predict ( )：对分类概率进行预测。

```
➤ model.add(Dense(units=256,input_dim=784,kernel_initializer='normal',activation='relu'))
```

在输入层建立 784 个神经元，隐藏层建立 256 个神经元的全连接结构的层。程序使用 model.add()方法将 Dense 神经网络层结构引入到框架中。Dense 就是常用的全连接层，它将上一层和下一层的神经元都完全相连，如图 5-14 所示。

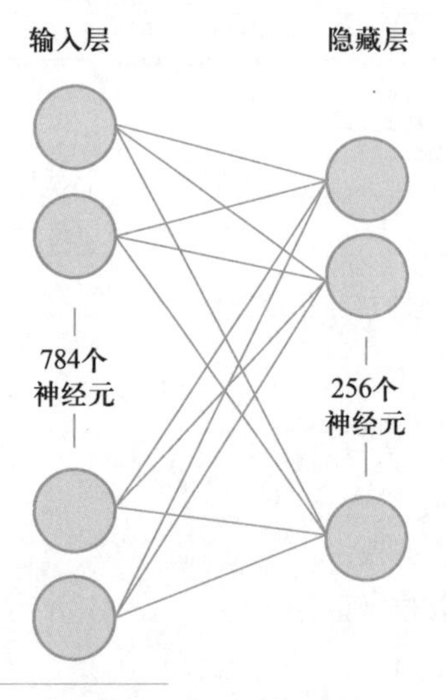

图 5-14
输入层与隐藏层图

Dense()神经网络层的配置函数主要用来对该层结构进行配置，其函数原型如下：

```
keras.layers.core.Dense(units, activation=None, use_bias=True, kernel_initializer='glorot_uniform', bias_initializer='zeros', kernel_regularizer=None, bias_regularizer=None, activity_regularizer=None, kernel_constraint=None, bias_constraint=None)
```

参数说明：

- units：大于 0 的整数，代表该层的输出维度。

笔 记

- activation：激活函数，为预定义的激活函数名（参考激活函数），或逐元素（element-wise）的 Theano 函数。如果不指定该参数，将不会使用任何激活函数（即使用线性激活函数 a(x)=x）。
- use_bias: 布尔值，是否使用偏置项。
- kernel_initializer：权值初始化方法，为预定义初始化方法名的字符串，或用于初始化权重的初始化器。
- bias_initializer：偏置向量初始化方法，为预定义初始化方法名的字符串，或用于初始化偏置向量的初始化器。
- kernel_regularizer：施加在权重上的正则项，为 regularizer 对象。
- bias_regularizer：施加在偏置向量上的正则项，为 regularizer 对象。
- activity_regularizer：施加在输出上的正则项，为 regularizer 对象。
- kernel_constraints：施加在权重上的约束项，为 constraints 对象。
- bias_constraints：施加在偏置上的约束项，为 constraints 对象。

```
➢ model.add(Dense(units=10,kernel_initializer='normal',activation='softmax'))
```

建立输出层，该层有 10 个神经元，对应 0～9 个数字的输出，并使用 softmax 激活函数，使用 softmax 激活函数可以将神经元输出转换为预测每一个数字的概率。由于定义的是三层结构，输出层上一层对应的就是隐藏层，Keras 会自动将上一个定义的 model.add() 作为本层的输入，如图 5-15 所示。

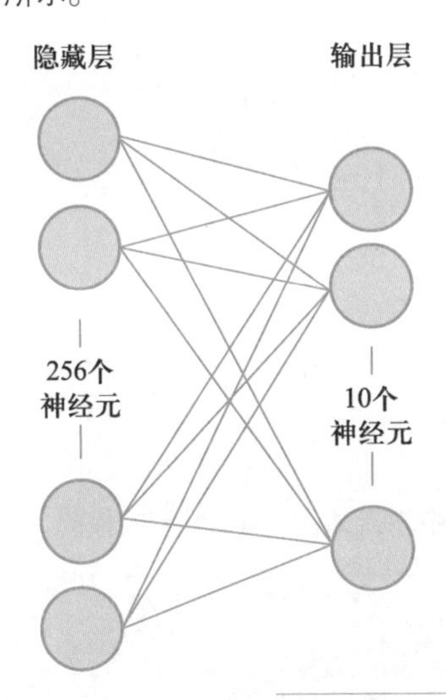

图 5-15
隐藏层与输出层图

```
➢ print(model.summary())
```

打印出模型概况，如图 5-16 所示。它实际调用的是 keras.utils.print_summary。dense_1 为隐藏层，有 200960 个参数，因为输入层有 784 个单元，隐藏层有 256 个单元，按照全连接模式，一共需要（784+1）×256=200960 个权重参数进行训练。同理，dense_2 为输出层，按照全连接模式，一共有参数（256+1）×10=2570 个参数。两层参数一共有 203530 个参数需要通过数据集进行训练获得。

笔 记

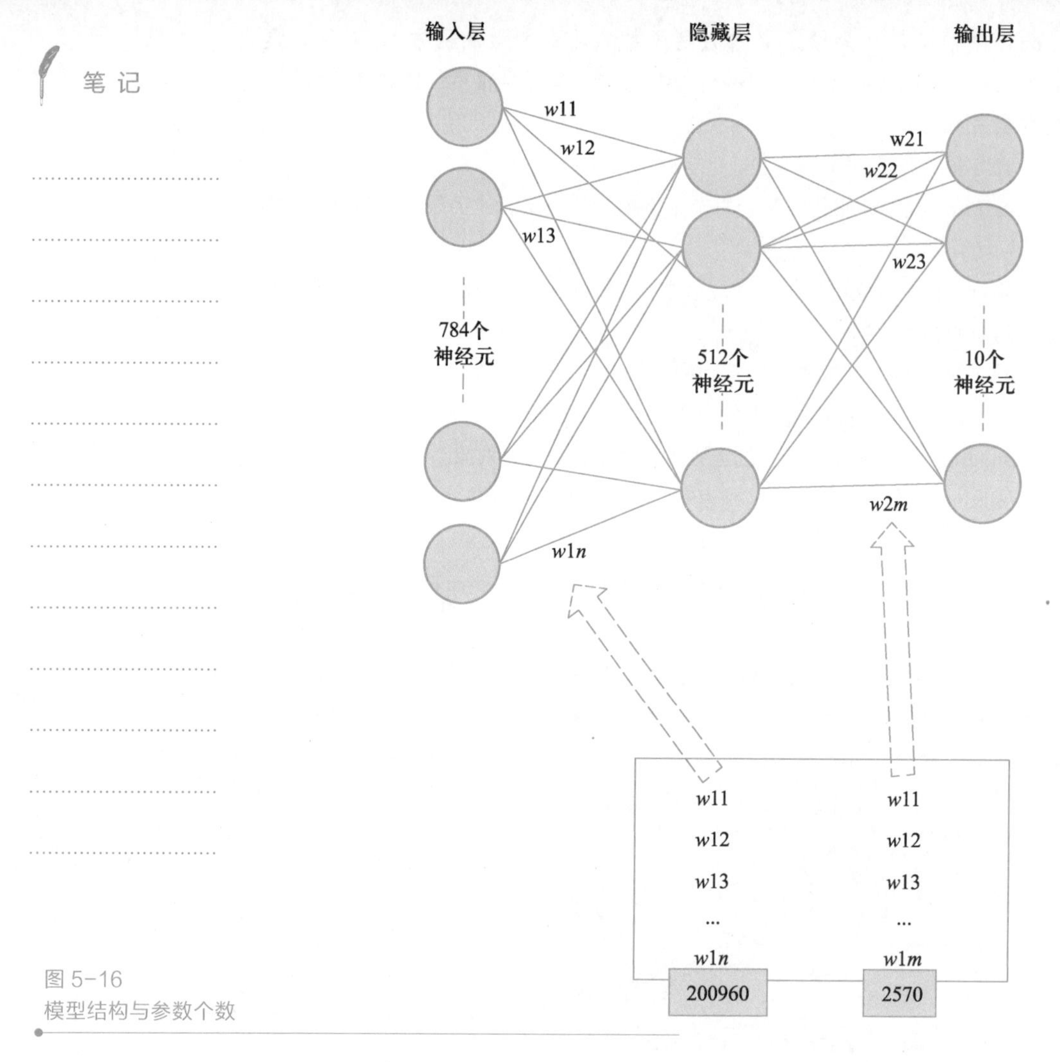

图 5-16
模型结构与参数个数

4. 对模型进行训练

① 在 Jupyter Notebook 中输入如图 5-17 所示的代码，并确认代码无错误。

```
model.compile(loss='categorical_crossentropy',
              optimizer='adam',
              metrics=['accuracy'])  #set the parameters of training model
train_history=model.fit(x=x_train_normalize,
                        y=y_train_oht,
                        validation_split=0.2,
                        epochs=10,
                        batch_size=200,
                        verbose=2)   # set the parameters of training
```

图 5-17
对模型进行训练的代码

② 按下 Ctrl+Enter 组合键，显示代码的运行结果如图 5-18 所示。

③ 按 Alt+Enter 组合键新建下一个单元格。

④ 代码解析。

➢ model.compile（loss='categorical_crossentropy',optimizer='adam', metrics=['accuracy']）

```
Train on 48000 samples, validate on 12000 samples
Epoch 1/10
 - 6s - loss: 0.4381 - acc: 0.8829 - val_loss: 0.2182 - val_acc: 0.9404
Epoch 2/10
 - 4s - loss: 0.1909 - acc: 0.9455 - val_loss: 0.1559 - val_acc: 0.9557
Epoch 3/10
 - 4s - loss: 0.1356 - acc: 0.9615 - val_loss: 0.1261 - val_acc: 0.9648
Epoch 4/10
 - 3s - loss: 0.1028 - acc: 0.9701 - val_loss: 0.1121 - val_acc: 0.9678
Epoch 5/10
 - 3s - loss: 0.0812 - acc: 0.9771 - val_loss: 0.0983 - val_acc: 0.9720
Epoch 6/10
 - 3s - loss: 0.0660 - acc: 0.9819 - val_loss: 0.0936 - val_acc: 0.9725
Epoch 7/10
 - 3s - loss: 0.0545 - acc: 0.9850 - val_loss: 0.0913 - val_acc: 0.9739
Epoch 8/10
 - 3s - loss: 0.0461 - acc: 0.9876 - val_loss: 0.0831 - val_acc: 0.9762
Epoch 9/10
 - 3s - loss: 0.0382 - acc: 0.9903 - val_loss: 0.0826 - val_acc: 0.9758
Epoch 10/10
 - 3s - loss: 0.0318 - acc: 0.9917 - val_loss: 0.0805 - val_acc: 0.9763
```

图 5-18　模型训练过程中的准确率和误差动态数据

调用 model.compile()函数对训练模型进行设置，参数设置为：

微课 25
模型计算参数的配置

loss='categorical_crossentropy'：loss（损失函数）设置为交叉熵模式，在深度学习中，使用交叉熵模式训练效果会较好。

optimizer='adam'：optimizer（优化器）设置为 adam，在深度学习中，可以让训练更快收敛，并提高准确率。

metrics=['accuracy']：评估模式设置为准确度评估模式。

- 模型配置函数 compile()用来对模型进行训练模式的配置，其函数原型为 compile(self, optimizer, loss, metrics=None, sample_weight_mode=None)，其中各参数分别为：
- loss：字符串（预定义损失函数名）或目标函数，参考损失函数。
- optimizer：字符串（预定义优化器名）或优化器对象，参考优化器。
- metrics：列表，包含评估模型在训练和测试时的网络性能的指标，典型用法是 metrics=['accuracy']。
- sample_weight_mode：如果需要按时间步为样本赋权（2D 权矩阵），将该值设为“temporal”。默认为“None”，代表按样本赋权（1D 权）。在下面 fit 函数的解释中有相关的参考内容。

loss（目标函数，或称损失函数）是编译一个模型必须的两个参数之一，可以通过传递预定义目标函数名字指定目标函数，也可以传递一个 Theano/TensorFlow 的符号函数作为目标函数。表 5-1 列出了 loss 参数常用的损失函数。

表 5-1　loss 参数常用的损失函数

目标函数名	含　义
binary_crossentropy	亦称作对数损失，logloss
categorical_crossentropy	亦称作多类的对数损失，注意使用该目标函数时，需要将标签转化为形如(nb_samples, nb_classes)的二值序列
sparse_categorical_crossentrop	如上，但接受稀疏标签。注意：使用该函数时仍然需要用户的标签与输出值的维度相同，可能需要在标签数据上增加一个维度 np.expand_dims(y,-1)
kullback_leibler_divergence	从预测值概率分布 Q 到真值概率分布 P 的信息增益，用以度量两个分布的差异
poisson	即(predictions - targets * log(predictions))的均值
cosine_proximity	即预测值与真实标签的余弦距离平均值的相反数

注意

当使用“categorical_crossentropy”作为目标函数时，标签应该为多类模式，即 one-hot 编码的向量，而不是单个数值。可以使用工具中的 to_categorical 函数完成该转换。

optimizer（优化器）是编译 Keras 模型必要的两个参数之一。可以在调用 model.compile() 之前初始化一个优化器对象，然后传入该函数，如下：

```
#自定义一个优化器对象
sgd = optimizers.SGD(lr=0.01, decay=1e-6, momentum=0.9, nesterov=True)
#配置模型时使用自定义的优化器对象
model.compile(loss='mean_squared_error', optimizer=sgd)
```

也可以在调用 model.compile()时传递一个预定义优化器名。表 5-2 列出了系统提供的常见的预定义优化器类型。

表 5-2　常见的预定义优化器类型

优化器	含　义
SGD	随机梯度下降法，支持动量参数，支持学习衰减率，支持 Nesterov 动量 keras.optimizers.SGD(lr=0.01, momentum=0.0, decay=0.0, nesterov=False)
RMSprop	该优化器通常是面对递归神经网络时的一个良好选择 keras.optimizers.RMSprop(lr=0.001, rho=0.9, epsilon=1e-06)
Adagrad	keras.optimizers.Adagrad(lr=0.01, epsilon=1e-06)
Adadelta	keras.optimizers.Adadelta(lr=1.0, rho=0.95, epsilon=1e-06)
Adam	keras.optimizers.Adam(lr=0.001, beta_1=0.9, beta_2=0.999, epsilon=1e-08)
Adamax	Adamax 优化器来自于 Adam 的论文的 Section7，该方法是基于无穷范数的 Adam 方法的变体。 keras.optimizers.Adamax(lr=0.002, beta_1=0.9, beta_2=0.999, epsilon=1e-08)
Nadam	Nesterov Adam optimizer: Adam 本质上像是带有动量项的 RMSprop，Nadam 就是带有 Nesterov 动量的 Adam RMSprop，建议不要对默认参数进行更改。 keras.optimizers.Nadam(lr=0.002, beta_1=0.9, beta_2=0.999, epsilon=1e-08, schedule_decay=0.004)
TFOptimizer	TF 优化器的包装器 keras.optimizers.TFOptimizer(optimizer)

metrics（性能评估）性能评估模块提供了一系列用于模型性能评估的函数，这些函数在模型编译时由 metrics 关键字设置，性能评估函数类似于目标函数，只不过该性能的评估结果将不会用于训练。可以通过字符串来使用域定义的性能评估函数，也可以自定义一个 Theano/TensorFlow 函数来使用。表 5-3 列出了常见的系统提供的性能评估函数。

表 5-3　常见的系统提供的性能评估函数

性能评估函数	含　义
binary_accuracy	对二分类问题，计算在所有预测值上的平均正确率
categorical_accuracy	对多分类问题，计算在所有预测值上的平均正确率
sparse_categorical_accuracy	与 categorical_accuracy 相同，在对稀疏的目标值预测时有用
top_k_categorical_accracy	计算 top-k 正确率，当预测值的前 k 个值中存在目标类别即认为预测正确
sparse_top_k_categorical_accuracy	与 top_k_categorical_accracy 作用相同，但适用于稀疏情况

```
➢ train_history=model.fit(x=x_train_normalize,y=y_train_oht,validation_split=0.2,epochs=
10,batch_size=200,verbose=2)
```

微课 26
模型训练参数的配置

调用 model.fit 配置训练参数，开始训练，并保存训练结果。

x=x_train_normalize：MNIST 数据集中已经经过预处理的训练集图像。

y=y_label_ohe：MNIST 数据集中已经通过预处理的训练集 label。

validation_split=0.2：训练之前将输入的训练数据集中 80%作为训练数据，20%作为测试数据。

epochs=10：设置训练周期为 10 次。

batch_size=200：设置每一次训练周期中，每次输入多少个训练数据。

verbose=2：设置成显示训练过程。

- 启动训练函数 model.fit()用来对模型进行训练参数的配置以及启动训练模型，model.fit()的函数原型为

笔 记

```
fit(self, x, y, batch_size=32, epochs=10, verbose=1, callbacks=None, validation_split=0.0,
validation_data=None, shuffle=True, class_weight=None, sample_weight=None, initial_
epoch=0)。
```

fit 函数返回一个 History 的对象，其 History.history 属性记录了损失函数和其他指标的数值随 epoch 变化的情况，如果有验证集的话，也包含了验证集的这些指标变化情况。其输入参数如下：

- x：输入数据。如果模型只有一个输入，那么 x 的类型是 numpy array，如果模型有多个输入，那么 x 的类型应当为 list，list 的元素是对应于各个输入的 numpy array。
- y：标签，numpy array。
- batch_size：整数，指定进行梯度下降时每个 batch 包含的样本数。在训练时，一个 batch 的样本会被计算一次梯度下降，使目标函数优化一步。
- epochs：整数，训练终止时的 epoch 值，训练将在达到该 epoch 值时停止，当没有设置 initial_epoch 时，它就是训练的总轮数，否则训练的总轮数为 epochs-inital_epoch。
- verbose：日志显示，0 表示不在标准输出流输出日志信息，1 表示输出进度条记录，2 表示每个 epoch 输出一行记录。
- callbacks：list，其中的元素是 keras.callbacks.Callback 的对象，该 list 中的回调函数将会在训练过程中的适当时机被调用。
- validation_split：0～1 之间的浮点数，用来指定训练集的一定比例数据作为验证集。验证集将不参与训练，并在每个 epoch 结束后测试的模型的指标，如损失函数、精确度等。注意：validation_split 的划分在 shuffle 之前，因此如果用户的数据本身是有序的，则需要先手工打乱再指定 validation_split，否则可能会出现验证集样本不均匀。
- validation_data：形式为（x，y）的 tuple，是指定的验证集。此参数将覆盖 validation_spilt。
- shuffle：布尔值或字符串，一般为布尔值，表示是否在训练过程中随机打乱输入样本的顺序。若为字符串 batch，则是用来处理 HDF5 数据的特殊情况，它将在 batch 内部将数据打乱。

- class_weight：字典，将不同的类别映射为不同的权值，该参数用来在训练过程中调整损失函数（只能用于训练）。
- sample_weight：权值的 numpy array，用于在训练时调整损失函数（仅用于训练）。可以传递一个 1D 的与样本等长的向量用于对样本进行 1 对 1 的加权，或者在面对时序数据时，传递一个的形式为（samples，sequence_length）的矩阵来为每个时间步上的样本赋予不同的权。这种情况下请确定在编译模型时添加了 sample_weight_mode='temporal'。
- initial_epoch：从该参数指定的 epoch 开始训练，在继续之前的训练时有用。

微课 27
模型的训练与评估

5. 显示模型准确率与误差

① 在 Jupyter Notebook 中输入如图 5-19 所示的代码，并确认代码无错误。

```
import matplotlib.pyplot as plt #import matplotlib.pyplot named as plt
def show_train(train_history,train, validation):# define drawing functions
    plt.plot(train_history.history[train]) #draw first parameter train
    plt.plot(train_history.history[validation]) #draw second parameter validation
    plt.show()  # show in plt
show_train(train_history,'acc','val_acc')  #draw 'acc' and 'val_acc'
show_train(train_history,'loss','val_loss') #draw 'loss' and 'val_loss'
```

图 5-19
显示模型准确率与误差代码

② 按 Ctrl+Enter 组合键，显示代码的运行结果如图 5-20 所示，然后按 Alt+Enter 组合键新建下一个单元格。

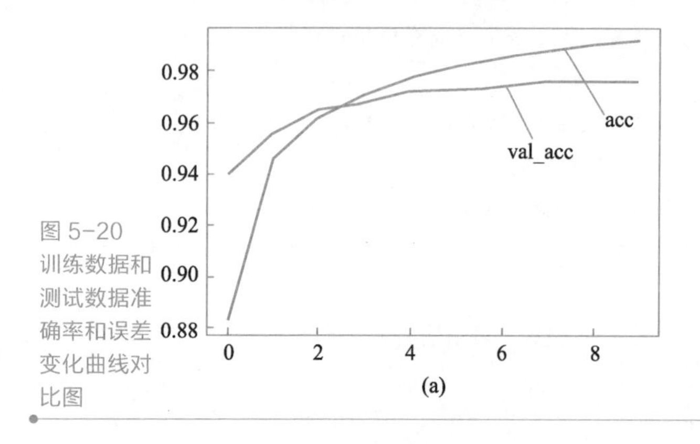

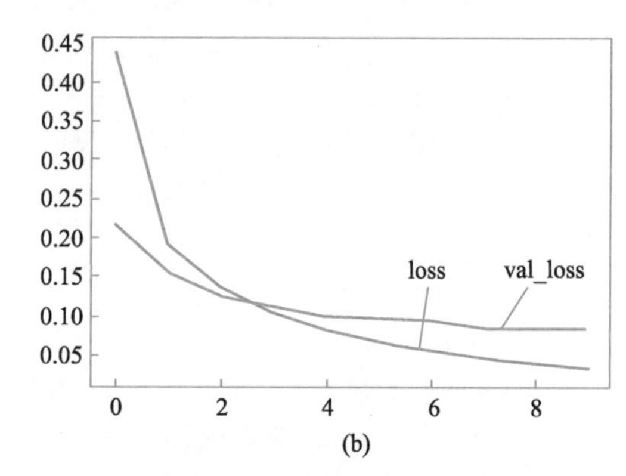

图 5-20
训练数据和测试数据准确率和误差变化曲线对比图

③ 代码解析。

> import matplotlib.pyplot as plt

导入绘图库。

> def　show_train(train_histroy,train,validation)

定义绘图函数 show_train，输入参数如下：

train_history：训练的历史记录对象，Histroy 数据类型。

train：要显示的第 1 个参数。

validation：要显示的第 2 个参数。

> plt.plot(train_history.history[train])
> plt.plot(train_history.history[validation])
> plt.show()

分别画出两个参数的折现图，并进行显示。

> ➢ show_train(train_history,'acc','val_acc')

画出训练准确率和验证准确率的变化折线图，如图 5-20 所示。

> ➢ show_train(train_history,'loss','val_loss')

画出训练误差和验证误差的变化折线图，如图 5-20 所示。

6. 利用测试数据进行预测评估与识别

① 在 Jupyter Notebook 中输入如图 5-21 所示的代码，并确认代码无错误。

```
#Using test data to evaluate the model
results=model.evaluate(x_test_normalize,y_test_oht)
print('acc=', results[1]) #printing evaluation accuracy of test data
#Using the trained model to classify the test image
prediction=model.predict_classes(X_test_image)
prediction[:10] #Print top ten classification results
```

图 5-21
利用测试数据进行预测评估与识别代码

② 按 Ctrl+Enter 组合键，显示代码的运行结果，如图 5-22 所示，按 Alt+Enter 组合键新建下一个单元格。

```
10000/10000 [==============================] - 3s 302us/step
acc= 0.9765

array([7, 2, 1, 0, 4, 1, 4, 9, 5, 9])
```

图 5-22
测试数据进行预测的结果显示

③ 对使用测试数据进行预测的代码进行详细的解析，以便掌握使用模型进行预测的方法。

笔 记

> ➢ results=model.evaluate(x_test_normalize,y_test_oht)

x_test_normalize：输入数据位预处理后的测试数据集。

y_test_oht：标签为预处理后的测试标签集。

模型误差估计函数 model.evaluate()：按 batch 计算在某些输入数据上模型的误差，其函数原型为

evaluate(self, x, y, batch_size=32, verbose=1, sample_weight=None)，其中

- x：输入数据，与 fit 相同，是 numpy array 或 numpy array 的 list。
- y：标签，numpy array。
- batch_size：整数，含义同 fit 的同名参数。
- verbose：含义同 fit 的同名参数，但只能取 0 或 1。
- sample_weight：numpy array，含义同 fit 的同名参数。

本函数返回一个测试误差的标量值（如果模型没有其他评价指标），或一个标量的 list（如果模型还有其他的评价指标）。model.metrics_names 将给出 list 中各个值的含义。

> ➢ print('acc=',results[1])

打印返回测试结果中第 2 个参数的值。

> ➢ prediction=model.predict_classes(x_test_image)

对测试数据集进行预测，测试数据集是未经过归一化处理的数据。测试结果返回到 prediciton 变量中。

模型预测函数 model.predict_classes()：用来对测试数据进行分类预测。其函数原型为

笔 记

predict_classes(X,batch_size=128,verbose=1)，函数返回测试数据的类预测数组。

```
➢ prediction[:10]
```

显示预测结果的前 10 项，由图 5-21 中可以看到，预测结果保存为一维数组，显示预测到的对应图像的数字。

项目总结

本项目主要介绍了如何构建一个 MLP 多层感知模型，利用手写数字图像数据集对模型进行训练，使得该模型能够识别手写数字。随着信息网络的推广，大量的数据需要输入到计算机网络。而且在现代信息社会，方方面面都要与数字打交道。目前手写数字识别主要的应用有以下 3 个领域。

（1）物流快递的应用

传统的运单扫描都是靠人工肉眼识别，成本高且效率低。因此探索人工智能是否可以自动扫描运单，具有非常重大的意义。腾讯云、优图实验室与顺丰达成合作，针对运单的收件人电话号码和收件人省市地址信息进行了深入的研究，并取得了高精度的识别成果。快递公司基于这些 OCR 自动识别信息，再结合自有的运单数据库，可以自动匹配到更完整、更充分的运单各字段信息，大幅提升了运单信息录入效率和物流资源的调度匹配能力。手写体手机/电话识别准确率可达 99%以上，如图 5-23 所示。

(a)

核对快递信息单

寄件方　寄件人：张三
地　址：
电　话：13700001234
邮　编：

收件方　寄件人：李四
地　址：北京市海淀区学院路某某号
电　话：18912345678
邮　编：

(b)

图 5-23
快递单的自动识别

（2）金融票据识别

腾讯优图的金融保险单据识别技术，整单识别支持支票（现金支票、普通支票

及转账支票）、商业汇票（含银行承兑汇票、商业承兑汇票）以及进账单等，字段包括小写金额、大写金额、出票账号、出票全称、收款全称、出票银行、收款银行、收款账号、付款行编号、开户银行、支票种类、支票编号等。例如金融单据整单识别，仅需拍照上传单据图片，即可识别单据中的出票账号、收款人账号等，如图 5-24 所示。

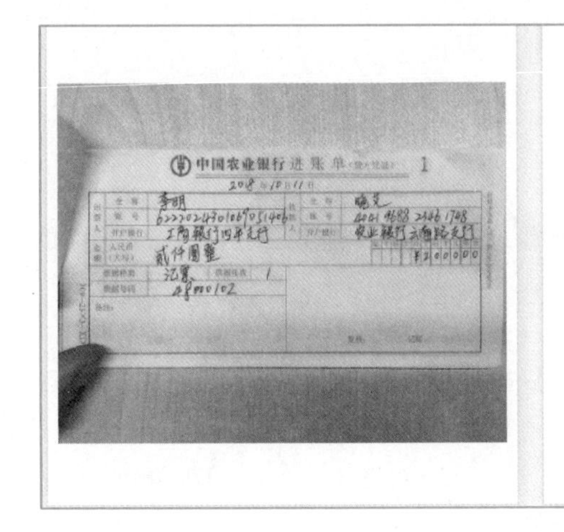

日期	2018年10月11日
出票全称	李明
出票账号	6222024301069051406
出票开户行	工商银行四平支行
收款人全称	晓艾
收款人账号	4041968823461748
收款开户行	农业银行云南路支行

图 5-24
金融票据的自动识别

（3）学习教育行业使用

已经有小程序可以满足王老师的需求，只需将速算作业拍照上传，软件便可自动识别数字并进行批改，如图 5-25 所示。

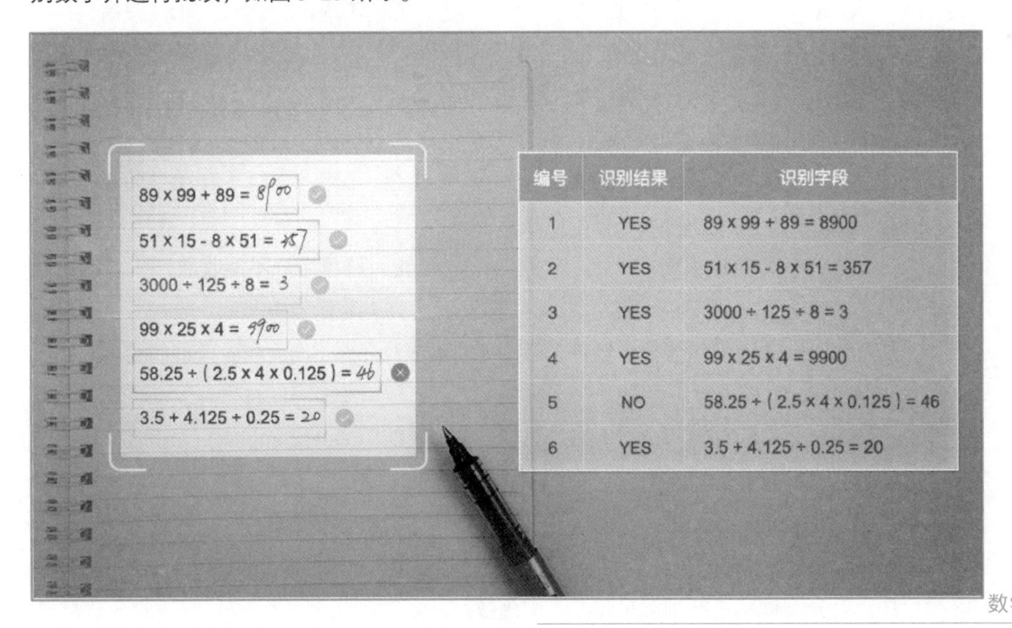

编号	识别结果	识别字段
1	YES	89 x 99 + 89 = 8900
2	YES	51 x 15 - 8 x 51 = 357
3	YES	3000 ÷ 125 ÷ 8 = 3
4	YES	99 x 25 x 4 = 9900
5	NO	58.25 ÷ (2.5 x 4 x 0.125) = 46
6	YES	3.5 + 4.125 + 0.25 = 20

图 5-25
数学作业的自动识别

本项目重点

- 多层感知模型的创建。
- 模型训练中计算参数的配置。
- 训练好的模型的评估方法。

本项目难点

- 选择模型的训练参数。
- 选择模型的计算参数。
- 选择模型的结构。

课后练习

笔 记

一、单选题

1. 感知器接受每个感知元（神经元）传输过来的数据，当数据到达某个（　　）的时候，就会产生对应的行为。

A. 阈值　　B. 结果　　C. 单元　　D. 颜色

2. 每个神经感知元有一个对应的（　　），当所有神经感知元加权后超过某个激活函数的阈值时，输出执行对应的行为。

A. 阈值　　B. 权重　　C. 重量　　D. 颜色

3. 下列（　　）项不属于多层感知模型的结构。

A. 输入层　　B. 隐藏层

C. 输出层　　D. 嵌入层

4. 多层感知模型中输入层有（　　）个。

A. 1　　B. 2　　C. 不限　　D. 没有

5. 多层感知模型中隐藏层有（　　）个。

A. 1　　B. 2　　C. 不限　　D. 没有

6. 多层感知模型中输出层有（　　）个。

A. 1　　B. 2　　C. 不限　　D. 没有

7. 下面（　　）项是 MLP 模型的缺点。

A. 计算复杂度很高　　B. 梯度下降不能收敛

C. 容易陷入局部极大值　　D. 没有

8. Sequential 模型包含很多组件，下面（　　）项不是 Sequential 模型的组件。

A. model.add()　　B. model.plus()

C. model.fit()　　D. model.compile()

9. 对模型进行分类预测是（　　）函数。

A. model.predict_classes()　　B. model.plus()

C. model.predict()　　D. model.compile()

10. 对分类概率进行预测是（　　）函数。

A. model.predict_classes()　　B. model.plus()

C. model.predict()　　D. model.compile()

11. 有如下代码

```
model.add(Dense(units=128,input_dim=456,kernel_initializer='normal',activation='relu'))
```

笔 记

请问向模型中添加的是 MLP 结构中的（　　）。

A. 输出层　　B. 输入层

C. 第一层隐藏层　　D. 最后一层隐藏层

12. 有如下代码

```
model.add(Dense(units=128,input_dim=456,kernel_initializer='normal',activation='relu')),
```

请问该层有（　　）个神经元。

A. 128　　B. 456　　C. 784　　D. 256

13. 在 Keras 中一般在层定义函数中用 activation 参数来配置该层使用的激活函数，下面（　　）项不是 Keras 给定的激活函数。

A. linear　　B. relu

C. LeakyReLU　　D. sublime

14. 在 Keras 中一般使用 loss 参数来配置使用的损失函数，下面（　　）项不是 Keras 给定的损失函数。

A. mean_absolute_error　　B. binary_crossentropy

C. LeakyReLU　　D. categorical_crossentropy

15. 在 Keras 中一般使用 optimizers 参数来配置使用的优化器，下面（　　）项不是 Keras 给定的优化器。

A. SGD　　B. Adagrad

C. Adam　　D. categorical_crossentropy

二、简答题

1. 请列举出 5 种以上 Keras 框架中提供的损失函数。
2. 请列举出 5 种以上 Keras 框架中提供的优化器。
3. 有模型的构建代码如下：

```
➢ model.add(Dense(units=256,input_dim=1000,kernel_initializer='normal',activation='relu'))
➢ model.add(Dense(units=128,kernel_initializer='normal',activation='relu'))
➢ model.add(Dense(units=10,kernel_initializer='normal',activation='softmax'))
```

请按照代码中构建的模型填写表 5-4 中每层需要计算的参数。

表 5-4　简答题 1

层	输出大小	需学习的参数数量
Dense	（None,256）	
Dense	（None,128）	
Dense	（None,10）	

4. 有模型启动训练的代码如下：

```
➢ train_history=model.fit(x=x_train_normalize,y=y_label_ohe,validation_split=0.2,epochs=
10,batch_size=200,verbose=2)
```

请填写表 5-5 中的内容回答下列问题：

表 5-5　简答题 2

每次输入训练数据	
训练一共有多少个周期	
如果训练数据有 10000 个，每次训练时验证集的数量	

5. 请利用 matplotlib 模块，编写代码，将模型训练过程中的训练数据集正确率、损失率和验证数据的正确率、损失率在一个图中显示出来。

项目 *6*

优化多层感知模型进行手写数字图像识别

学习目标

知识目标

- 了解模型的过拟合和欠拟合现象。
- 了解 Dropout 功能的原理。
- 掌握分析预测结果的方法。

技能目标

- 掌握使用 Dropout 层结构的方法。
- 掌握模型参数的保存和读取方法。
- 掌握模型预测结果的查看方法。

项目描述

项目背景及需求

小武在人工智能应用项目组第一次完成了自己的手写数字识别模型训练，但是，组长说训练出来的模型在测试的时候效果不理想，而且由于每次模型训练的时候太长了，有几次单位停电导致训练又得重新开始，组长要求小武对模型进行优化，改善识别效果，并且要把训练出来的模型参数记录下来，以便将来随时提取使用，如图 6-1 所示。

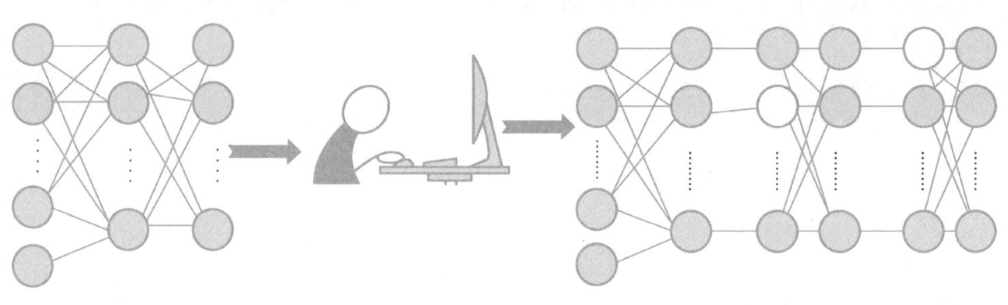

图 6-1
对已有模型进行优化

本项目在之前创建多层感知器模型基础上，加入 Dropout 功能防止训练时的过拟合，提高了测试时的识别率，同时，当每次训练完一次模型时对整个模型进行保存，每次重新开始训练时读取已有的模型在此基础上进一步训练，此外，在项目 5 中单层隐藏层的基础上，增加一层隐藏层，增加模型的学习深度，如图 6-2 所示。

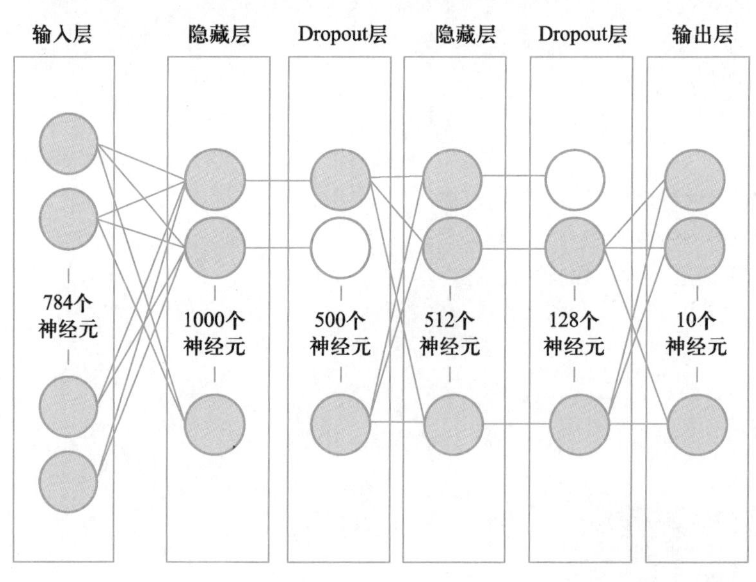

图 6-2
带 Dropout 功能的三层感知模型

项目分解

按照任务要求，手写数字识别大脑的优化流程如图 6-3 所示。

第 1 步：准备知识库，导入手写数字图像数据集，使用已有的 MNIST 数据集，并对数据集进行处理以适应 MLP 模型的输入数据格式要求。

准备知识库
(导入预处理过后的MNIST学习数据)

```
(x_train_image,y_train_label),(x_test_image, y_test_label)=mnist.load_data()
...
```

创建一个空白大脑
(建立MLP学习模型)

```
model=Sequential()
model.add(Dense(units=1000,input_dim=784,activation='relu'))
model.add(Dropout(0.5))
...
```

使用已有大脑
(读取已有模型参数)

```
model.load_weights("mnistModel.h5")
```

将手写数字知识送给大脑学习
(对模型进行训练)

```
model.compile(loss='categorical_crossentropy',optimizer='adam',metrics=['accuracy'])
...
```

保护大脑状态
(保存训练完的模型)

```
model.save_weights("mnistModel.h5")
```

查看创建的大脑是否足够聪明
(使用测试数据进行识别与评估)

```
results=model.evaluate(x_test_norm,y_test_ohe)
print('acc=',results[1])
prediction=model.predict_classes(x_test)
```

大脑哪里错了
(分析预测结果)

```
pd.crosstab(y_test_label,prediction,rownames=['label'],colnames=['prediction'])
df=pd.DataFrame({'label':y_test_label, 'prediction':prediction})
df[(df.label==5)&(df.prediction==3)]
```

笔 记

图 6-3
手写数字识别大脑的优化流程图

第 2 步：创建空白“大脑”，建立 MLP 学习模型。使用 Keras 模型中的函数来建立 MLP 学习模型，完成输入层、Dropout 层、隐藏层与输出层的参数配置。

第 3 步：读取半成品“大脑”，获取已有模型中的参数，在此基础上进行训练，使得“大脑”更加完善。

第 4 步：将手写数字图像知识在送给“大脑”学习，设置模型的训练参数，启动模型进行训练，并动态查看模型的训练状态。

第 5 步：保存学习好的“大脑”，保存“大脑”模型中的参数，方便将来在此基础上继续学习。

第 6 步：通过查看模型训练过程中的准确率和误差变化，了解“大脑”的学习过程和效果。

第 7 步：使用训练好的“大脑”模型，对 MNIST 中的测试数据进行预测和识别。

工作任务

- 掌握 Dropout 层的使用方法。
- 掌握模型参数的保存和读取方法。
- 掌握模型预测结果的分析方法。

任务 6　构建多层感知模型进行手写数字图像识别

构建多层感知模型进行手写数字图像识别

本任务通过构建多层感知模型，读取已有模型的参数，配置模型训练中的计算参数、模型的训练参数进行训练，并保存训练好的参数以供今后使用，同时，对模型的预测结果进行分析。

 问题引导

大脑中学的重复性知识过多，以至于对世界的认识非常片面性，这个时候我们该怎么办?

微课 28
模型的拟合

知识准备

1．模型的过度拟合现象

拟合：所谓拟合是指已知某函数的若干离散函数值{f1,f2,…,fn}，通过调整该函数中若干待定系数 f(λ1, λ2,…,λn)，使得该函数与已知点集的差别（最小二乘意义）最小。

过拟合：也称为高方差（variance），过拟合的原因包括模型复杂度过高、训练数据过少、训练误差小及测试误差大。避免过拟合的方法一般可以通过降低模型复杂度，例如加上正则惩罚项，如 L1、L2，增加训练数据等。

当训练数据不足时，训练出来的模型可能会产生过拟合现象，需要拟合的数据如图 6-4 所示。

由这个训练数据，可以得到的模型是一个线性模型，如图 6-5 所示，通过训练较多的次数，可以得到在训练数据使得损失函数为 0 的线性模型，如使用该模型去泛化真实的总体分布数据（实际上是满足二次函数模型），很显然，其泛化能力是非常差的，也就出现了过拟合现象。

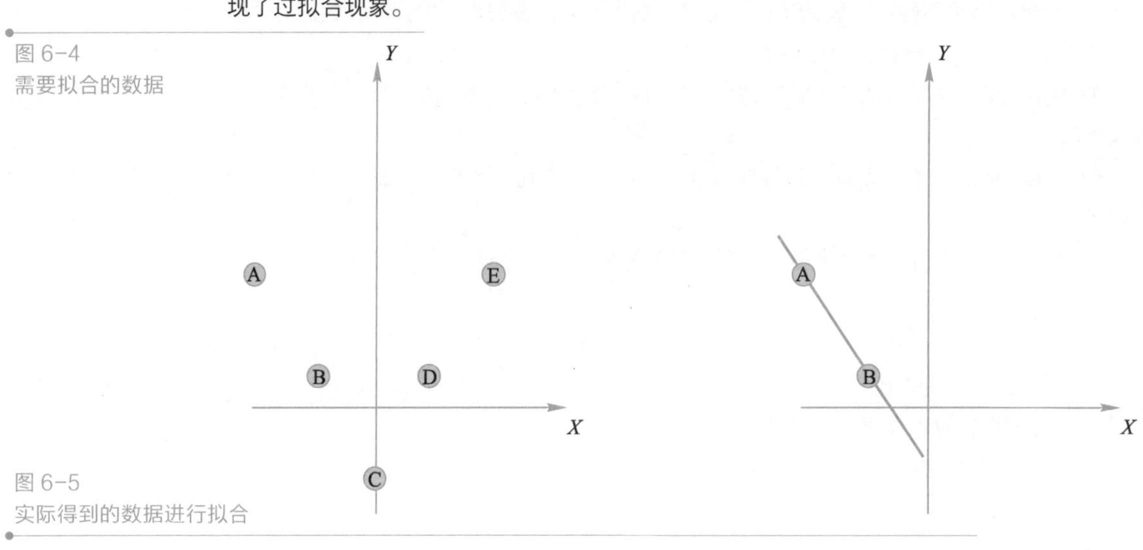

图 6-4
需要拟合的数据

图 6-5
实际得到的数据进行拟合

在图 6-6 中，经过训练数据进行初步训练后得到 2 阶多项式模型，这时还存在一定的误差，再加强训练让误差为 0，结果会得到一个 92 阶多项式模型，这时训练数据可以被完全拟合，但是，这可能并不会增强未知数据的分类准确率。

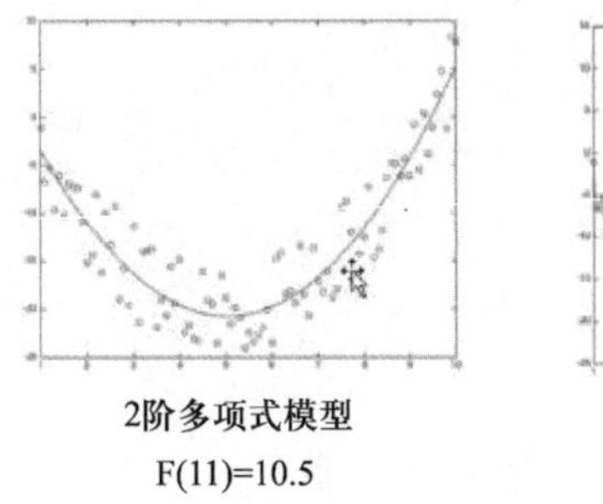

2阶多项式模型

F(11)=10.5

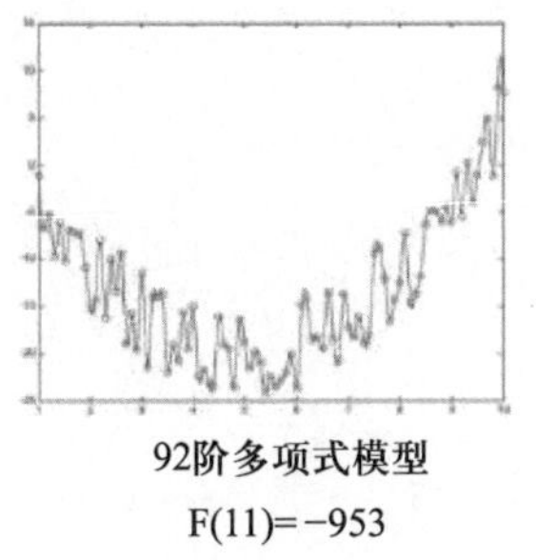

92阶多项式模型

F(11)=−953

图 6-6

多次训练后产生的过拟合现象

2. Dropout 功能

Dropout 功能实际上是一种正则方法，用来避免模型过拟合的问题，是通过在代价函数后面加上正则项来防止模型过拟合的。而在神经网络中，通过修改神经网络本身结构来实现的，成为 Dropout。该方法是在对网络进行训练时用的一种技巧，对于如图 6-7 所示的三层人工神经网络，在训练开始时，随机地删除一些（可以设定为一半，也可以为 1/3，1/4 等）隐藏层神经元，即认为这些神经元不存在，同时保持输入层与输出层神经元的个数不变，这样便得到如图 6-8 的神经网络。

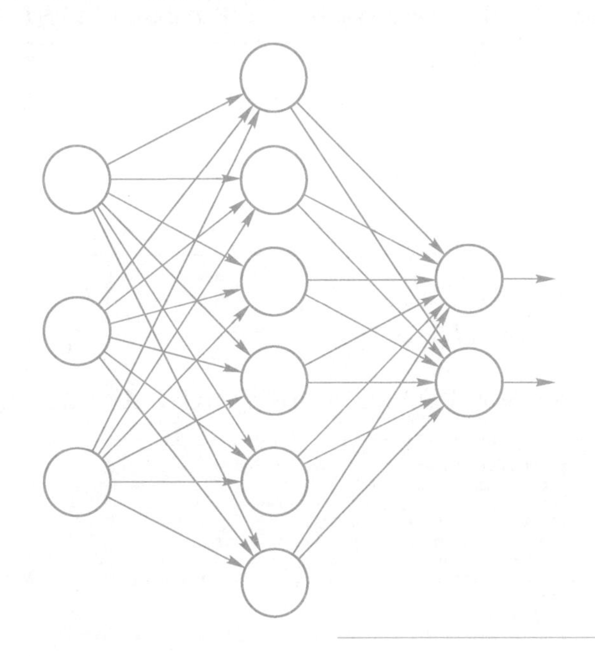

图 6-7

三层人工神经网络

然后按照学习算法对神经网络中的参数进行学习更新（虚线连接的单元不更新，因为认为这些神经元被临时删除了），这样一次迭代更新便完成了。在下一次迭代中，同样随机删除一些神经元，与上次不同，进行随机选择。这样一直进行随机删除，直至训练结束。

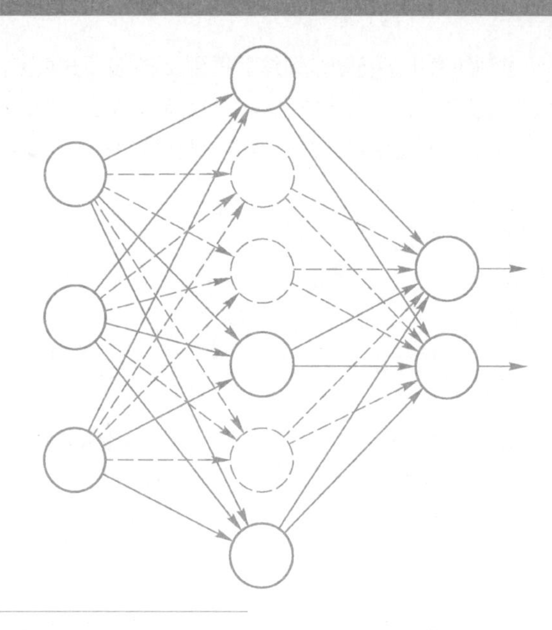

图 6-8
随机删除一部分神经元后的神经网络

任务实施

1. 创建 Jupyter Notebook 项目

① 打开 Jupyter Notebook。

② 在 Python 3 下新建一个 notebook 项目，命名为 task6-1，如图 6-9 所示。

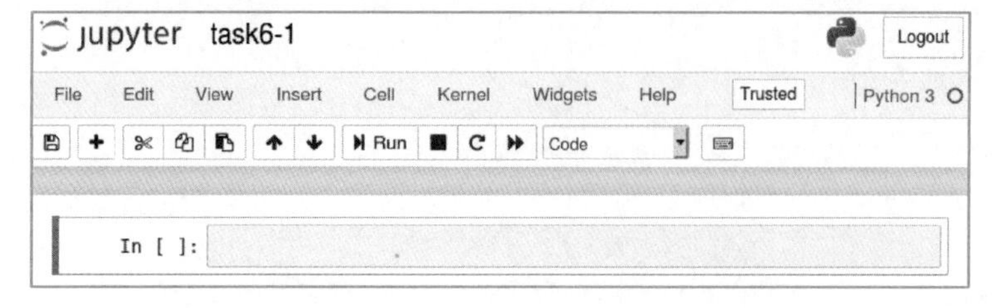

图 6-9
新建 notebook 项目 task6-1 示意图

2. 处理手写数字图像数据集

① 在 Jupyter Notebook 中输入如图 6-10 所示的代码，并确认代码无错误。

```
In [1]: import numpy as np          #import numpy named as np
        import pandas as pd         #import pandas named as pd
        #import mp_utils model in the  keras.utils
        from keras.utils import np_utils
        #import mnist model in the keras.datasets
        from keras.datasets import mnist
        np.random.seed(10)  # set random seed for producing random number

        #loading mnist dataset
        (x_train_image, y_train_label),(x_test_image, y_test_label)=mnist.load_data()

        #processing the image sets
        X_train_image=x_train_image.reshape(60000,784).astype('float32')
        X_test_image=x_test_image.reshape(10000,784).astype('float32')
        x_train_normalize=X_train_image/255
        x_test_normalize=X_test_image/255

        #processing the label sets
        y_train_oht=np_utils.to_categorical(y_train_label)
        y_test_oht=np_utils.to_categorical(y_test_label)
```

图 6-10
处理手写数字图像数据集代码

② 按 Ctrl+Enter 组合键执行代码，代码没有错误提示后按 Alt+Enter 组合键新建下一个单元格，结果显示如图 6-11 所示。

```
/home/teacher/anaconda3/lib/python3.6/site-packages/h5py/__init__.py:36: FutureWarning: Conversion of the second argum
ent of issubdtype from `float` to `np.floating` is deprecated. In future, it will be treated as `np.float64 == np.dtyp
e(float).type`.
  from ._conv import register_converters as _register_converters
Using TensorFlow backend.
```

图 6-11
导入手写数字图像数据集后结果显示图

③ 代码解析可参考项目 5。

3. 建立 MLP 学习模型

微课 29
带 Dropout 层的 MLP 模型构建

① 在 Jupyter Notebook 中输入如图 6-12 所示的代码，并确认代码无错误。

```
from keras.models import Sequential #import Sequential from keras.models
from keras.layers import Dense #import Dense from keras.layers
from keras.layers import Dropout #import Dropout from keras.layers
model=Sequential() #build linear sequential model
model.add(Dense(units=1000,
                input_dim=784,
                activation='relu'))  # add hidden layer
model.add(Dropout(0.5))              # add Dropout layer
model.add(Dense(units=512,
                activation='relu'))  # add hidden layer
model.add(Dropout(0.25))            # add Dropout layer
model.add(Dense(units=10,
                activation='softmax'))# add output layer
print(model.summary()) #print model structure
```

图 6-12
建立 MLP 学习模型代码

② 按 Ctrl+Enter 组合键执行代码，结果显示如图 6-13 所示。

```
Layer (type)                 Output Shape              Param #
=================================================================
dense_1 (Dense)              (None, 1000)              785000
_________________________________________________________________
dropout_1 (Dropout)          (None, 1000)              0
_________________________________________________________________
dense_2 (Dense)              (None, 512)               512512
_________________________________________________________________
dropout_2 (Dropout)          (None, 512)               0
_________________________________________________________________
dense_3 (Dense)              (None, 10)                5130
=================================================================
Total params: 1,302,642
Trainable params: 1,302,642
Non-trainable params: 0
_________________________________________________________________
None
```

图 6-13
建立的 MLP 学习模型参数显示

③ 按 Alt+Enter 组合键新建下一个单元格。

④ 代码解析。

➢ from keras.models import Sequential

导入 Keras 框架中的模型库。

➢ from keras.layers import Dense

导入 Keras 框架中全连接层模型。

➢ from keras.layers import Dropout

导入 Keras 框架中的 Dropout 模型。

➢ model=Sequential()

建立一个贯序学习模型。

➢ model.add(Dense(units=1000,input_dim=784,activation='relu'))

在输入层建立 784 个神经元，隐藏层建立 1000 个神经元的全连接结构的层，如图 6-14 所示。程序使用 model.add()方法将 Dense 神经网络层结构引入到框架中。

权值初始化方法为默认的 glorot_uniform 权重均匀分布方法。

activation='relu'：激活函数为 relu。

```
➢ model.add(Dropout(0.5))
```

设置 Dropout 为 0.5，即每次学习前随机丢弃 50%的神经元再进行下一次训练。

```
➢ model.add(Dense(units=512 ,activation='relu'))
```

再增加一层神经网络层，全连接结构，如图 6-15 所示，神经元个数为 512 个，激活函数为 relu。

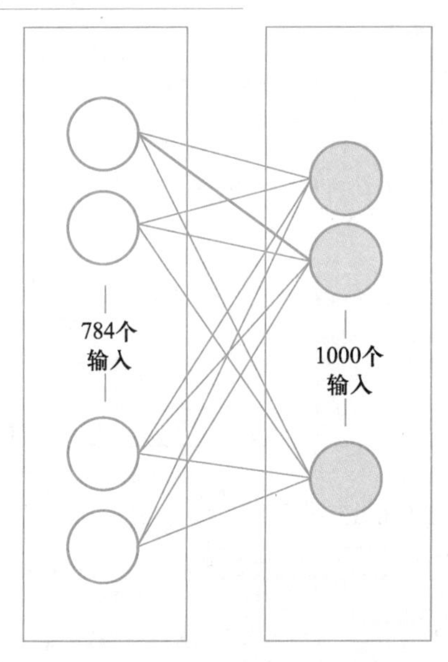

图 6-14
建立第一个隐藏层

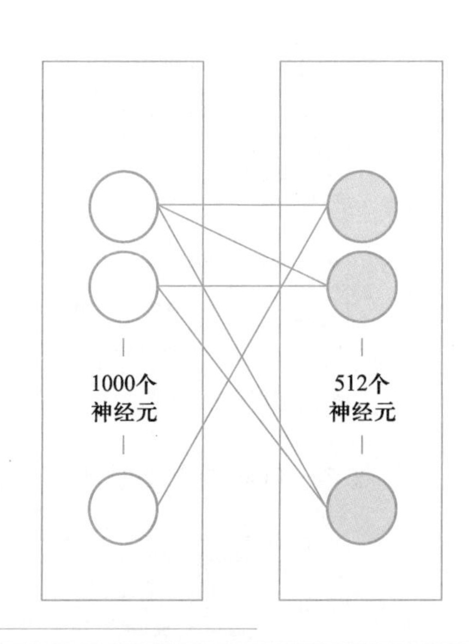

图 6-15
建立第二层隐藏层

```
➢ model.add(Dropout(0.25))
```

为了避免过拟合，设置 Dropout 值为 0.25，即每次学习前删除 1/4 的神经元。

```
➢ model.add(Dense(units=10 ,activation='softmax'))
```

建立输出层，该层有 10 个神经元，对应 0～9 个数字的输出，如图 6-16 所示，并使用 softmax 激活函数，使用 softmax 激活函数可以将神经元输出转换为预测每一个数字的概率。

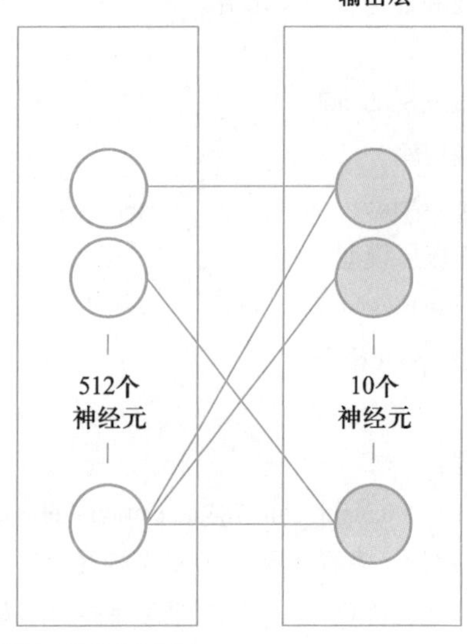

图 6-16
建立输出层

➢ print(model.summary())

打印出模型概况，如图 6-17 所示。它实际调用的是 keras.utils.print_summary。dense_7 为隐藏层，有 785000 个参数，因为输入层有 784 个单元，隐藏层有 1000 个单元，按照全连接模式，一共需要(784+1)×1000=785000 个权重参数进行训练。同理，dense_8 为隐藏层，有 785000 个参数，因为上层输入有 1000 个单元，本隐藏层有 512 个单元，按照全连接模式，一共需要(1000+1)×512=512512 个权重参数进行训练。dense_9 为输出层，按照全连接模式，一共有参数(512+1)×10=5130 个参数。三层参数一共有 1302642 个参数需要通过数据集进行训练获得。此外，在输入层和隐含层、隐含层和隐含层之间还有 Dropout 层（dropout_5 和 dropout_6），由于 Dropout 层只随机丢弃神经元，不需要权重参数，因此，权重参数个数均为 0。

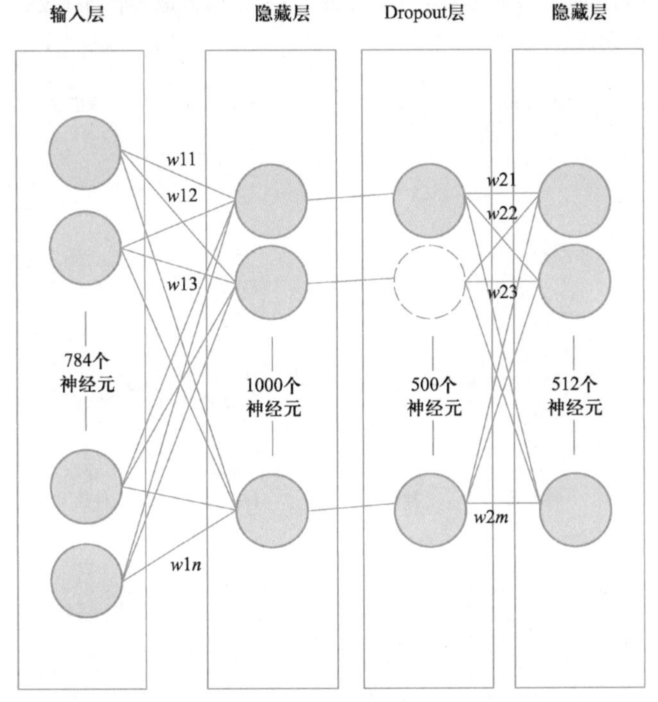
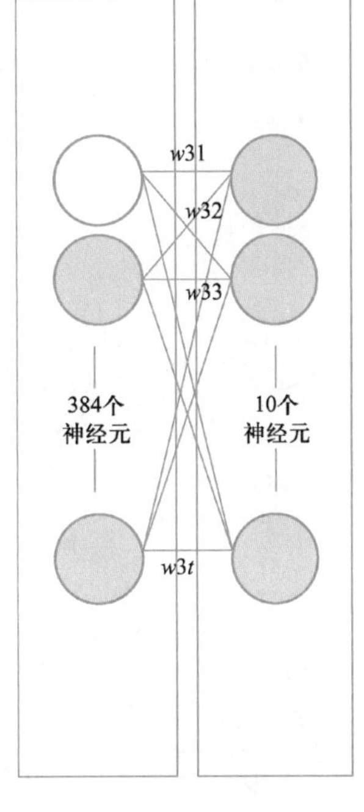

图 6-17
网络模型的参数分布图

4. 读取已有模型的参数

① 在 Jupyter Notebook 中输入如图 6-18 所示的代码，并确认代码无错误。

```
try:
    #Load the existing model and import the parameters
    model.load_weights('mnistModel.h5')
    print("Load the existing model parameters successfully, continue training")
except:
    print("No model parameter file, start to train")
```

图 6-18
加载已有模型参数

② 按 Ctrl+Enter 组合键执行代码。如果该路径下存在已经训练过的模型参数，显示如图 6-19 所示。

```
No model parameter file, start to train
```

图 6-19
无模型加载时的显示

如果该路径下还没有已经训练过的模型参数，则显示如图 6-20 所示。

```
Load the existing model parameters successfully, continue training
```

图 6-20
有模型加载时的显示

③ 按 Alt+Enter 组合键新建下一个单元格。

④ 代码解析。

微课 30
模型的训练与保存

笔 记

```
➢ model.load_weights("mnistModel.h5")
```

在 Keras 源码 engine 中 toplogy.py 定义了加载权重的函数 load_weights(self, filepath, by_name=False)，其中默认 by_name 为 False，此时加载权重按照网络拓扑结构加载，适合直接使用 Keras 中自带的网络模型。本网络模型中有三层结构，一共有 1302642 个参数，调用此函数实际上就是把这 1302642 个权重参数赋了初始值，该初始值就是之前训练过的模型权重参数值，如图 6-21 所示。

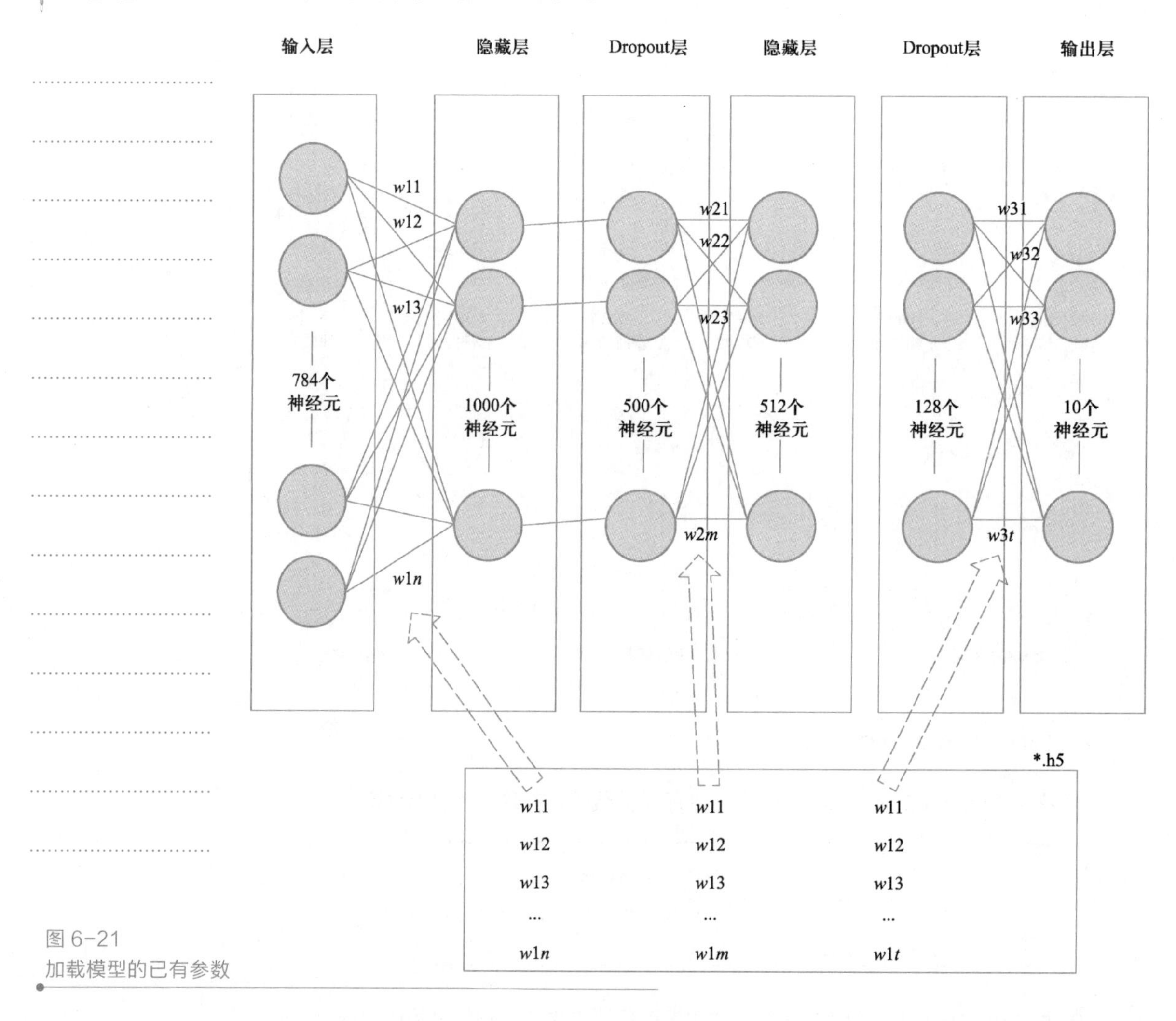

图 6-21
加载模型的已有参数

5. 对模型进行训练

① 在 Jupyter Notebook 中输入如图 6-22 所示的代码，并确认代码无错误。

```
model.compile(loss='categorical_crossentropy',
              optimizer='adam',
              metrics=['accuracy'])  #set the parameters of training model
train_history=model.fit(x=x_train_normalize,
                        y=y_train_oht,
                        validation_split=0.2,
                        epochs=10,
                        batch_size=200,
                        verbose=2)    # set the parameters of training
```

图 6-22
对模型进行训练的代码

② 按 Ctrl+Enter 组合键，显示代码的运行结果，如图 6-23 所示。

```
Train on 48000 samples, validate on 12000 samples
Epoch 1/10
 - 28s - loss: 0.3418 - acc: 0.8959 - val_loss: 0.1272 - val_acc: 0.9630
Epoch 2/10
 - 18s - loss: 0.1440 - acc: 0.9552 - val_loss: 0.1082 - val_acc: 0.9664
Epoch 3/10
 - 17s - loss: 0.1121 - acc: 0.9648 - val_loss: 0.0910 - val_acc: 0.9718
Epoch 4/10
 - 17s - loss: 0.0906 - acc: 0.9713 - val_loss: 0.0841 - val_acc: 0.9757
Epoch 5/10
 - 17s - loss: 0.0790 - acc: 0.9741 - val_loss: 0.0876 - val_acc: 0.9749
Epoch 6/10
 - 17s - loss: 0.0714 - acc: 0.9780 - val_loss: 0.0770 - val_acc: 0.9772
Epoch 7/10
 - 17s - loss: 0.0625 - acc: 0.9799 - val_loss: 0.0751 - val_acc: 0.9778
Epoch 8/10
 - 17s - loss: 0.0552 - acc: 0.9817 - val_loss: 0.0778 - val_acc: 0.9768
Epoch 9/10
 - 17s - loss: 0.0503 - acc: 0.9835 - val_loss: 0.0757 - val_acc: 0.9788
Epoch 10/10
 - 17s - loss: 0.0474 - acc: 0.9837 - val_loss: 0.0725 - val_acc: 0.9793
```

图 6-23
模型训练过程中的准确率和误差动态数据

③ 按 Alt+Enter 组合键新建下一个单元格。

④ 代码解析。

笔　记

➢ model.compile（loss='categorical_crossentropy',optimizer='adam',metrics=['accuracy']）

调用 model.compile()函数对训练模型进行设置，参数设置如下：

loss='categorical_crossentropy'：loss（损失函数）设置为交叉熵模式，在深度学习中，使用交叉熵模式训练效果会较好。

optimizer='adam'：optimizer（优化器）设置为 adam，在深度学习中，可以使训练更快收敛，并提高准确率。

metrics=['accuracy']：评估模式设置为准确度评估模式。

➢ train_history=model.fit(x=x_train_normalize,y=y_label_ohe,validation_split=0.2,epochs=5, batch_size=200,verbose=2)

调用 model.fit 配置训练参数，开始训练，并保存训练结果。

x=x_train_normalize：MNIST 数据集中已经经过预处理的训练集图像。

y=y_label_ohe：MNIST 数据集中已经经过预处理的训练集 label。

validation_split=0.2：训练之前将输入的训练数据集中 80%作为训练数据，20%作为测试数据。

epochs=10：设置训练周期为 10 次。

batch_size=200：设置每一次训练周期中，每次输入多少个训练数据。

verbose=2：设置成显示训练过程。

6．保存训练完的模型

① 在 Jupyter Notebook 中输入如图 6-24 所示的代码，并确认代码无错误。

```
#save the trained model parameters
model.save_weights("mnistModel.h5")
print("save the trained model parameters")
```

图 6-24
处理手写数字图像数据集代码

② 按 Ctrl+Enter 组合键执行代码，代码没有错误提示后按 Alt+Enter 组合键新建下一个单元格，结果显示如图 6-25 所示：

```
save the trained model parameters
```

图 6-25
保存模型结果显示

③ 代码解析。

➢ model.save_weights("mnistModel.h5")

保存模型的权重，可通过该函数利用 HDF5 进行保存。注意：在使用前需要确保已安装了 HDF5 和其 Python 库 h5py。

➢ model.save_weights(filepath)

将模型权重保存到指定路径，文件类型是 HDF5（后缀是.h5）。

微课 31
显示模型训练的误差和准确率变化

7. 显示模型准确率与误差

① 在 Jupyter Notebook 中输入如图 6-26 所示的代码，并确认代码无错误。

```
import matplotlib.pyplot as plt #import matplotlib.pyplot named as plt
def show_train(train_history,train, validation):# define drawing functions
    plt.plot(train_history.history[train]) #draw first parameter train
    plt.plot(train_history.history[validation]) #draw second parameter validation
    plt.title("train history") #write the title
    plt.xlabel("train epoch") # write the x axis text
    plt.ylabel(train) # write the y axis text
    plt.legend(["train data","validation data"],loc="upper left")
    plt.show()  # show in plt
show_train(train_history,'acc','val_acc')  #draw 'acc' and 'val_acc'
show_train(train_history,'loss','val_loss') #draw 'loss' and 'val_loss'
```

图 6-26
显示模型准确率与误差代码

② 按 Ctrl+Enter 组合键，显示代码的运行结果如图 6-27 所示，并按 Alt+Enter 组合键新建下一个单元格。

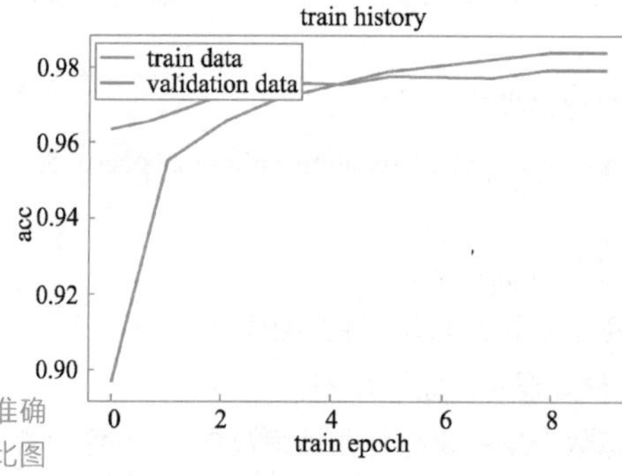

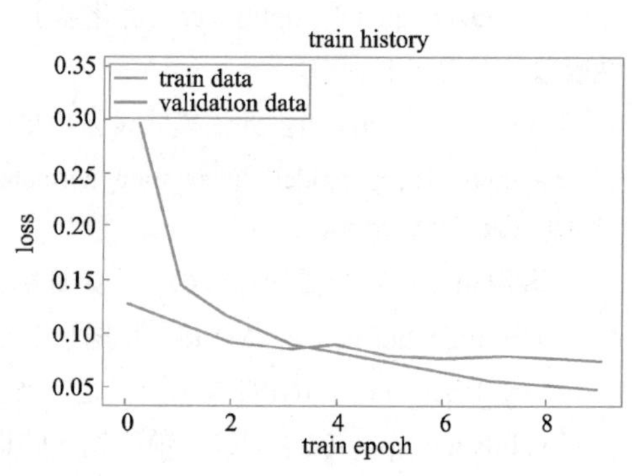

图 6-27
训练数据和测试数据准确率和误差变化曲线对比图

③ 显示模型准确率和误差代码的详细解析可参考项目 6。

8. 利用测试数据进行预测评估与识别

① 在 Jupyter Notebook 中输入如图 6-28 所示的代码，并确认代码无错误。

```
#Using test data to evaluate the model
results=model.evaluate(x_test_normalize,y_test_oht)
print('acc=', results[1]) #printing evaluation accuracy of test data
#Using the trained model to classify the test image
prediction=model.predict_classes(X_test_image)
prediction[:10] #Print top ten classification results
```

图 6-28
利用测试数据进行预测评估与识别代码

② 按 Ctrl+Enter 组合键，显示代码的运行结果，如图 6-29 所示，按 Alt+Enter 组合键新建下一个单元格。

```
10000/10000 [==============================] - 4s 417us/step
acc= 0.9819

array([7, 2, 1, 0, 4, 1, 4, 9, 5, 9])
```

图 6-29
测试数据进行预测的结果显示

③ 代码解析。

➢ results=model.evaluate(x_test_norm,y_test_ohe)

x_test_norm：输入数据位预处理后的测试数据集。

y_test_ohe：标签为预处理后的测试标签集。

➢ print('acc=',results[1])

打印返回测试结果中第 2 个参数的值。

➢ prediction=model.predict_classes(x_test)

对测试数据集进行预测，测试数据集是未经过归一化处理的数据。测试结果返回到 prediciton 变量中。

➢ prediction

显示预测结果，由图 6-29 中可以看到，预测结果保存为一维数组，显示预测到的对应图像的数字。

9. 分析预测结果

微课 32
使用模型进行预测与分析

① 在 Jupyter Notebook 中输入图 6-30 所示的代码，并确认代码无错误。

```
import pandas as pd #import pandas named as pd
#create and print crosstabs
print(pd.crosstab(y_test_label,  prediction,
        rownames=['label'],  colnames=['prediction']))
#create dataframe
df=pd.DataFrame({'label':y_test_label, 'prediction':prediction})
#print (df.label==5)&(df.prediction==3) results
print(df[(df.label==5)&(df.prediction==3)])
```

图 6-30
分析预测结果代码

② 按 Ctrl+Enter 组合键，显示代码的运行结果，如图 6-31 所示，按 Alt+Enter 组合键新建下一个单元格。

```
prediction    0     1     2    3    4    5    6     7    8    9
label
0           971     0     1    2    0    1    3     1    1    0
1             0  1127     1    2    0    0    2     0    3    0
2             1     0  1014    3    2    0    2     6    4    0
3             1     0     5  997    0    2    0     3    2    0
4             1     2     0    1  967    0    5     1    0    5
5             4     0     0    9    1  863    7     1    4    3
6             5     2     0    1    1    3  946     0    0    0
7             1     2     8    3    0    0    0  1010    2    2
8             6     0     3    5    3    2    5     2  946    2
9             3     6     1    6   11    1    1     8    3  969
      label  prediction
340       5           3
1393      5           3
1670      5           3
1970      5           3
2035      5           3
2597      5           3
4271      5           3
4360      5           3
5937      5           3
```

图 6-31
代码运行后显示的结果

笔 记

③ 代码解析。

```
➢ import pandas as pd
```

导入 pandas 模块简写为 pd。

```
➢ pd.crosstab(y_test_label,prediction,rownames=['label'],colnames=['prediction'])
```

crosstab 交叉表是用于统计分组频率的特殊透视表。

函数原型为 pandas.crosstab(index, columns, values=None, rownames=None, colnames=None, aggfunc=None, margins=False, margins_name='All', dropna=True, normalize=False)。

其结果通过图 6-32 可以看到，该函数能统计预测值与 label 值的对应数值。

prediction label	0	1	2	3	4	5	6	7	8	9
0	971	0	1	2	0	1	3	1	1	0
1	0	1127	1	2	0	0	2	0	3	0
2	1	0	1014	3	2	0	2	6	4	0
3	1	0	5	997	0	2	0	3	2	0
4	1	2	0	1	967	0	5	1	0	5
5	4	0	0	9	1	863	7	1	4	3
6	5	2	0	1	1	3	946	0	0	0
7	1	2	8	3	0	0	0	1010	2	2
8	6	0	3	5	3	2	5	2	946	2
9	3	6	1	6	11	1	1	8	3	969

图 6-32
label 值与预测结果交叉统计表

最左边的列表示 y_test_label 对应的 10 个类别，最上面一行表示 prediction 预测值中对应的 10 个类别，交叉表表示测试 label→预测值的统计数量，如 label 值为 6，prediction 为 3 交叉位置的数值 1 表示测试 label 为 6，但是预测成为 3 的数量有 1 个。

```
➢ df=pd.DataFrame({'label':y_test_label, 'prediction':prediction})
```

DataFrame 是 Python 中 Pandas 库中的一种数据结构，它类似 Excel，是一种二维表，代码中首先给 y_test_label 一个索引 label，给 prediction 一个索引 prediction，然后利用 DataFrame()函数转换为 DataFrame 结构，如图 6-33 所示代码：

其运行结果如图 6-34 为：

```
import pandas as pd
d={'col1':[1 ,2], 'col2':[3,4]}
df=pd.DataFrame(data=d)
df
```

	col1	col2
0	1	3
1	2	4

图 6-33
DataFrame 使用示例
图 6-34
DataFrame 使用示例显示结果

```
➢ df[(df.label==5)&(df.prediction==3)]
```

显示 df 数据中 label 标签为 5，prediction 标签为 3 的所有数据，结果显示如图 6-35 所示。

10. 查看指定图片

① 在 Jupyter Notebook 中输入如图 6-36 所示的代码，并确认代码无错误。

	label	prediction
340	5	3
1393	5	3
1670	5	3
1970	5	3
2035	5	3
2597	5	3
4271	5	3
4360	5	3
5937	5	3

图 6-35
label 标签为 5，prediction 标签为 3 的所有数据

② 按 Ctrl+Enter 组合键，显示代码的运行结果，如图 6-37 所示，显示第 2035 张测试照片，其代码解析可参考项目 5。

```
import matplotlib.pyplot as plt
def plot_image(image):
    fig=plt.gcf()
    fig.set_size_inches(2,2)
    plt.imshow(image, cmap='binary')
    plt.show()
plot_image(x_test_image[2035])
```

图 6-36
显示指定图片的代码

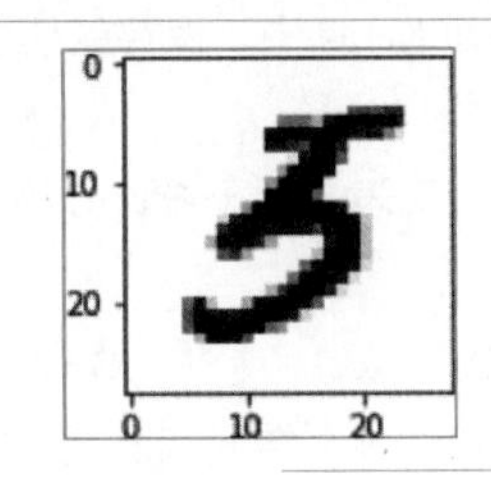

图 6-37
显示指定的图片

项目总结

本项目主要介绍了如何在构建一个 MLP 多层感知模型的基础上，对模型增加了 dropout 功能以减小模型过拟合的现象，利用手写数字图像数据集对模型进行训练，使得该模型能够获得更高的识别准确率。同时，在训练过程中，对模型参数进行了随时保存，以防止意外情况发生时需要从头开始训练，进一步优化了模型的使用。

本项目重点

- 模型中 Dropout 层的添加方法。
- 模型参数的保存与读取。
- 模型预测结果的分析。

本项目难点

- 模型的读取与保存。
- 模型预测结果的分析。

课后练习

课后练习

一、单选题

1. 有添加 dropout 层代码如下：

➢ model.add(Dropout(0.25))

请问该代码表示计算的时候要随机丢弃（　　）的神经元不参与计算。

A. 10%　　B. 20%　　C. 25%　　D. 75%

笔 记

2. 有如下代码：

```
➢ model.add(Dense(units=1000,input_dim=784,activation='relu')) //隐藏层
➢ model.add(Dropout(0.25))
➢ model.add(Dense(units=512 ,activation='relu'))  //输出层
```

请问该模型在计算过程中随机丢弃（　　）的神经元不参与计算。

A. 输出层　　B. 隐藏层　　C. 输入层　　D. 无

3. 在 Keras 中加载模型权重，使用下面（　　）函数。

A. save　　B. load　　C. save_weights　　D. load_weights

4. 在 Keras 中保存模型权重，使用下面（　　）函数。

A. save　　B. load　　C. save_weights　　D. load_weights

5. 在 Keras 中，保存的模型权重文件类型为（　　）。

A. *.h5　　B. *.xml　　C. *.py　　D. *.ipynb

6. 交叉表是用于统计分组频率的特殊透视表，在 Pandas 中使用（　　）函数可以生成交叉表。

A. excel　　B. tab　　C. crossentry　　D. crosstab

7. 通过预测结果和测试标签集生成的交叉表中，对角线上的数值表示（　　）。

A. 正确识别对应标签的数量　　B. 错误识别对应标签的数量

C. 预测结果错误的样本数量　　D. 预测结果正确的样本的数量

8. 当创建好模型后，模型的权重参数需要被（　　）或加载才能进行预测或训练。

A. 初始化　　B. 调用　　C. 删除　　D. 重置

9. 使用 save_weights()函数保存模型的权重，在模型的（　　）时候进行保存。

A. 训练开始前　　B. 训练结束后

C. 每个周期结束时　　D. 任何时候

10. 在使用 load_weights()加载模型的权重时，需要准备加载的模型结构和权重文件的模型结构（　　）。

A. 保持一致　　B. 不同

C. 只需要隐藏层相同　　D. 只需要输出层相同

二、简答题

1. 请解释模型的过拟合和欠拟合。
2. 简述减少模型过拟合的方法。
3. 简述在深度学习框架中 Dropout 层的含义。
4. 有模型的结构见表 6-1：

表 6-1　简答题 1

Layer(type)	Output Shape	Param#
dense_1	(None, 1000)	785000
dropput_1	(None, 1000)	0
dense_2	(None, 428)	428428
dropput_2	(None, 428)	0
dense_3	(None, 4)	1716

请用代码构建该模型，并打印出相同的模型结构。

5. 有模型的构建代码如下：

```
➤ model.add(Dense(units=256,input_dim=1280,kernel_initializer='normal',activation='relu'))
➤ model.add(Dropout(0.5))
➤ model.add(Dense(units=128,kernel_initializer='normal',activation='relu'))
➤ model.add(Dropout(0.25))
➤ model.add(Dense(units=4,kernel_initializer='normal',activation='softmax'))
```

请按照代码中构建的模型填写表 6-2 中每层需要计算的参数?

表 6–2 简答题 2

层	输 出 大 小	需学习的参数数量
Dense	(None,256)	
Dropout	(None,256)	
Dense	(None,128)	
Dropout	(None,128)	
Dense	(None,4)	

6. 有模型的预测结果与标签数据的交叉表如图 6-38 所示：

prediction label	0	1	2	3	4	5	6	7	8	9
0	971	0	1	2	0	1	3	1	1	0
1	0	1127	1	2	0	0	2	0	3	0
2	1	0	1014	3	2	0	2	6	4	0
3	1	0	5	997	0	2	0	3	2	0
4	1	2	0	1	967	0	5	1	0	5
5	4	0	0	9	1	863	7	1	4	3
6	5	2	0	1	1	3	946	0	0	0
7	1	2	8	3	0	0	0	1010	2	2
8	6	0	3	5	3	2	5	2	946	2
9	3	6	1	6	11	1	1	8	3	969

图 6–38
交叉表

请列举标签为 5，但被预测为 0～9 每个数字的错误图片数量是多少。

7. 根据本文的预测结果，利用 matplotlib 模块和 pandas 模块，显示 10 张预测错误的图片，并注明标签是多少，其被预测成多少。

项目 7

构建卷积神经网络模型识别多个类别

知识目标

- 了解彩色数字图像的原理。
- 掌握垃圾分类数据集的制作方法。
- 掌握图像卷积的原理。
- 掌握多目标分类的深度学习识别方法。

技能目标

- 掌握构建卷积神经网络模型的方法。
- 掌握多通道图像卷积层的配置方法。
- 掌握池化层的配置方法。
- 掌握使用训练好的模型进行多目标分类的方法。

笔 记

项目描述

项目背景及需求

自 2019 年 7 月 1 日，《上海市生活垃圾管理条例》正式实施，上海开始全面实行垃圾分类。在新政实施以前，程序员小马哥所住的小区里每幢楼下面都有两个垃圾桶，居民的所有垃圾都是往这两个垃圾桶里扔，有时候甚至会堆得过满溢出来。而在新政实施以后，不能再乱扔垃圾了，错过时间了就得把垃圾拿回家，因为小区内随处都有摄像头，被拍到乱扔垃圾会被罚款。小马哥每天都要将家里的生活垃圾进行人工分类，如头发、牙签分别是哪类垃圾？每天都要花费不少时间处理生活垃圾。要是有个软件可以自动识别垃圾并且判断分类，就太好了。为了解决这个问题，需要设计垃圾分类小程序提供拍照识别垃圾的功能，如图 7-1 所示。

图 7-1
腾讯优图 X-Lab 的小程序“垃圾分类小助理”

而开发拍照识别垃圾的功能，需要采集大量带有标签的生活垃圾图片，搭建模型进行训练和测试，达到让模型能自动判断新的图片是哪类垃圾。小马哥所在的项目组，接到了公司“垃圾分类项目”中搭建模型训练的任务，需要训练一个识别多种垃圾图片的模型，也就是要训练一个多分类的模型，以便在场景中对目标进行分类。

针对 4 种垃圾分类（干垃圾、湿垃圾、有害垃圾和可回收垃圾）图像，建立一个卷积神经网络（CNN）训练模型，模型要求：对图像进行两次卷积运算，第 1 次使用 48 个卷集核进行卷积，第 2 次使用 64 个卷积核进行卷积，1 个平坦层，1 个隐藏层和 1 个输出层，采用搭建的模型对 CIFAR-10 图像集进行训练，并利用训练好的模型进行 4 类图像的分类和预测，如图 7-2 所示。

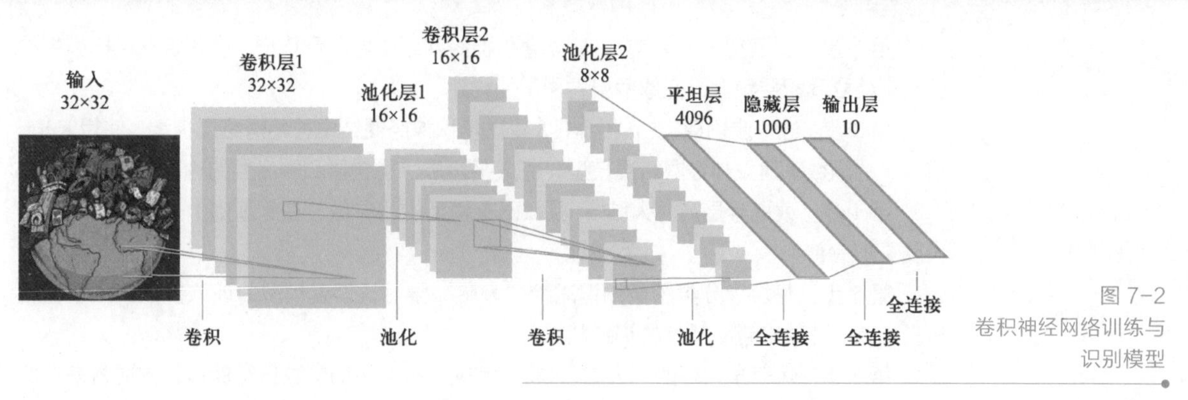

图 7-2
卷积神经网络训练与识别模型

项目分解

按照任务要求，卷积神经网络识别多目标的过程描述如图 7-3 所示。

笔 记

准备知识库
(导入CIFAR-10图像集)

↓

创建一个空白大脑
(建立学习模型的卷积层)

↓

进一步创建空白大脑
(建立学习模型的神经网络层)

↓

使用半成品大脑
(读取已有训练参数)

↓

将知识送给大脑学习
(开始模型学习)

↓

保存大脑
(将模型训练好的参数进行保存)

↓

看我创建的大脑是否足够聪明
(使用测试数据进行识别与评估)

图 7-3
多图像目标识别的流程图

按照任务流程，可以将该任务分解成如下几个子任务，依次完成：

第 1 步：准备知识库，读取垃圾图像数据集，并对图像集进行处理以适应卷积神经网络模型（CNN）的输入数据格式要求。

笔 记

第 2 步：创建空白“大脑”，建立卷积神经网络中卷积层模型。使用 Keras 模型中的函数来建立卷积层模型，完成两层卷积层的构建。

第 3 步：进一步创建空白“大脑”，建立卷积神经网络中神经网络层模型。使用 Keras 模型中的函数来建立神经网络层模型，完成平坦层、隐含层和输出层的构建。

第 4 步：读取半层品“大脑”，获取已有模型中的参数，在此基础上进行训练，使得大脑更加完善。

第 5 步：将垃圾分类图像知识送给“大脑”学习，设置模型的训练参数，启动模型进行训练，并动态查看模型的训练状态。

第 6 步：保存学习好的“大脑”，将“大脑”模型中的参数进行保存，方便将来在此基础上继续学习。

第 7 步：通过查看模型训练过程中的准确率和误差变化，了解“大脑”的学习过程和效果。

第 8 步：使用训练好的“大脑”模型，对 CIFAR 中的测试数据进行预测和识别。

工作任务

- 掌握模型卷积层的配置方法。
- 掌握模型神经网络层的配置方法。
- 掌握模型训练和预测方法。

构建卷积神经网络识别多个图像类别

PPT

任务 7　构建卷积神经网络识别多个图像类别

任务描述

本任务通过构建卷积神经网络模型，对彩色垃圾图像进行训练与分类，通过配置模型训练中的计算参数、模型的训练参数进行训练，并保存训练好的参数对测试集进行预测。

微课 33
彩色数字图像和生活垃圾图片集 1

问题引导

1. 彩色图像有 RGB 三个通道，如何对多通道图像进行训练?

2. 图像的特征具有空间特性，直接将二维数据转换成一维数据进行训练，失去了图像的空间特征，如何解决此问题?

知识准备

微课 34
彩色数字图像和生活垃圾图片集 2

1. 垃圾分类图像集

垃圾分类数据集共有 2338 张彩色图像，分为干垃圾、湿垃圾、有害垃圾和可回收垃圾 4 个大类，12 个小类，具体说明见表 7-1：

表 7–1　垃圾分类数据集

大 类 别	细 分 类 别	图 片 个 数
干垃圾	砖头	142
	坚果	153
	厕纸	180
湿垃圾	水果	175
	厨余	200
有害垃圾	电池	177
	化妆品	158
	药物	156
可回收垃圾	金属	239
	纸箱	273
	塑料	260
	废纸	225

一般来说，如果分为 4 大类，随机抽取 80%的图片，即 1870 张作为训练集和验证集，其余的 468 作为测试集；也可以按照 12 小类的方式等比例划分数据集，每个类别各自独立，不会出现重叠。

表 7-2 列举了 12 小类，每一类展示了随机的 5 张图片。

表 7–2　每类垃圾的图片展示

细 分 类 别	图 片 展 示
砖头	
坚果	
厕纸	
水果	
厨余	
电池	

续表

细 分 类 别	图 片 展 示
化妆品   	
药物     	
金属    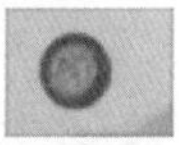 	
纸箱   	
塑料   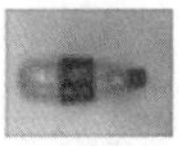 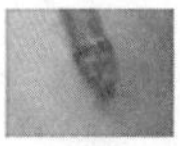 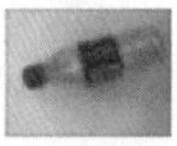	
废纸     	

2. 彩色数字图像（RGB 图像）

在项目 4 中已经学习了什么叫灰度图像，但在现实生活中，人们常常看到的并不是灰度的图像，而是五彩斑斓的图像，这种图像称作彩色图像。在学习美术时，都知道红、黄、蓝是三原色。通过这 3 种颜色的颜料叠加在一起即可组合成任意一种颜色。在计算机中也类似，但三原色不再是红、黄、蓝，而是红（R）、绿（G）、蓝（B）。在计算机里通过控制这 3 种颜色的量组合在一起，也可以合成任意一种颜色，于是就有了 RGB 图像。在 RGB 图像里，每个像素点由 3 个数值控制颜色，分别对应红、绿、蓝的分量大小，范围一般也在 0～255 之间，0 表示没有这种颜色分量，255 表示这种颜色分量取到最大值。例如，某 RGB 图中一个像素点的红、绿、蓝分量均为 255，则根据光学叠加的理论可知，该点为纯白色。

如图 7-4 所示，一副彩色数字图像实际上是由 3 幅图像组成的，分别是 R 图像、G 图像和 B 图像，在计算机中，一副单色图像实际上就是一个二维数组，因此，一副彩色图像在计算机中就是由 3 个二维数组所存储的。

3. 图像的卷积

卷积，也称为算子。用一个模板去和另一个图片对比，进行卷积运算。目的是使目标与目标之间的差距变得更大。卷积在数字图像处理中最常见的应用为锐化和边缘提取。

假设卷积核 h 如图 7-5 所示。

待处理的图像矩阵 x 如图 7-6 所示。

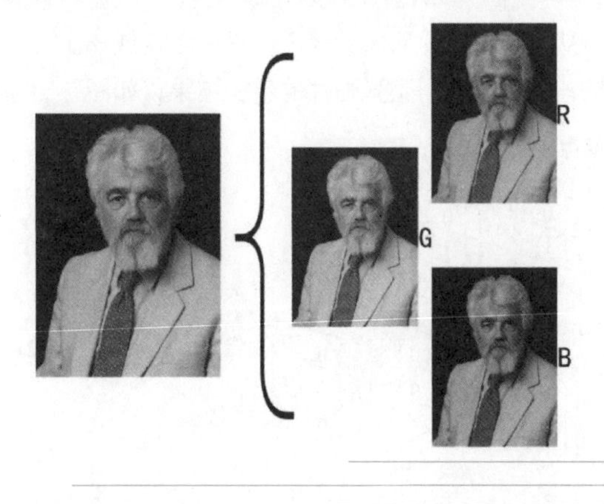

微课 35
图像的卷积

图 7-4
彩色图像 RGB 的 3 个图层

图 7-5
卷积核 h

1	2	1
0	0	0
−1	−2	−1

1	2	3	4
5	6	7	8
9	10	11	12
13	14	15	16

图 7-6
待处理的图像矩阵

图像 x 与卷积核的卷积，首先将卷积核旋转 180°，则卷积核变为如图 7-7 所示。

将卷积核 h 的中心对准 x 的第 1 个元素，然后 h 和 x 重叠的元素相乘，h 中不与 x 重叠的地方 x 用 0 代替，再将相乘后 h 对应的元素相加，得到结果矩阵中 Y 的第 1 个元素，如图 7-8 所示。

−1	−2	−1
0	0	0
1	2	1

图 7-7
旋转 180° 的卷积核

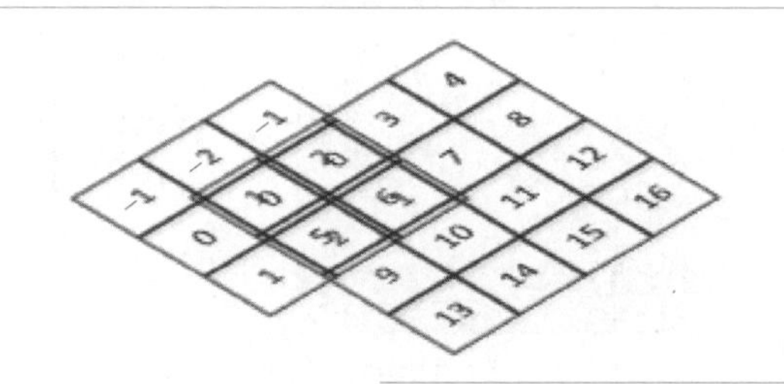

图 7-8
进行卷积运算

所以结果矩阵中的第 1 个元素 Y11 = −1 × 0 + −2 × 0 + −1 × 0 + 0 × 0 + 0 × 1 + 0 × 2 + 1 × 0 + 2 × 5 + 1 × 6 = 16。

x 中的每一个元素都用这样的方法来计算，得到的卷积结果矩阵如图 7-9 所示。

16	24	28	23
24	32	32	24
24	32	32	24
−28	−40	−44	−35

图 7-9
待处理图像进行卷积后的结果

更直观的例子，从左到右看，原像素经过卷积由 1 变成-8。

通过滑动卷积核，就可以得到整张图片的卷积结果，如图 7-10 所示。

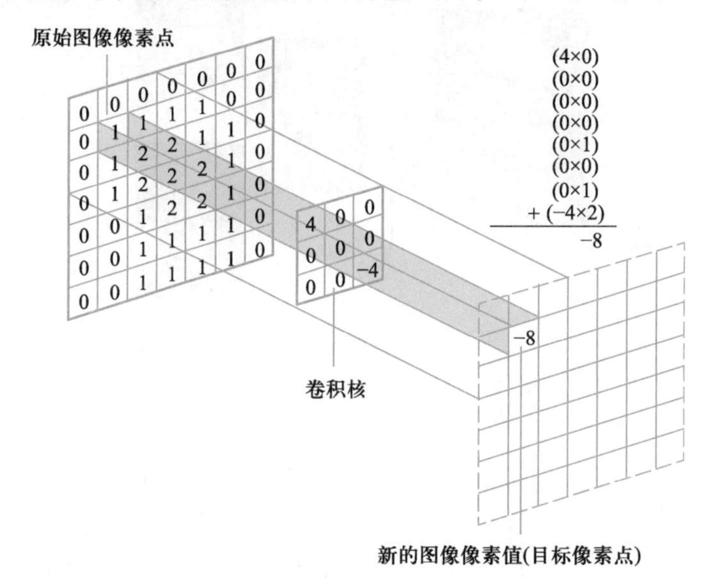

图 7-10
直观的图像卷积过程

对于 RGB 彩色图像来说，原始图像的大小为 m×n×3，因此，相应的卷积核也为要相应改变，大小为 t×t×3，如图 7-11 所示，原始图像的大小为 6×6×3，卷积核大小为 3×3×3，6×6×3 分别代表 RGB 图像的高、宽、通道数；3×3×3 分别代表卷积核的高、宽、通道数。

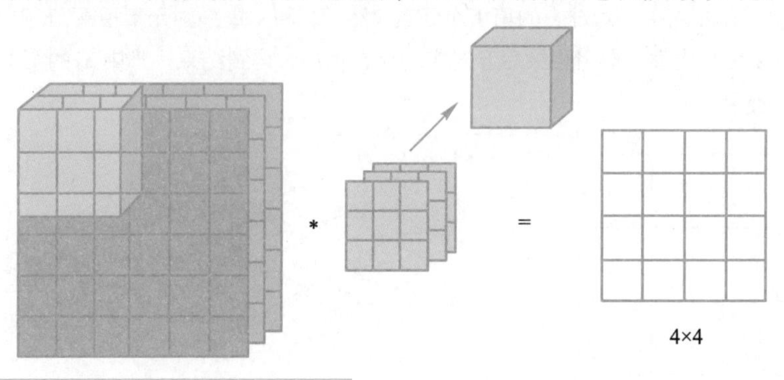

图 7-11
彩色图像的卷积

将 3×3×3 卷积核转换成立方体，一共 $3^3=27$ 个数值。分别乘以滤波器对应的 RGB 图像 3 个通道的数值，再相加得到 6×6 输出矩阵的值。

任务实施

1. 创建 Jupyter Notebook 项目

① 打开 Jupyter Notebook，如图 5-7 所示。

② 在 Python 3 下新建一个 notebook 项目，命名为 task7-1，如图 7-12 所示。

2. 处理垃圾图像数据集

① 下载垃圾分类图像集，并将图像集文件夹和 task7-1 文件放在同一级目录下。

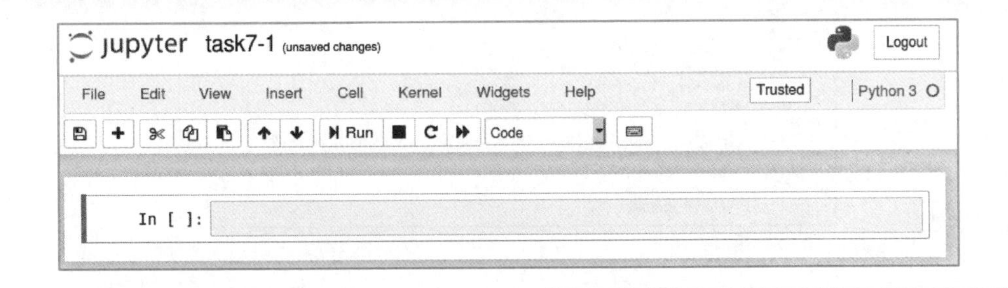

图 7-12
新建 notebook 项目-task7-1 示意图

链接地址：https://pan.baidu.com/s/11MecV9FztC-X62qLAw7V_A

提取码：be7i

② 在 Jupyter Notebook 中输入如图 7-13 所示的代码，并确认代码无错误。

```
import cv2
import os
from keras.utils import np_utils
import numpy as np
np.random.seed(10)
import random
import sys
```

图 7-13
导入所需模块

③ 按 Ctrl+Enter 组合键执行代码，代码没有错误提示后按 Alt+Enter 组合键新建下一个单元格，在下一个单元格中创建两个函数，如图 7-14 所示。

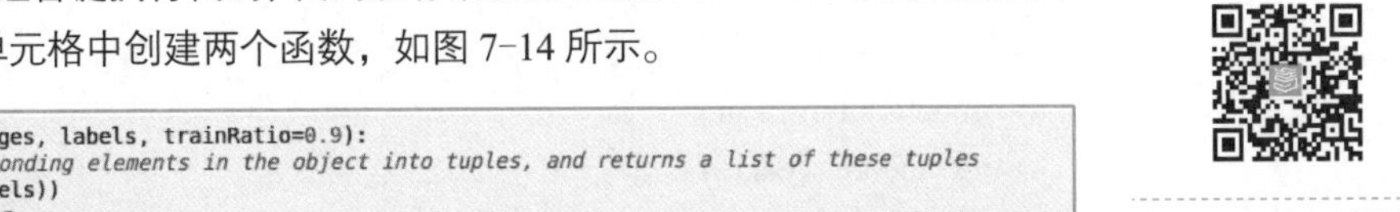

微课 36
图像集读取 1

微课 37
图像集读取 2

微课 38
图像数据集的制作

```
def makeTrainTestData(images, labels, trainRatio=0.9):
    #Packages the corresponding elements in the object into tuples, and returns a list of these tuples
    c=list(zip(images,labels))
    #Random disorder order
    random.shuffle(c)
    #Extract tuples into a list
    images, labels= zip(*c)
    #compute the train images number
    train_num= int(trainRatio*len(images))
    # split images into train_images and test_images
    #split labels into train_labels and test_labels
    train_images, train_labels= images[:train_num], labels[:train_num]
    test_images, test_labels= images[train_num:], labels[train_num:]
    #return four part sets
    return (np.array(train_images), np.array(train_labels)), (np.array(test_images), np.array(test_labels))

# define readData() function to obtain the images
def readData(path=r"./dataset/",trainRatio=0.9):
    images=[]  #define images sets
    labels=[]  #define labels sets
    subdirs=os.listdir(path) #read all folder or file names under this path
    subdirs.sort()  #gorting elements in an array
    print(subdirs)  #print sorted array
    classes=len(subdirs) #get the length of the array

    for subdir in range(classes):  #Traverse each category
        #each image in one category
        for index in os.listdir(os.path.join(path, subdirs[subdir])):
            # get the whole path of index image
            indexDir = os.path.join(path, subdirs[subdir],index)
            sys.stdout.flush()#to "flush" the buffer
            print("label --> dir : {} --> {}".format(subdirs[subdir], indexDir))
            #get every image name in indexDir path
            for indexdir in os.listdir(indexDir):
                #get the path of image name
                image_path=os.path.join(indexDir,indexdir)
                img=cv2.imread(image_path) # read image
                #resize iamge to 32*32*3
                img=cv2.resize(img,dsize=(32,32), interpolation=cv2.INTER_AREA)
                images.append(img)  # merge image into  images
                labels.append(subdir) #merge label into labels
    # make train set and test set
    (train_images, train_labels), (test_images, test_labels)=makeTrainTestData(images, labels)
    np.save("train_images.npy",train_images)
    np.save("test_images.npy",test_images)
    np.save("train_labels.npy",train_labels)
    np.save("test_labels.npy",test_labels)
    return (train_images, train_labels), (test_images, test_labels)
```

图 7-14
处理垃圾图像数据集代码

④ 在本单元格中调用函数 readData()，用来获取训练数据集和测试数据集，如图 7-15 所示代码。

```
try:
    train_images=np.load("train_images.npy")
    test_images=np.load("test_images.npy")
    train_labels=np.load("train_labels.npy")
    test_labels=np.load("test_labels.npy")
except:
    (train_images, train_labels), (test_images, test_labels)=readData()
print(train_images.shape)
print(test_images.shape)
print(train_labels.shape)
print(test_labels.shape)
```

图 7-15
获取训练数据集和测试数据集

⑤ 按 Alt+Enter 组合键运行该单元代码并新建下一个单元格，其结果显示如图 7-16 所示：

```
(2104, 32, 32, 3)
(234, 32, 32, 3)
(2104,)
(234,)
```

图 7-16
获取训练数据集和测试数据集代码显示结果

⑥ 代码解析。

笔 记

- ➢ import cv2
- ➢ import os
- ➢ import numpy as np
- ➢ from keras.utils import np_utils
- ➢ import keras
- ➢ import numpy as np
- ➢ np.random.seed(10)
- ➢ import random
- ➢ import sys

导入所需的模块包，由于 cv2 不是系统自带的包，需要手动进行安装，可输入代码 pip3 install opencv-python。

➢ def readData(path=r"./dataset/",trainRatio=0.9):

定义读取垃圾图像集文件夹函数，将读取到的图像以及生成的标签保存在 images、labels 两个数组中。其中 trainRatio 表示训练数据集站总图像集合的比例。该函数返回 4 个数组，分别是 train_images、train_labels、test_images、test_labels，同时保存这 4 个数组到对应的*.npy 文件中。

➢ def makeTrainTestData(images, labels, trainRatio=0.9):

定义制作训练数据集和测试数据集的函数，其中 trainRatio 表示训练数据集站总图像集合的比例。该函数返回 4 个数组，其中 train_images 表示训练图像数据；train_labels 表示训练图像对应的标签；test_images 表示测试图像数据；test_labels 表示测试图像对应的标签。

- ➢ try:
- ➢ 　　train_images=np.load("train_images.npy")
- ➢ 　　test_images=np.load("test_images.npy")
- ➢ 　　train_labels=np.load("train_labels.npy")
- ➢ test_labels=np.load("test_labels.npy")

首先从文件中读取训练和测试数据。如果为发现保存的训练和测试文件，则进入如下的代码。

> ➢ except:
> ➢ 　　(train_images, train_labels), (test_images, test_labels)=readData()

程序调用 readData()函数从图像文件夹中读取图像并制作训练和测试数据集，然后保存制作好的训练和测试数据集，下一次重新读取数据集时就可以直接从文件中读取。这样，保证每次训练和测试时读取到的数据集都是一致的。

> ➢ print(train_images.shape)
> ➢ print(test_images.shape)
> ➢ print(train_labels.shape)
> ➢ print(test_labels.shape)

查看 4 个变量的大小。由输出结果可以看到，训练图像有 2104 张图片，每张图片的大小为 32×32 像素，每张图片是 RGB 3 通道的彩色图片。同样测试图像有 234 张图片，每张图片的大小为 32×32 像素，每张图片是 RGB3 通道的彩色图片。训练图像和测试图像对应的 label 都是一维的数组。

⑦ 在新的单元格中输入如图 7-17 代码，确保代码无误。

```
train_image_norm=train_images.astype('float32')/255
test_image_norm=test_images.astype('float32')/255

train_labels_ohe=np_utils.to_categorical(train_labels)
test_labels_ohe=np_utils.to_categorical(test_labels)

print(train_labels[:10])
print(test_labels_ohe[:10])
```

图 7-17
预处理训练和测试数据

代码的运行结果如图 7-18 所示。

```
[3 2 3 1 2 2 2 2 2 2]
[[0. 0. 1. 0.]
 [0. 0. 0. 1.]
 [0. 0. 1. 0.]
 [0. 0. 0. 1.]
 [0. 1. 0. 0.]
 [0. 0. 1. 0.]
 [0. 0. 0. 1.]
 [0. 0. 1. 0.]
 [0. 0. 1. 0.]
 [1. 0. 0. 0.]]
```

图 7-18
预处理训练和测试数据集代码运行结果

⑧ 代码解析。

> ➢ train_image_norm=train_images.astype('float32')/255
> ➢ test_image_norm=test_images.astype('float32')/255

对训练数据集与测试数据集的输入图像进行预处理，即先转换成 float32 数据类型，然后进行归一化处理。

> ➢ train_labels_ohe=np_utils.to_categorical(train_labels)
> ➢ test_labels_ohe=np_utils.to_categorical(test_labels)

对训练标签集和测试标签集进行 one-hot 编码转换。

> ➢ print(train_labels[:10])
> ➢ print(test_labels_ohe[:10])

查看前 10 个训练图像对应的标签，由结果可以看到，前 10 个训练图像分别对应的类别为 3、2、3、1、2、2、2、2、2、2。该图像集中每个数字对应一个图像类别，具体的对应关系见表 7-3。

表 7-3　图像集中每个数字对应的图像类别

图像类别名	标　签　值
Dry garbage	0
Hazardous garbage	1
Recyclable garbage	2
Wet garbage	3

微课 39
构建卷积神经网络
模型 1

由于只有 4 个类别，因此 one-hot 编码后每个标签的长度为 4。

3. 建立学习模型的卷积部分

① 在 Jupyter Notebook 中输入如图 7-19 所示代码，并确认代码无错误。

```
from keras.models import Sequential
from keras.layers import Conv2D, MaxPooling2D,ZeroPadding2D,Dropout
from keras.layers import Flatten, Dense

model= Sequential()
model.add(Conv2D(filters=48,
          kernel_size=(3,3),
          input_shape=(32,32,3),
          activation='relu',
          padding='same')
         )
model.add(Dropout(0.25))
model.add(MaxPooling2D(pool_size=(2,2)))
model.add(Conv2D(filters=64,
          kernel_size=(3,3),
          activation='relu',
          padding='same'))
model.add(Dropout(0.25))
model.add(MaxPooling2D(pool_size=(2,2)))
```

图 7-19
建立 MLP 学习模型代码

② 按 Ctrl+Enter 组合键执行代码确认代码正确无误。

③ 按下 Alt+Enter 组合键新建下一个单元格。

④ 代码解析。

微课 40
构建卷积神经网络
模型 2

- from keras.models import Sequential
- from keras.layers import Conv2D,MaxPooling2D,ZeroPadding2D,Dropout
- from keras.layers import Flatten,Dense

导入所需的层的创建函数。

- model=Sequential()

建立贯序模型。

- model.add(Conv2D(filters=48,kernel_size=(3,3),input_shape=(32,32,3),activation='relu', padding='same'))

为模型添加卷积层 1。

其参数解析见表 7-4。

表 7-4　卷积层 1 构建代码解析

filters=48	表示建立 48 个卷积核，即 48 个滤波器
kernel_size=(3,3)	卷积核大小为 3×3 像素
padding='same'	代表保留边界处的卷积结果，输出 shape 与输入 shape 相同

续表

input_shape=(32,32,3)	代表 32×32 像素的彩色图像，当使用该层作为第一层时，应提供 input_shape 参数
activation='relu'	采用 relu 激励函数，CNN 采用的激励函数一般为 ReLU(The Rectified Linear Unit/修正线性单元)，它的特点是收敛快，求梯度简单，但较脆弱

由于有 48 个卷积核，因此，每张图片和一个卷积核进行计算，会得到一个 32×32 的图片，48 个卷积核计算完，会得到 48 个 32×32 的图片，因此，进行第一层卷积运算后，每张彩色图片变成了 48 个 32×32 的图片，这个时候，可以把该结果看成是一个有 48 层的 32×32 大小的照片，进行下一次卷积计算，如图 7-20 所示。

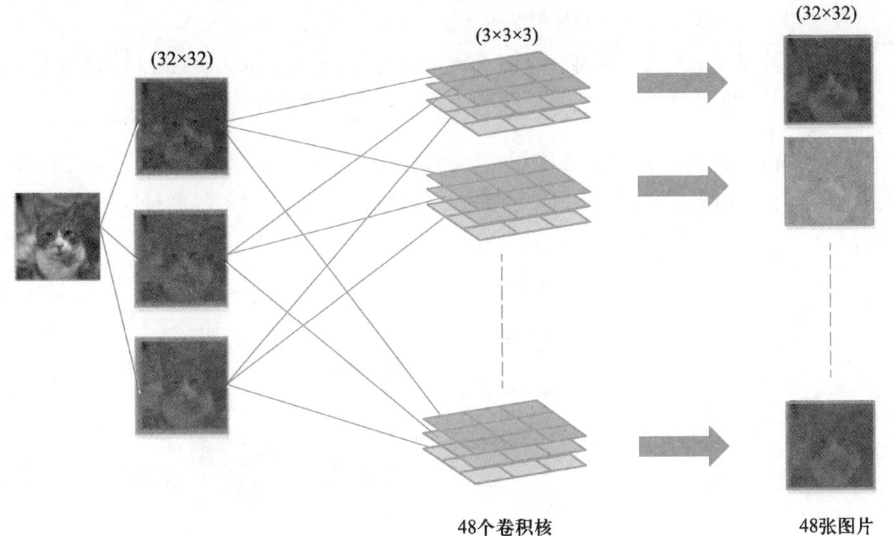

图 7-20
第一次卷积的过程示意图

➢ model.add(Dropout(0.25))

构建 dropout 层，每次计算随机丢弃 25%的神经元。

➢ model.add(MaxPooling2D(pool_size=(2,2)))

构建池化层 1，将 2×2 的数变成一个数。池化层实际上是对图像进行降尺寸，即把原来的图像变小。pool_size 决定了所见尺寸，pool_size=(2,2)即把图像的长缩减一倍，图像的宽缩减一倍。之前的图像是 32×32 的图像，缩减后变成了 16×16 的图像了，如图 7-21 所示。

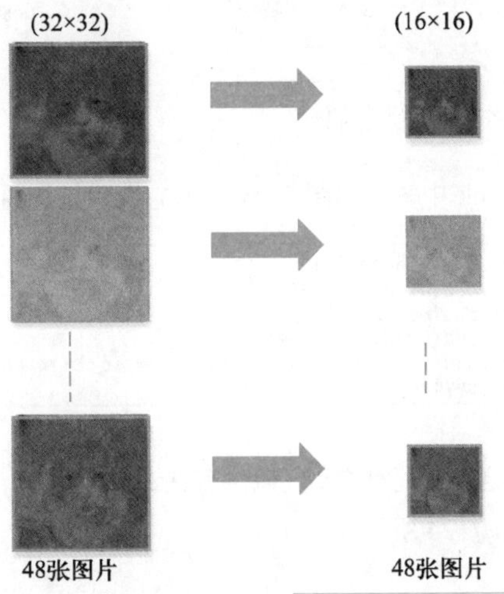

图 7-21
池化以后的图片

```
➢ model.add(Conv2D(filters=64,kernel_size=(3,3),activation='relu',padding='same'))
➢ model.add(Dropout(0.25))
➢ model.add(MaxPooling2D(pool_size=(2,2)))
```

创建第二层卷积层，卷积核个数为 64 个，卷积核尺寸为 3×3 像素，采用 relu 激励函数，输出图像尺寸和原尺寸保持相同，见表 7-5。

表 7-5　卷积层 2 构建代码解析

filters=64	表示建立 64 个卷积核，即 64 个滤波器
kernel_size=(3,3)	卷积核大小为 3×3 像素
padding='same'	代表保留边界处的卷积结果，输出 shape 与输入 shape 相同
activation='relu'	采用 relu 激励函数，CNN 采用的激励函数一般为 ReLU(The Rectified Linear Unit/修正线性单元)，它的特点是收敛快，求梯度简单，但较脆弱

构建 Dropout 层，每次计算随机丢弃 25%的神经元。构建池化层 1，将 2×2 的数变成一个数。之前的图像是 16×16 的图像，缩减后变成了 8×8 的图像了，如图 7-22 所示。

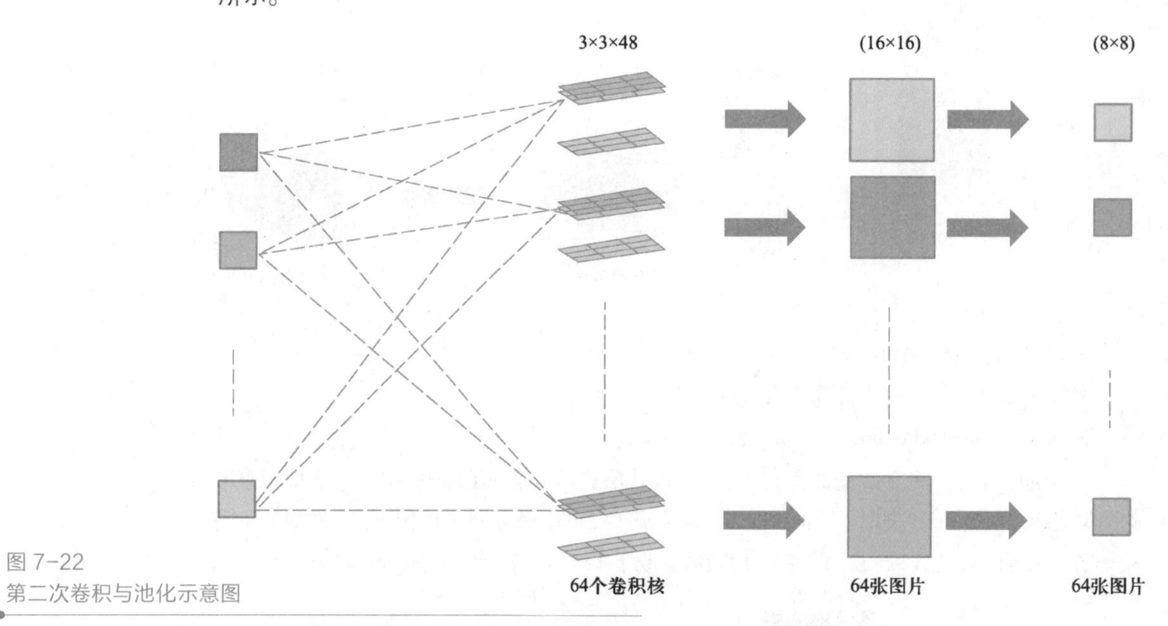

图 7-22
第二次卷积与池化示意图

4. 建立学习模型的神经网络部分

① 在 Jupyter Notebook 中输入如图 7-23 所示的代码，并确认代码无错误。

```
model.add(Flatten())
model.add(Dropout(0.25))
model.add(Dense(units=1000, activation='relu'))
model.add(Dropout(0.25))
model.add(Dense(units=4,activation='softmax'))
model.summary()
```

图 7-23
建立模型的神经网络代码

② 按 Ctrl+Enter 组合键执行代码，代码没有错误提示后按 Alt+Enter 组合键新建下一个单元格，结果显示如图 7-24 所示。

Layer (type)	Output Shape	Param #
conv2d_1 (Conv2D)	(None, 32, 32, 48)	1344
dropout_1 (Dropout)	(None, 32, 32, 48)	0
max_pooling2d_1 (MaxPooling2	(None, 16, 16, 48)	0
conv2d_2 (Conv2D)	(None, 16, 16, 64)	27712
dropout_2 (Dropout)	(None, 16, 16, 64)	0
max_pooling2d_2 (MaxPooling2	(None, 8, 8, 64)	0
flatten_1 (Flatten)	(None, 4096)	0
dropout_3 (Dropout)	(None, 4096)	0
dense_1 (Dense)	(None, 1000)	4097000
dropout_4 (Dropout)	(None, 1000)	0
dense_2 (Dense)	(None, 4)	4004

```
Total params: 4,130,060
Trainable params: 4,130,060
Non-trainable params: 0
```

图 7-24
模型的打印结果

③ 代码解析。

➢ model.add(Flatten())

构建平坦层，将池化层后的数据转化为一维数组。平坦层会将上一层的多维数据转换为一维数据。上层池化层池化后数据维度为 64×8×8，即每副照片经过卷积层 2 和池化层 2 以后，64 个过滤器得到 64 副照片，每幅照片规格大小为 8×8。经过平坦层后一副图像转换为 1×4096 长度的一维数组，如图 7-25 所示。

(8×8)

[34 87……40 149]
(1×4096)

64张图片

图 7-25
经过平坦层后数据的变化

➢ model.add(Dropout(0.25))

构建 Dropout 层，每次计算随机丢弃 25%的神经元。

➢ model.add(Dense(1000,activation='relu'))

构建隐藏层，全连接结构，神经元个数为 1024 个，初始化权重为默认值(kernel_initializer='glorot_uniform')，激活函数为 relu，如图 7-26 所示。

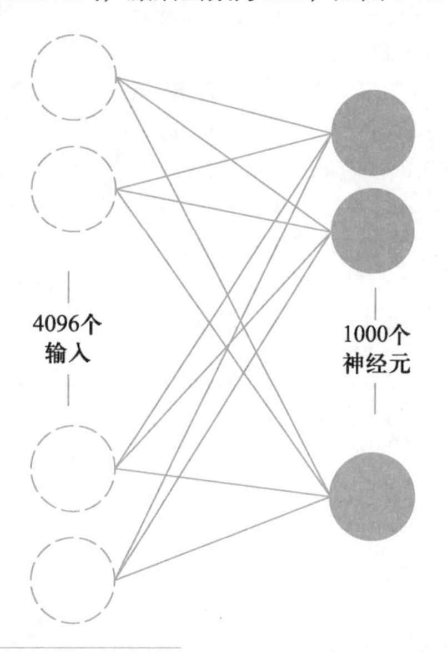

图 7-26
隐藏层示意图

➢ model.add(Dropout(0.25))

构建 Dropout 层，每次计算随机丢弃 25%的神经元。

➢ model.add(Dense(4,activation='softmax'))

构建输出层，全连接结构，神经元个数为 4 个，初始化权重为默认值(kernel_initializer='glorot_uniform')，激活函数为 softmax，如图 7-27 所示。

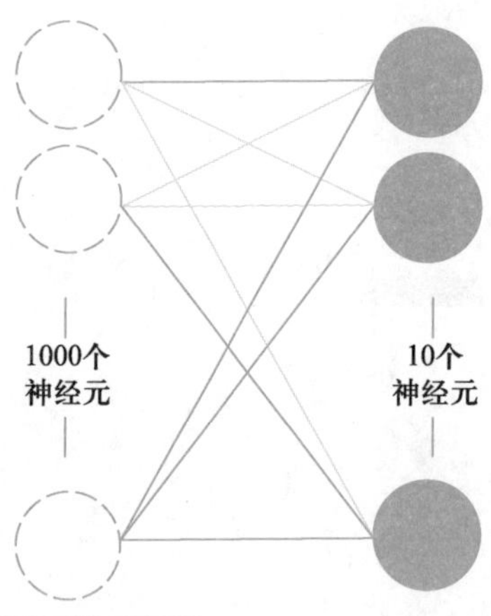

图 7-27
输出层示意图

➢ print(model.summary())

打印出模型概况，如图 7-24 所示。它实际调用的是 keras.utils.print_summary。

conv2d_1 为卷积层，有 3648 个参数，因为该卷积层有 48 个卷积核，每个卷积核大小为 3×3×3，即总参数为 48×(27+1)=1344 个。同理，conv2d_2 为卷积层，有 27712 个参数，因为该卷积层有 64 个卷积核，每个卷积核大小为 3×3×48，即总参数为 64×(432+1)=27712 个。

dense_1 为隐藏层，有 4097000 个参数，因为输入层有 4096 个单元，隐藏层有 1000 个单元，按照全连接模式，一共需要(4096+1) ×1000=4097000 个权重参数进行训练。dense_2 为输出层，按照全连接模式，一共有参数(1000+1)×4=4004 个参数。

整个模型参数一共有 4130060 个参数需要通过数据集进行训练获得。此外，在卷积层之间还有 dropout 层（dropout_1 和 dropout_2）和池化层（max_pooling2d_1 和 max_pooling2d_1）、平坦层、隐含层和输出层之间还有 dropout 层(dropout_3 和 dropout_4)，由于 dropout 层只随机丢弃神经元，不需要权重参数，因此，权重参数个数均为 0，池化层只需要缩减尺寸，也不需要参数。

5. 读取已有模型的参数

① 在 Jupyter Notebook 中输入如图 7-28 所示的代码，并确认代码无错误。

```
try:
    #Load the existing model and import the parameters
    model.load_weights('./trashClassifyModel.h5')
    print("Load the existing model parameters successfully, continue training")
except:
    print("No model parameter file, start to train")
```

图 7-28
读取已有模型参数的代码

② 按 Alt+Enter 组合键执行代码。如果该路径下存在已经训练过的模型参数，显示如图 7-29 所示。

```
No model parameter file, start to train
```

图 7-29
无模型加载时的显示 2

如果该路径下还没有已经训练过的模型参数，则显示如图 7-30 所示。

```
Load the existing model parameters successfully, continue training
```

图 7-30
有模型加载时的显示 2

③ 代码解析。

➢ model.load_weights("./trashClassifyModel.h5")

Keras 源码 engine 中 toplogy.py 定义了加载权重的函数 load_weights(self, filepath, by_name=False)，其中默认 by_name 为 False，这时候加载权重按照网络拓扑结构加载，适合直接使用 Keras 中自带的网络模型。本网络模型中有 3 层结构，一共有 4130060 个参数，调用此函数实际上就是把这 4130060 个权重参数赋予了初始值，该初始值就是之前训练过的模型权重参数值。

微课 41
模型的训练与调参

6. 对模型进行训练

① 在 Jupyter Notebook 中输入如图 7-31 所示的代码，并确认代码无错误。

```
model.compile(loss='categorical_crossentropy',
              optimizer='adam',
              metrics=['acc'])  #set the parameters of training model
train_history=model.fit(x=train_image_norm,
                        y=train_labels_ohe,
                        validation_split=0.1,
                        epochs=10,
                        batch_size=64,
                        verbose=1)   # set the parameters of training
```

图 7-31
对模型进行训练的代码

② 按 Ctrl+Enter 组合键，显示代码的运行结果，如图 7-32 所示。

```
Train on 1893 samples, validate on 211 samples
Epoch 1/10
1893/1893 [==============================] - 18s 9ms/step - loss: 0.5826 - acc: 0.7713 - val_loss: 0.6999 - val_a
cc: 0.7346
Epoch 2/10
1893/1893 [==============================] - 14s 8ms/step - loss: 0.4577 - acc: 0.8357 - val_loss: 0.6975 - val_a
cc: 0.7441
Epoch 3/10
1893/1893 [==============================] - 15s 8ms/step - loss: 0.4271 - acc: 0.8368 - val_loss: 0.6845 - val_a
cc: 0.7251
Epoch 4/10
1893/1893 [==============================] - 14s 8ms/step - loss: 0.4035 - acc: 0.8484 - val_loss: 0.6909 - val_a
cc: 0.7488
Epoch 5/10
1893/1893 [==============================] - 15s 8ms/step - loss: 0.3416 - acc: 0.8700 - val_loss: 0.6932 - val_a
cc: 0.7583
Epoch 6/10
1893/1893 [==============================] - 14s 8ms/step - loss: 0.3441 - acc: 0.8632 - val_loss: 0.7456 - val_a
cc: 0.7062
Epoch 7/10
1893/1893 [==============================] - 16s 8ms/step - loss: 0.3205 - acc: 0.8737 - val_loss: 0.7094 - val_a
cc: 0.7204
Epoch 8/10
1893/1893 [==============================] - 16s 8ms/step - loss: 0.2534 - acc: 0.9091 - val_loss: 0.7447 - val_a
cc: 0.7393
Epoch 9/10
```

图 7-32
模型训练过程中的准确率和误差动态数据

③ 按 Alt+Enter 组合键新建下一个单元格。

④ 代码解析。

> model.compile（loss='categorical_crossentropy',optimizer='adam',metrics=['acc']）

调用 model.compile()函数对训练模型进行设置，参数设置如下：

loss='categorical_crossentropy'：loss（损失函数）设置为交叉熵模式，在深度学习中，使用交叉熵模式训练效果会较好。

optimizer='adam'：optimizer（优化器）设置为 adam，在深度学习中，可以让训练更快收敛，并提高准确率。

metrics=['accuracy']：评估模式设置为准确度评估模式。

> train_history=model.fit(x=x_train_norm,y=y_train_ohe,validation_split=0.1,epochs=10,batch_size=64,verbose=1)

调用 model.fit 配置训练参数，开始训练，并保存训练结果。

x=train_image_norm：垃圾分类数据集中已经经过预处理的训练集图像。

y=train_labels_ohe: 垃圾分类数据集中已经经过预处理的训练集 label。

validation_split=0.1：训练之前将输入的训练数据集中 90%作为训练数据，10%作为测试数据。

epochs=10：设置训练周期为 10 次。

batch_size=64：设置每一次训练周期中，每次输入多少个训练数据。

verbose=1：设置成显示训练过程。

7. 保存训练完的模型

① 在 jupyter notebook 中输入如图 7-33 所示的代码，并确认代码无错误。

```
model.save_weights("./trashClassifyModel.h5")
print("save the trained model parameters")
```

图 7-33
保存模型参数代码

② 按 Ctrl+Enter 组合键执行代码，代码没有错误提示后按 Alt+Enter 组合键新建下一个单元格，结果显示如图 7-34 所示。

```
save the trained model parameters
```

图 7-34
保存模型结果显示

③ 代码解析。

➢ model.save_weights("./trashClassifyModel.h5")

保存模型的权重，可通过该函数利用 HDF5 进行保存。注意，在使用前需要确保已安装了 HDF5 和其 Python 库 h5py。

model.save_weights(filepath)：将模型权重保存到指定路径，文件类型是 HDF5（后缀是.h5）。

8. 显示模型准确率与误差

① 在 Jupyter Notebook 中输入图 7-35 所示的代码，并确认代码无错误。

```
import matplotlib.pyplot as plt #import matplotlib.pyplot named as plt
def show_train(train_history,train, validation):# define drawing functions
    plt.plot(train_history.history[train]) #draw first parameter train
    plt.plot(train_history.history[validation]) #draw second parameter validation
    plt.title("train history") #write the title
    plt.xlabel("train epoch") # write the x axis text
    plt.ylabel(train) # write the y axis text
    plt.legend(["train data","validation data"],loc="upper left")
    plt.show()  # show in plt
show_train(train_history,'acc','val_acc')  #draw 'acc' and 'val_acc'
show_train(train_history,'loss','val_loss') #draw 'loss' and 'val_loss'
```

图 7-35
显示模型准确率与误差代码

② 按 Ctrl+Enter 组合键，显示代码的运行结果如图 7-36 所示，并按 Alt+Enter 组合键新建下一个单元格。

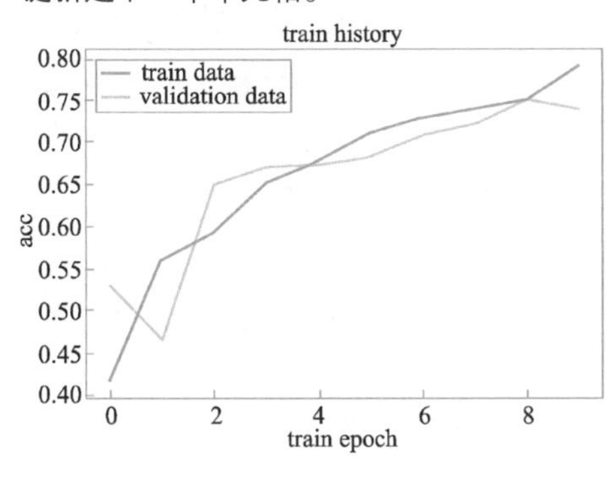

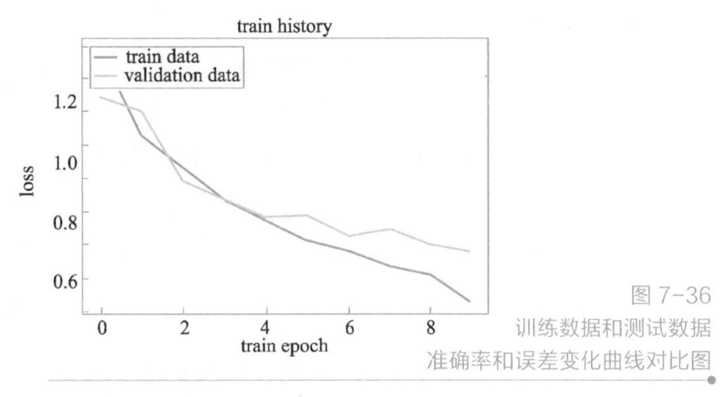

图 7-36
训练数据和测试数据准确率和误差变化曲线对比图

③ 显示模型准确率和误差代码的详细解析可参考项目 5。

9. 利用测试数据进行预测评估与识别

① 在 Jupyter Notebook 中输入如图 7-37 所示的代码，并确认代码无错误。

```
#Using test data to evaluate the model
results=model.evaluate(test_image_norm,test_labels_ohe)
#printing evaluation accuracy of test data
print("test loss:", results[0],"test acc:", results[1])
#Using the trained model to classify the test image
prediction_probablity=model.predict(test_image_norm)
print(prediction_probablity[0]) #Print top ten classification results
print(test_labels[0])
```

图 7-37
利用测试数据进行预测评估与识别代码

② 按 Ctrl+Enter 组合键，显示代码的运行结果如图 7-38 所示，按 Alt+Enter 组合键新建下一个单元格。

```
234/234 [==============================] - 0s 2ms/step
test loss: 0.8196233308468109 test acc: 0.7350427350427351
[0.05000323 0.00765554 0.92874306 0.01359821]
2
```

图 7-38
测试数据进行预测的结果显示

③ 代码解析。

➢ results=model.evaluate(test_image_norm,test_labels_ohe)

➢ print("test loss:", results[0],"test acc:", results[1])

微课 42
使用模型进行预测

test_image_norm：输入数据为预处理后的测试数据集。

test_labels_ohe：标签为预处理后的测试标签集。

从图 7-38 中可以看到，测试图像集的准确率约为 73.5%，误差约为 0.820。

```
➢ prediction_probablity=model.predict(test_image_norm)
➢ print(prediction_probablity[0])
➢ print(test_labels[0])
```

对测试数据集进行预测，测试数据集是经过归一化处理的数据。测试结果返回到 prediciton 变量中。

显示测试图像集中第 1 张图片在 4 个类别上的预测概率见表 7-6。

表 7-6　测试图像集中第 1 张图片在每个类别上的预测概率

图像类别名	标 签 值	预 测 概 率
Dry garbage	0	0.05000323
Hazardous garbage	1	0.00765554
Recyclable garbage	2	0.92874306
Wet garbage	3	0.01359821

可以看到，第 2 类 Recyclable garbage（可回收垃圾）上的预测概率最高 0.92874306，因此可以认为该图像属于可回收垃圾。

同时，打印测试标签集中第 1 张图片的标签值为 2，与预测的结果一致。

项目总结

本项目主要介绍了利用 CNN 卷积神经网络对彩色图像进行多分类的处理，训练过程中每次训练都会保存训练后的模型数据，下次使用时会检查是否有已经训练过的模型，如果有，则读取模型数据继续进行训练，如果没有，则重新训练一个新模型。

本项目重点

- 卷积层模型的构建。
- 神经网络部分模型的构建。
- 掌握分类预测概率的方法。

本项目难点

- 模型中卷积层的构建方法。
- 模型中平坦层的含义。

课后练习

一、单选题

1. 一幅彩色数字图像，分辨率为 1024×768，问在计算机中存储需要（　　）空间。

   A. 0.28 MB　　B. 1.28 MB　　C. 2.28 MB　　D. 3.28 MB

2. 一段彩色数字视频，时长为 1 分钟，视频分辨率为 1024×768，帧率为 25 帧/秒，问在计算机中存储需要（　　）空间。

A. 2.48 GB　　B. 128 MB　　C. 0.42 GB　　D. 3.28 MB

笔 记

3. 对数字图像做卷积操作，其实就是利用卷积核在图像上滑动，将图像点上的像素灰度值与对应的卷积核上的数值相乘，然后将所有相乘后的值（　　）作为卷积核中间像素对应的图像上像素的灰度值。

A. 相加　　B. 相减　　C. 相乘　　D. 相除

4. 有如下建立卷积层的代码：

```
model.add(Conv2D(filters=24,kernel_size=(5,5),input_shape=(32,32,3),activation='relu',
padding='same')),
```

此时，该层输出的特征图大小为（　　）。

A. (32,32,3)　　B. (32,32,24)　　C. (5,5,3)　　D. (3,3,3)

5. 有如下建立卷积层的代码：

```
model.add(Conv2D(filters=24,kernel_size=(5,5),input_shape=(32,32,3),activation='relu',
padding='same')),
```

此时，该层卷积核的大小为：

A. (3,3,3)　　B. (5,5,3)　　C. (5,5)　　D. (3,3)

6. 有如下建立卷积层的代码：

```
model.add(Conv2D(filters=24,kernel_size=(5,5),input_shape=(32,32,3),activation='relu',
padding='valid')),
```

此时，该层输出的特征图大小为（　　）。

A. (28,28,24)　　B. (32,32,24)　　C. (5,5,3)　　D. (28,28,3)

7. 有如下建立卷积层的代码：

```
model.add(Conv2D(filters=48,kernel_size=(5,5),input_shape=(64,64,3),activation='relu',
padding='valid')),
```

此时，该层输出的特征图大小为（　　）。

A. (28,28,24)　　B. (64,64,48)　　C. (60,60,48)　　D. (28,28,3)

8. 有如下建立池化层的代码：

```
model.add(Conv2D(filters=24,kernel_size=(5,5),input_shape=(32,32,3),activation='relu',
padding='same'))
model.add(MaxPooling2D(pool_size=(2,2))),
```

此时，该池化层输出的数据大小为（　　）。

A. (32,32,24)　　B. (16,16,3)　　C. (12,12,48)　　D. (16,16,24)

9. 有如下建立池化层的代码：

```
model.add(Conv2D(filters=24,kernel_size=(5,5),input_shape=(32,32,3),activation='relu',
padding='same'))
model.add(MaxPooling2D(pool_size=(4,2))),
```

此时，该池化层输出的数据大小为（　　）。

A. (32,32,24)　　B. (8,16,24)　　C. (12,12,48)　　D. (16,8,24)

10. 如果想在卷积的时候保持原有图像的尺寸不变，这个时候应该给 padding 参数配置成（　　）。

A. padding='same'　　B. padding='equal'

笔 记

C. padding='valid'　　D. padding='size'

11. Conv2D()函数为（　）。

A. 2D 卷积层　B. 词嵌入层　C. 三维卷积层　D. 池化层

12. MaxPooling2D()函数为（　）。

A. 2D 卷积层　B. 词嵌入层　C. 三维卷积层　D. 2D 池化层

13. 当卷积层 Conv2D()为模型第一层时，需要提供（　）参数。

A. activate　B. strides　C. padding　D. input_shape

14. Conv2D()函数中 fliter 参数必须为（　）。

A. 小数　B. 正整数　C. 浮点数　D. 有理数

15. 经过一个卷积神经网络模型的卷积部分以后，数据的输出为（4，4，64），则经过平坦层 Flatten()后，平坦层的输出为（　）。

A.（1024，）　B.（512，）　C.（1096，）　D.（2048，）

二、简答题

1. 简述彩色图像的卷积过程。

2. 在本项目的训练模型中，改变模型的卷积层层数、卷积核个数、隐藏层层数、对应的 dropout 层配置、模型的损失函数、优化器等，记录测试数据进行预测的准确率。

3. 假如有一个卷积核如图 7-39 所示，对应的有一个图像矩阵的值如图 7-40 所示，利用卷积核对该图像进行卷积，图像卷积后的结果如图 7-41 所示。

-1	0	-1
2	0	2
1	0	1

图 7-39
简答题 1

1	2	4	2
1	3	1	4
2	1	3	5
2	1	2	1

图 7-40
简答题 2

1	8	1	7
7	4	12	3
4	8	17	5
3	13	10	7

图 7-41
简答题 3

4. 假如有个彩色图像，对应的 RGB 三个图层的数值，如图 7-42 所示，给定一个卷积核为（3×3×3）大小，如图 7-43 所示。

1	2	4	2
1	3	1	4
2	1	3	5
2	1	2	1

(a) R 图层

1	2	4	2
1	3	1	4
2	1	3	5
2	1	2	1

(b) G 图层

1	2	4	2
1	3	1	4
2	1	3	5
2	1	2	1

(c) B 图层

图 7-42
简答题 4

(a)

1	0	1
0	0	0
−1	0	−1

(b)

1	0	−1
0	0	0
1	0	−1

(c)

0	0	−1
0	0	0
−1	0	0

图 7-43
简答题 5

则，使用该卷积核对图像进行卷积后，结果如图 7-44 所示。

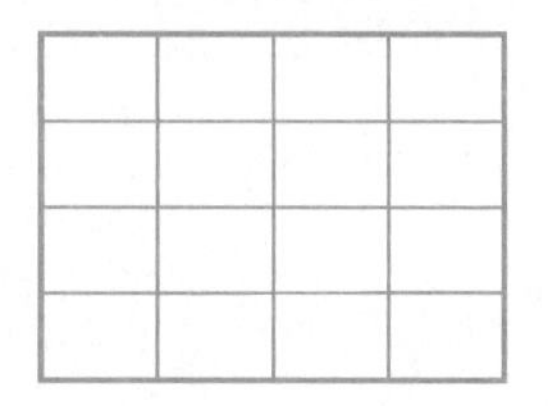

图 7-44
简答题 6

5. 有一个卷积神经网络模型结构如图 7-45 所示。

```
Layer (type)                 Output Shape              Param #
=================================================================
conv2d_1 (Conv2D)            (None, 32, 32, 48)        1344
_________________________________________________________________
dropout_1 (Dropout)          (None, 32, 32, 48)        0
_________________________________________________________________
max_pooling2d_1 (MaxPooling2 (None, 16, 16, 48)        0
_________________________________________________________________
conv2d_2 (Conv2D)            (None, 16, 16, 64)        27712
_________________________________________________________________
dropout_2 (Dropout)          (None, 16, 16, 64)        0
_________________________________________________________________
max_pooling2d_2 (MaxPooling2 (None, 8, 8, 64)          0
_________________________________________________________________
flatten_1 (Flatten)          (None, 4096)              0
_________________________________________________________________
dropout_3 (Dropout)          (None, 4096)              0
_________________________________________________________________
dense_1 (Dense)              (None, 1000)              4097000
_________________________________________________________________
dropout_4 (Dropout)          (None, 1000)              0
_________________________________________________________________
dense_2 (Dense)              (None, 4)                 4004
=================================================================
Total params: 4,130,060
Trainable params: 4,130,060
Non-trainable params: 0
_________________________________________________________________
```

图 7-45
卷积神经网络模型结构

请用代码构建该模型。

项目 8

构建长短时记忆网络模型进行游戏评论内容的分类

学习目标

知识目标

- 了解自然语言处理。
- 掌握中文分词的意义和方法。
- 了解循环神经网络的原理。
- 掌握中文文本的分类方法。

技能目标

- 掌握构建循环神经网络的方法。
- 掌握利用 jieba 工具进行中文分词的方法。
- 掌握中文词字典的创建方法。
- 掌握词向量化的方法。
- 掌握循环神经网络的训练和预测方法。

项目描述

项目背景及需求

企鹅风讯是腾讯 WeTest 旗下的舆情监控业务品牌。索引行业公正观点，提取情感口碑分析，网罗游戏行业重要资讯，客观地形态反映游戏行业热门事件，展现产品口碑舆情，如图 8-1 所示。

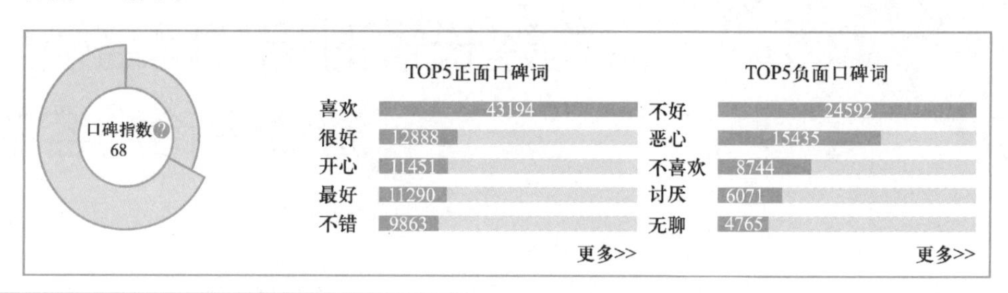

图 8-1
企鹅风讯媒体口碑榜-游戏

如何从手机应用商店、社交论坛、行业媒体和新闻等渠道获取的用户评论中，分析用户的舆论导向呢？尝试从某款游戏在各大论坛中的专属版块提取出的用户评论，利用自然语言处理的技术，进行舆论情感的分析。

针对 3 种评论类别，建立一个长短时记忆学习模型，模型由一个长短时记忆神经网络层、一个隐藏层和一个输出层组成，如图 8-2 所示，首先对已有分类标签的游戏评论内容进行数据预处理，数据预处理包括中文分词、中文字典创建、词向量生成，然后将处理好的数据送入长短时记忆学习模型进行参数训练，训练好的模型可对测试数据进行分类预测。

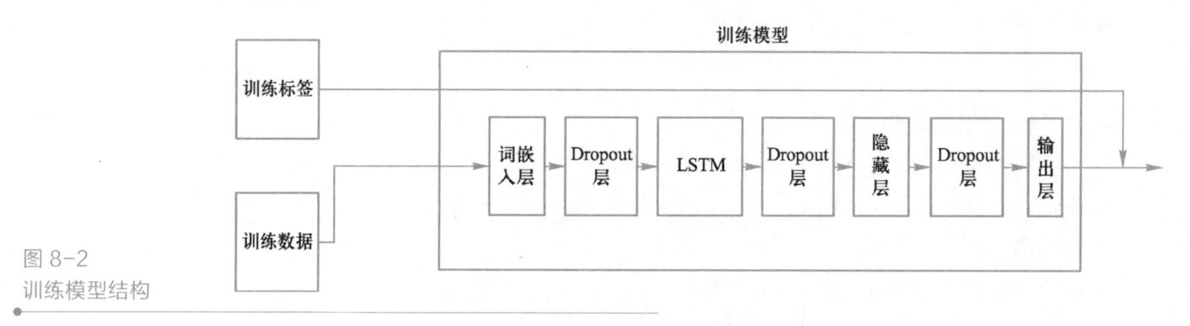

图 8-2
训练模型结构

项目分解

按照任务要求，腾讯游戏玩家评论内容分类的任务流程如图 8-3 所示。

按照任务流程，可以将该任务分解成如下几个子任务，依次完成：

第 1 步：对玩家在腾讯游戏中进行评价的内容分词处理，从本地读取训练和测试内容，调用 jieba 模块，实现分词处理，并将游戏评论内容和标签分离出来。

第 2 步：创建中文词字典，从分词的游戏评论内容中，获得中文词字典。

第 3 步：数据预处理，对输入游戏评论内容进行词向量化处理，输出标签进行 one-hot-encoding 处理。

第 4 步：创建学习“大脑”，完成基于 RNN 的训练模型创建，填充模型内容。

对中文新闻内容进行分词处理

```
text=fenci.fencil(tmp)  #对新闻内容进行分词
train_content.append(text)
......
```

创建中文词字典

```
token= Tokenizer(num_words=3000)  #设置字典中词的数量
token.fit_on_texts(train_content)
......
```

数据预处理

```
trainSqe=token.texts_to_sequences(train_content)
testSqe=token.texts_to_sequences(test_content)
......
```

创建学习大脑

```
model =Sequential() #搭建线性框架
model.add(Embedding(output_dim=32,input_dim=3000,input_length=128))
model.add(Dropout(0.25))
......
```

将知识送给大脑学习

```
model.compile(loss='categorical_crossentropy',optimizer='adam',metrics=['categorical_accuracy'])
......
```

将知识送给大脑学习

```
results=model.evaluate(x_test_norm,y_test_ohe)
print('acc=',results[1])
......
```

笔记

图 8-3
腾讯游戏玩家评论内容分类的任务流程图

第 5 步：将知识送给“大脑”学习，设置模型的训练参数，启动模型进行训练，并动态查看模型的训练状态。

第 6 步：使用训练好的“大脑”模型，对腾讯游戏评论的测试数据进行分类。

工作任务

- 掌握中文分词的方法。
- 掌握循环神经网络的构建方法。
- 掌握模型训练和预测方法。

任务 8　构建长短时记忆网络模型进行游戏评论内容的分类

构建长短时记忆网络模型进行游戏评论内容的分类

PPT

任务描述

本任务通过构建循环神经网络模型，对中文文本进行分词、构建词字典、实现词向量化，然后进行训练与分类，通过配置模型训练中的计算参数、模型的训练参数进行训练，并保存训练好的参数对测试集进行预测。

问题引导

1. 如何将中文内容变成数值来进行训练?
2. 中文识别采用什么样的模型比较合适?

知识准备

1. 自然语言处理

（1）自然语言处理（NLP）

微课 43
自然语言处理简介

NLP 是数据科学里的一个分支，是以一种智能与高效的方式，对文本数据进行系统化分析、理解与信息提取的过程。通过使用 NLP 及其组件，可以管理非常大的文本数据，或者执行大量的自动化任务，并且解决各式各样的问题，如自动摘要、机器翻译、命名实体识别、关系提取、情感分析、语音识别以及主题分割等。

（2）文本预处理

笔 记

因为文本数据在可用的数据中是非常无结构的，其内部会包含很多不同类型的噪点。所以在对文本进行预处理之前，它暂时是不适合被用于做直接分析的。文本预处理过程主要是对文本数据进行清洗与标准化，该过程会让数据没有噪声，并可以对它直接进行分析。

数据预处理的过程主要包括以下 3 个部分：

① 噪声移除：任何与数据上下文无关的文本片段以及 end-output 均可被认为是噪音。例如，语言停顿词（一般是在语言里常用的单词，如 is、am、the、of、in 等）、URL 或链接、社交媒体里的实体（如@符号、#标签等）、标点符号以及工业特有词汇等。该步骤就是为了移除文本里所有类型的噪音实体。

在噪音移除中，其中一种常见的方法是：准备一个噪音实体的字典，然后对 text object 进行迭代（以 token 或单词），去除掉那些存在于噪音字典里的 tokens（单词或实体）。

② 词汇规范化：另外一种文本型的噪音与一个词语的多种表达形式有关。例如，“player”“played”“plays”和“playing”都是单词“play”的变种。尽管它们有不同的意思，但根据上下文来看，它们是意思是相似的。该步骤是将一个单词的所有不同形式转换为它的规范形式（也被称为词条（lemma））。规范化在特征工程里，是对文本处理的一个关键步骤。因为它将高维的特征（N 个不同的特征）转换到了低维空间（1 个特征），这对于机器学习模型来说是非常重要的。常见的词汇规范化的实践如下：

- 词干提取（Stemming）：词干提取是一个初级的、基于规则的脱去后缀（如“ing”“ly”“es”“s”等）的过程。
- 词元化（Lemmatization）：另一方面，词元化是一个组织好的、一步一步地获取词根的过程。并使用了词汇表（单词在字典里的重要性）和形态学分析（单词结构与语法关系）。

③ 对象标准化：文本数据经常包含一些不存在于标准词汇字典里的单词或短语。这些部分是无法被搜索引擎和模型所识别的，如首字母缩略词、井字标签与它后面的词汇以及口语俚语等。对此可以使用正则表达式和人工准备的数据字典来修正这些噪音。

为了分析一个已经做了预处理的数据，需要将它转化为特征，该过程是将文本转化

为特征（在文本数据上使用特征工程）。根据用途不同，文本特征可以根据各种技术建立而成，如句法分析（Syntactical Parsing）、实体（Entities）/N 元语法（N-grams）/基于单词（Word-Based）特征、统计学（Statistical）特征以及词向量（Word Embeddings）。

笔 记

词向量（Word Embedding），是一种非常现代的用向量表示单词的方式。其目的是为了将高维的词特征重新定义为低维的特征向量，主要通过保留语料库里的上下文相关性完成。它已经被广泛应用于如卷积神经网络、循环神经网络等深度学习模型中。

Word2Vec 和 GloVe 是两个非常流行的为文本创建词向量的模型。这些模型使用文本语料库作为输入，并生成词向量作为输出。

Word2Vec 模型由预处理模块、被称为连续词袋（Continuous Bag of Words）的一个浅神经网络模块以及另一个名为 skip-gram 的浅神经网络模型组成。这些模型已经被广泛地用于其他各种 NLP 问题。它首先从训练语料库建立一个词汇表，然后学习词向量的表现方式。

（3）NLP 的重要任务

① 文本分类，是经典的 NLP 问题之一。其案例包括垃圾邮件识别、新闻主题分类、情感分析以及搜索引擎的页面组织。

文本分类，简单来说，它就是一种将文本对象（文档或句子）分类到一个固定的类别的技术。当数据量非常大时，它在数据的组织、信息过滤以及数据存储等方面起到非常大的作用。

一个典型的自然语言分类器包含训练和预测两部分，如图 8-4 所示。

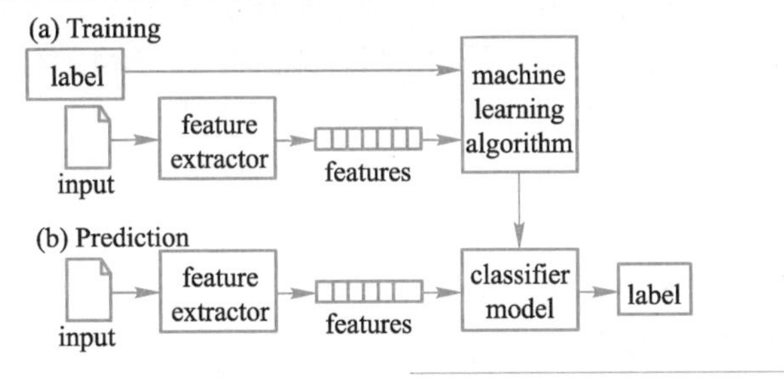

图 8-4
典型的自然语言分类器

首先，在输入文本后，其特征会被创建，然后机器学习算法从这些特征学习一组参数，随后使用学习到的机器学习模型对新文本做预测。

文本分类很大程度上依赖于特征的质量与数量。当然，在使用任何机器学习训练模型时，一般来说，引入越多的训练数据总会是一个比较好的事。

② 文本匹配/相似度（Text Matching/Similarity），在 NLP 中，一个很重要的领域是通过匹配文本对象找到相似体。它的主要应用有自动拼写修正、重复数据删除以及基因组分析等。

根据需求，有若干种文本匹配技术可供选择。其中比较重要的技术如下：

- 莱文斯坦距离（Levenshtein Distance）：两个字符串之间的莱文斯坦距离可以被定义为，将一个字符串转换为另一个字符串时，所需的最小编辑次数。可允许的编辑操作有插入、删除或者替换一个单字符。
- 语音匹配（Phonetic Matching）：语音匹配的算法以一个关键词作为输入（如人名、地名等），然后产生出一个字符串，该字符串与一组语音上（大致）相似的单词有关。此技术在搜索超大文本语料库、修正拼写错误以及匹配相关名字时非常有帮

笔 记

助。Soundex 和 Metaphone 是其中两个组主要的语音算法。Python 里的 Fuzzy 模块可以用来为不同的单词计算 soundex 字符串。

- 灵活的字符串匹配（Flexible String Matching）：一个完整的文本匹配系统里包括多种不同的算法，它们通过管道的方式组合起来，计算文本变化的种类（compute variety of text variations）。正则表达式对于这类任务也非常有用。其他常见的技术包括精准字符串匹配、lemmatized matching 以及紧凑匹配（处理空格、标点、俚语）等。
- 余弦相似度：当文本以向量表示时，一个余弦相似度也可以用于衡量向量相似度。

③ 指代消解（Coreference Resolution），是一个在句子里寻找单词（或短语）之间关系连接的过程。例如，句子"Donald went to John's office to see the new table. He looked at it for an hour."人们可以很快地指出"he"指代的是 Donald（而不是 John），并且"it"指代的是 table（而不是 John's office）。指代消解是 NLP 的一个组成部分，它会自动地完成该工作。此技术常被用于文件摘要、问答系统以及信息提取。

④ 其他 NLP 应用。

文本摘要：给出一个文本文章或段落，自动对它进行总结，并根据重要性、相关性的程度，按次序输出句子（依次输出最重要并最相关的句子）。

机器翻译：通过处理语法、语义学以及真实世界的信息，自动将一个文本的语言翻译为另外一个语言的文本。

自然语言的生成与理解：将计算机数据库里的信息或语义意图转化为人类可读的语言的过程称为自然语言生成。为了更方便计算机程序处理，而将文本块转换为更逻辑化的结构的操作称为自然语言理解。

视觉字符识别：给出一打印后的文本图，识别与之对应的文本。

文档信息化：对文档（网站、文件、pdf 和图片）中文本数据的进行语法分析，将它们处理为干净、可分析的格式。

（4）NLP 相关的重要库

scikit-learn：Python 里的机器学习库。

Natural Language Toolkit（NLTK）：包含所有 NLP 技术的完整工具。

Pattern：一个 web mining 模块，用于 NLP 和机器学习。

TextBlob：操作简单的 NLP 工具 API，构建于 NLTK 和 Pattern。

spaCy：Python 和 Cython 的 NLP 自然语言文本处理库。

Gensim：主题建模。

Stanford Core NLP：Stanford NLP group 提供的 NLP 服务包。

微课 44
中文分词简介

2．中文分词

中文分词（Chinese Word Segmentation）指的是将一个汉字序列切分成一个一个单独的词。分词就是将连续的字序列按照一定的规范重新组合成词序列的过程。

现有的分词方法可分为基于字符串匹配的分词方法、基于理解的分词方法和基于统计的分词方法三大类。

（1）基于字符串匹配的分词方法

基于字符串匹配的分词方法又称机械分词方法，它是按照一定的策略将待分析的汉字串与一个“充分大的”机器词典中的词条进行匹配，若在词典中找到某个字符串，则匹配成功（识别出一个词）。

按照扫描方向的不同，字符串匹配分词方法可以分为正向匹配和逆向匹配；按照不同长度优先匹配的情况，可以分为最大（最长）匹配和最小（最短）匹配；按照是否与词性标注过程相结合，可以分为单纯分词方法和分词与词性标注相结合的一体化方法。常用的字符串匹配方法有如下几种：

① 正向最大匹配法（从左到右的方向）。

② 逆向最大匹配法（从右到左的方向）。

③ 最小切分（每一句中切出的词数最小）。

④ 双向最大匹配（进行从左到右、从右到左两次扫描）。

这类算法的优点是速度快，时间复杂度可以保持在 O(n)，实现简单，效果尚可；但对歧义和未登录词处理效果不佳。

（2）基于理解的分词方法

基于理解的分词方法是通过让计算机模拟人对句子的理解，达到识别词的效果。其基本思想就是在分词的同时进行句法、语义分析，利用句法信息和语义信息来处理歧义现象。它通常包括分词子系统、句法语义子系统和总控部分 3 个部分。在总控部分的协调下，分词子系统可以获得有关词、句子等的句法和语义信息来对分词歧义进行判断，即它模拟了人对句子的理解过程。这种分词方法需要使用大量的语言知识和信息。由于汉语语言知识的笼统性、复杂性，难以将各种语言信息组织成机器可直接读取的形式，因此目前基于理解的分词系统还处在试验阶段。

（3）基于统计的分词方法

基于统计的分词方法是在给定大量已经分词的文本的前提下，利用统计机器学习模型学习词语切分的规律（称为训练），从而实现对未知文本的切分，如最大概率分词方法和最大熵分词方法等。随着大规模语料库的建立，统计机器学习方法的研究和发展，基于统计的中文分词方法渐渐成为了主流方法。

主要的统计模型有 N 元文法模型（N-gram）、隐马尔可夫模型（Hidden Markov Model，HMM）、最大熵模型（ME）、条件随机场模型（Conditional Random Fields，CRF）等。

在实际的应用中，基于统计的分词系统都需要使用分词词典来进行字符串匹配分词，同时使用统计方法识别一些新词，即将字符串频率统计和字符串匹配结合起来，既发挥匹配分词切分速度快、效率高的特点，又利用了无词典分词结合上下文识别生词、自动消除歧义的优点。

3．中文分词工具 jieba

jieba 分词是国内使用人数最多的中文分词工具之一。

（1）jieba 分词支持 3 种模式

① 精确模式：试图将句子精确地切开，适合文本分析。

② 全模式：把句子中所有的可以成词的词语都扫描出来，速度非常快，但是不能解

笔 记

笔 记

决歧义。

③ 搜索引擎模式：在精确模式的基础上，对长词再次切分，提高召回率，适合用于搜索引擎分词。

（2）jieba 分词过程中主要涉及的算法

① 基于前缀词典实现高效的词图扫描，生成句子中汉字所有可能成词情况所构成的有向无环图（DAG）。

② 采用了动态规划查找最大概率路径，找出基于词频的最大切分组合。

③ 对于未登录词，采用了基于汉字成词能力的 HMM 模型，采用 Viterbi 算法进行计算。

④ 基于 Viterbi 算法做词性标注。

⑤ 基于 tf-idf 和 textrank 模型抽取关键词。

例如，输入下面代码下载 jieba 分词库：

```
➢ pip3 install jieba
```

安装成功后，输入如图 8-5 所示测试代码。

```
# _*_ conding : utf-8 _*_
"""jieba Participle test"""
import jieba
#全模式
test1 = jieba.cut("腾讯是一个互联网公司，在深圳的南山区。",cut_all=True)
print("全模式:"+ "|".join(test1))

#精确模式
test2 = jieba.cut("腾讯是一个互联网公司，在深圳的南山区。",cut_all=False)
print("精确模式:"+ "|".join(test2))

#搜索引擎模式
test3 = jieba.cut_for_search("腾讯是一个互联网公司，很多毕业生毕业后都来腾讯工作。")
print("搜索引擎模式:"+ "|".join(test3))
```

图 8-5
jieba 分词代码显示

测试结果如图 8-6 所示。

```
全模式:腾讯|是|一个|互联|互联网|联网|公司|，|在|深圳|的|南山|南山区|山区|。
精确模式:腾讯|是|一个|互联网|公司|，|在|深圳|的|南山区|。
搜索引擎模式:腾讯|是|一个|互联|联网|互联网|公司|，|很多|毕业|业生|毕业生|毕业|后|都|来|腾讯|工作|。
```

图 8-6
jieba 分词显示的结果

在本项目中，创建了一个 fenci1 函数，用来返回一个用空格隔开的分词后的字符串。代码如图 8-7 所示。

```
#fenci.py
import jieba
def fenci1(s)
    cut = jieba.cut(s)
    text=' '.join(cut)
    return text
```

图 8-7
fenci1 函数代码

在运行本项目中代码时，须先创建本文件（fenci.py）。

4. 循环神经网络和长短时记忆网络

（1）循环神经网络（RNN）

人类并不是每时每刻都是从一片空白的大脑开始他们的思考。如在阅读这篇文章时候，都是基于自己已经拥有的对先前所见词的理解来推断当前词的真实含义。人们不会将所有的东西都全部丢弃，然后用空白的大脑进行思考。人们的思想拥有持久性。

传统的神经网络并不能做到这点，例如，假设希望对电影中的每个时间点的时间类型进行分类。传统的神经网络很难来处理这个问题：使用电影中先前的事件推断后续的事件。RNN 解决了这个问题。RNN 是包含循环的网络，允许信息的持久化。

微课 45
循环神经网络简介

RNN（Recurrent Neural Network）是一类用于处理序列数据的神经网络。首先要明确什么是序列数据，百度百科词条的解释是，时间序列数据是指在不同时间点上收集到的数据，这类数据反映了某一事物、现象等随时间的变化状态或程度。这是时间序列数据的定义，当然这里也可以不是时间，如文字序列，但总归序列数据有一个特点：后面的数据跟前面的数据有关系。

如图 8-8 所示，神经网络的模块 A，正在读取某个输入 x_i，并输出一个值 h_i。循环可以使得信息可以从当前步传递到下一步。RNN 可以被看做是同一神经网络的多次赋值，每个神经网络模块会把消息传递给下一个。所以，如果将这个循环展开，如图 8-9 所示揭示了 RNN 本质上是与序列和列表相关的，是对于这类数据最自然的神经网络架构之一。

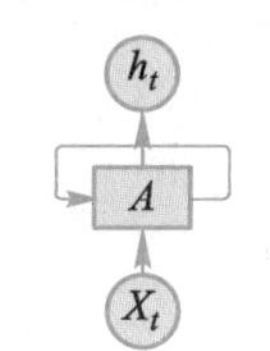

图 8-8
RNN 循环神经网络

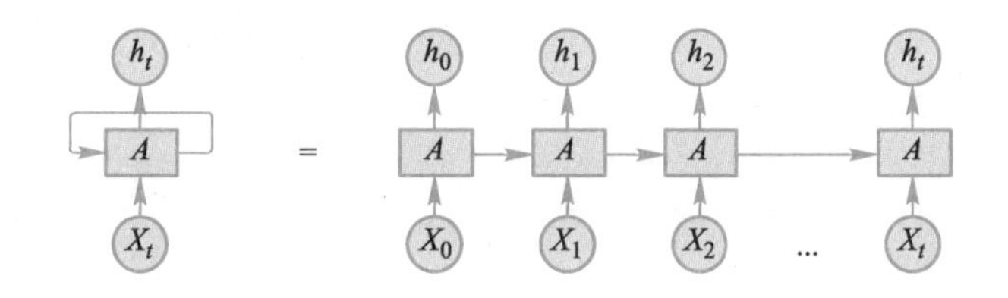

图 8-9
RNN 循环神经网络

RNN 已经被人们所应用。在过去几年中，应用 RNN 在语音识别、语言建模、翻译、图片描述等问题上已经取得了一定的成功，并且这个列表还在增长。

RNN 的关键点之一就是可以用来连接先前的信息到当前的任务上，如使用过去的视频段来推测对当前段视频的理解。

有时候，人们仅仅需要知道先前的信息来执行当前的任务。例如，有一个语言模型用来基于先前的词来预测下一个词。如果试着预测“the clouds are in the sky”最后的词，并不需要任何其他的上下文，因此下一个词很显然就应该是 sky。在这样的场景中，相关的信息和预测的词位置之间的间隔是非常小的，RNN 可以学会使用先前的信息。

但是，同样会有一些更加复杂的场景。假设试着去预测“我出生在广州…我能说流利的本地话”最后的词。当前的信息建议下一个词可能是一种语言的名字，但是如果需要弄清楚是什么语言，是需要先前提到的离当前位置很远的“广州”的上下文的。这说明相关信息和当前预测位置之间的间隔就肯定变得相当大。不幸的是，在这个间隔不断增大时，RNN 会丧失学习到连接如此远的信息的能力。

（2）长短时记忆网络（RNN）

长短期记忆网络是 RNN 的一种变体，RNN 由于梯度消失的原因只能有短期记忆，LSTM 网络通过精妙的门控制将短期记忆与长期记忆结合起来，并且在一定程度上解决了梯度消失的问题。

Long Short Term（LSTM）网络，是一种特殊的 RNN 类型，可以学习长期依赖信息。

在很多问题上，LSTM 都取得相当巨大的成功，并得到了广泛的使用。

LSTM 通过刻意的设计来避免长期依赖问题。记住长期的信息在实践中是 LSTM 的默认行为。LSTM 将在 RNN 的隐藏层中加入了一个对信息处理的单元，该单元除了 RNN 原先简单的 tanh 函数以外还有几个 sigmoid 函数共同作用来完成 LSTM 的功能。对于 RNN 来说，每个隐藏层单元之间的状态是连续的，LSTM 也不例外；而为了让这些插入的 sigmoid 函数作用于状态，将生成的权值与状态之间进行 pointwise 乘法运算。第 1 个 sigmoid 函数的作用是遗忘，用来舍弃部分不需要的信息（即通过 h_{t-1} 与一个 0 到 1 的数值给隐藏层单元状态 f_t，0 是完全舍弃，1 是完全保留），如图 8-10 所示。

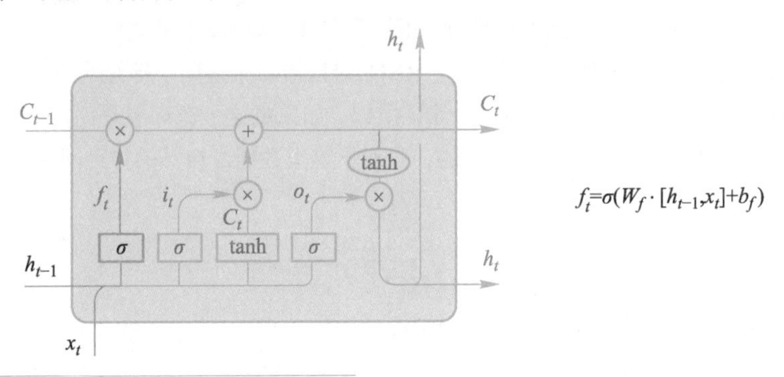

图 8-10
LSTM 循环神经网络遗忘门

接着是更新门，其由两部分组成，一个是 sigmoid 函数用来决定什么需要更新，另一个则是 tanh 函数创建一个新的候选值向量 C_t，如图 8-11 所示。

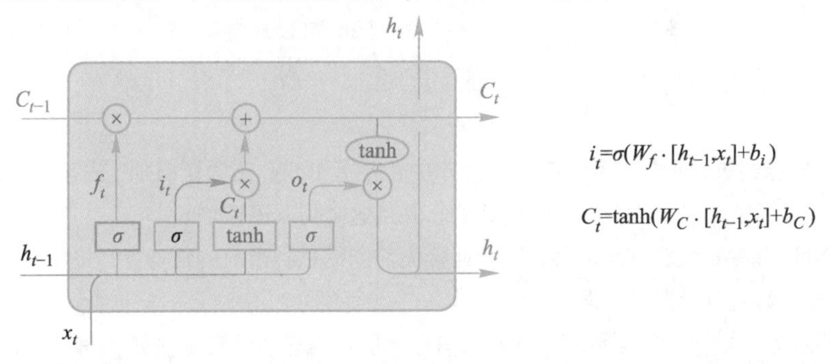

图 8-11
LSTM 循环神经网络更新门

这时进行更新，将两者进行乘法后，再将从遗忘门出来的状态与新的候选值向量相加来完成对 C_{t-1} 更新至 C_t 这一过程；最后需要确定输出什么值，其相当于对这个隐藏层单元的状态进行一个处理之后进行复制一份传给下一个隐藏层单元，具体操作就是将状态通过 tanh 进行处理，并将处理后的数据和先前 h_{t-1} 与 x_t 两项进行 sigmoid 处理所生成的 o_t 相乘以获得想要输出的那部分，即 h_t 并输出给下一个隐藏层单元，如图 8-12 所示。

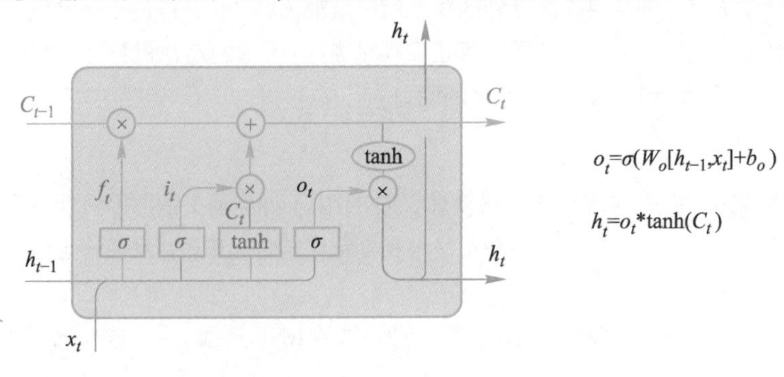

图 8-12
LSTM 循环神经网络传递下一个隐藏单元

以上就是一个 LSTM 中一个隐藏层单元所需要进行的操作了，就是单元状态与上一个输出的同时传导，有选择地（避免梯度爆炸）将需要传递的信息传达到后面的隐藏层单元（避免梯度消失），这样就解决了 RNN 上两个令人头疼的问题了。

5. 本项目所用数据集

本项目采用的数据集是玩家对腾讯游戏进行反馈所收集的数据，游戏舆情分析的数据共有 3042 条，分为 3 个类别，分别是中立、正面、负面 3 个层次的评价。在长短时记忆模型对中文分词进行分类的项目中，此项目的数据集分为训练集和测试集。将 80%的文本即 2460 条作为训练集和验证集，其余的 582 条作为测试集。训练集、测试集的具体情况见表 8-1。

表 8-1　腾讯游戏评论数据集中的训练集、测试集的具体情况

类　别	文本条数（训练集）	文本条数（测试集）
负面	1169	269
正面	760	176
中立	531	137
总计	2460	582

（1）训练集（sentiment.train.txt）

训练集总共包含了 2460 条信息，其中包含了正面、中立、负面随机混合的内容，内容如图 8-13 所示。

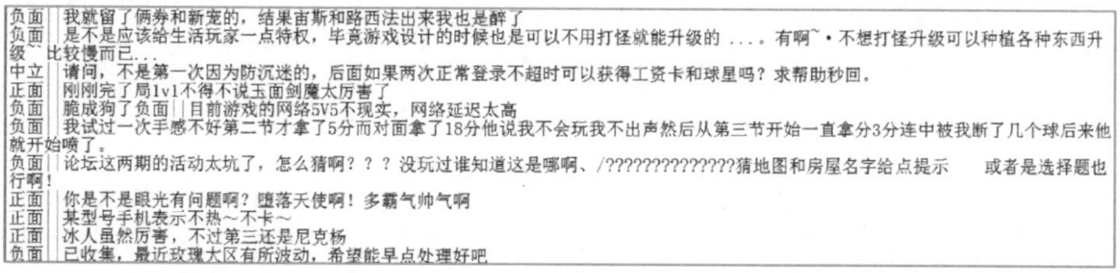

```
负面||我就留了俩券和新宠的，结果亩斯和路西法出来我也是醉了
负面||是不是应该给生活玩家一点特权，毕竟游戏设计的时候也是可以不用打怪就能升级的 .... 有啊~·不想打怪升级可以种植各种东西升级~比较慢而已...
中立||请问，不是第一次因为防沉迷的，后面如果两次正常登录不超时可以获得工资卡和球星吗？求帮助秒回。
正面||刚刚完了局1v1不得不说玉面剑魔太厉害了
负面||脆成狗了负面||目前游戏的网络5V5不现实，网络延迟太高
负面||我试过一次手感不好第二节才拿了5分而对面拿了18分他说我不会玩我不出声然后从第三节开始一直拿分3分连中被我断了几个球后来他就开始喷了。
负面||论坛这两期的活动太坑了，怎么猜啊？？？没玩过谁知道这是哪啊、/?????????????猜地图和房屋名字给点提示　或者是选择题也行啊！
正面||你是不是眼光有问题啊？堕落天使啊！多霸气帅气啊
正面||某型号手机表示不热～不卡～
正面||冰人虽然厉害，不过第三还是尼克杨
负面||已收集，最近玫瑰大区有所波动，希望能早点处理好吧
```

图 8-13
腾讯游戏评论数据训练集中的内容

（2）测试集（sentiment.test.txt）

测试集总共包含了 582 条信息，与训练集相同，也包含了正面、中立、负面随机混合的内容，内容如图 8-14 所示。

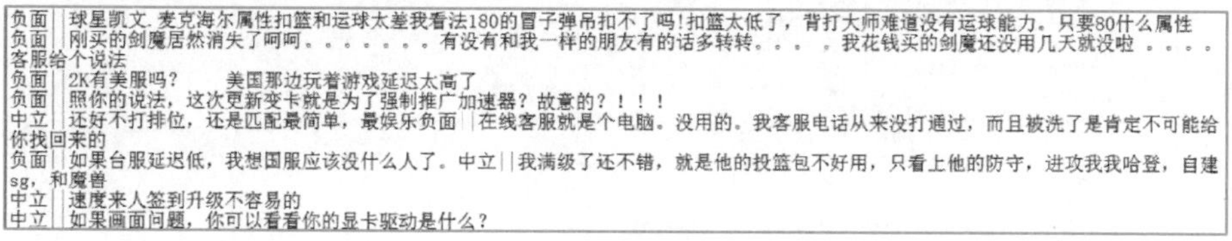

```
负面||球星凯文.麦克海尔属性扣篮和运球太差我看法180的冒子弹吊扣不了吗!扣篮太低了，背打大师难道没有运球能力。只要80什么属性
负面||刚买的剑魔居然消失了呵呵。。。。。。。有没有和我一样的朋友有的话多转转。。。。我花钱买的剑魔还没用几天就没啦 。。。。客服给个说法
负面||2K有美服吗？　美国那边玩着游戏延迟太高了
负面||照你的说法，这次更新变卡就是为了强制推广加速器？故意的？！！！
中立||还好不打排位，还是匹配最简单，最娱乐负面||在线客服就是个电脑。没用的。我客服电话从来没打通过，而且被洗了是肯定不可能给你找回来的
负面||如果台服延迟低，我想国服应该没什么人了。中立||我满级了还不错，就是他的投篮包不好用，只看上他的防守，进攻我我哈登，自建sg，和魔兽
中立||速度来人签到升级不容易的
中立||如果画面问题，你可以看看你的显卡驱动是什么？
```

图 8-14
腾讯游戏评论数据测试集中的内容

任务实施

1. 创建 Jupyter Notebook 项目

① 打开 Jupyter Notebook。

② 在 Python 3 下新建一个 notebook 项目，命名为 task8-1，如图 8-15 所示。

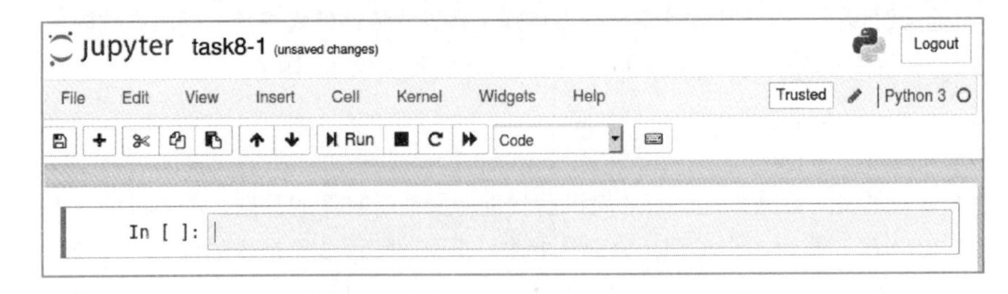

图 8-15
新建 notebook 项目示意图

2. 对腾讯游戏评论内容进行分词处理

微课 46
中文数据集读取与分词

笔 记

① 在 Jupyter Notebook 中输入如图 8-16 所示的代码，并确认代码无错误。

```
# task8-1
import codecs
import numpy as np
from keras.utils import np_utils
import fenci  # import fenci
print('*********** start to fenci ***************')
def makeTrainTestSets():
    #Create three categories of emotion analysis data
    commentstype={"中立": 0, "正面": 1, "负面": 2 }
    train_label=[]
    train_content=[]
    test_label=[]
    test_content=[]
    #  Process train text
    fp=codecs.open('sentiment.train.txt', 'r', 'utf8')# open traindata text
    n=0
    while True:
        cur_text=fp.readline() #Read a piece of text data
#         print(cur_text)
        #If all text data is read, the loop ends
        if cur_text=="":
            break
        item=cur_text.split("||")#Divide categories and content by ||
        # save the label number to train_label
        train_label.append(commentstype[item[0]])
        #Concatenate all strings in the string array item except the first one into one string
        tmp=''.join(item[1:])
        #Segment a string and return the result after segmentation
        text=fenci.fencil(tmp)
        # save the train data  to train_content
        train_content.append(text)
        n=n+1
    fp.close() # close the text
    print("the number of train datasets is:"+str(n))

    #  Process test text
    fp=codecs.open('sentiment.test.txt', 'r', 'utf8')# open testdata text
    n=0
    while True:
        cur_text=fp.readline() #Read a piece of text data
#         print(cur_text)
        #If all text data is read, the loop ends
        if cur_text=="":
            break
        item=cur_text.split("||")#Divide categories and content by ||
        # save the label number to train_label
        test_label.append(commentstype[item[0]])
        #Concatenate all strings in the string array item except the first one into one string
        tmp=''.join(item[1:])
        #Segment a string and return the result after segmentation
        text=fenci.fencil(tmp)
        # save the test data  to test_content
        test_content.append(text)
        n=n+1
    fp.close() # close the text
    print("the number of test datasets is:"+str(n))

    np.save("nlp_train_content.npy",train_content)
    np.save("nlp_test_content.npy",test_content)
    np.save("nlp_train_labels.npy",train_label)
    np.save("nlp_test_labels.npy",test_label)
    return (train_content, train_label), (test_content, test_label)
```

图 8-16
定义创建训练和测试集

② 按 Ctrl+Enter 组合键执行代码，代码没有错误提示后按 Alt+Enter 组合键新建下一个单元格，在单元格中输入如图 8-17 所示代码，代码没有错误提示后按 Alt+Enter 组合键。

```
try:
    train_content=np.load("nlp_train_content.npy")
    test_content=np.load("nlp_test_content.npy")
    train_label=np.load("nlp_train_labels.npy")
    test_label=np.load("nlp_test_labels.npy")
except:
    (train_content, train_label), (test_content, test_label)=makeTrainTestSets()
print('*************success to finish fenci make train and tst data***********')
print(train_label[0])
print(train_content[0])
```

图 8-17
调用函数获得训练和测试数据以及对应的标签集

③ 其结果显示如图 8-18 所示。

```
Building prefix dict from the default dictionary ...
Loading model from cache /tmp/jieba.cache
Loading model cost 0.902 seconds.
Prefix dict has been built successfully.

the number of train datasets is:2460
the number of test datasets is:582
*************success to finish fenci make train and tst data***********
2
我 就 留 了 俩 券 和 新宠 的 ， 结果 宙斯 和 路西 法 出来 我 也 是 醉 了
```

图 8-18
获得的训练和测试集结果显示

④ 代码解析。

➢ from keras.utils import np_utils
➢ import codecs
➢ import numpy as np

导入所需模块。

➢ import fenci

导入自定义的 fenci 模块，一定要将 fenci.py 文件放入 task8-1 相同的文件目录中。

➢ print('*************start to fenci***********')
➢ def makeTrainTestSets():

定义函数名，无输入参数。

➢ commentstype={"中立": 0, "正面": 1, "负面": 2 }

玩家对腾讯游戏评论的好坏进行定义，见表 8-2。

表 8-2 玩家对腾讯游戏评论的好坏与对应的数值

好坏类别	中 立	正 面	反 面
值	0	1	2

➢ fp=open('sentiment.train.txt', 'r', 'utf8')

读取训练数据，本书提供了用于训练的玩家对腾讯游戏进行评论的数据，3 类不同的评论一共 2460 条数据，新闻数据的格式为[玩家态度类型]+[评论内容]，玩家态度类型和评论内容之间用“||”隔开，每条新闻之间使用 Enter 键隔开。

➢ while True:
➢ cur_text=fp.readline()

循环读取每一条评论数据，并将读取后的评论数据保存在 cur_text 变量中。例如，读取第 1 条评论数据后，显示的数据如图 8-19 所示。

```
负面||我就留了俩券和新宠的，结果宙斯和路西法出来我也是醉了
```

图 8-19
显示第 1 条数据的原始格式和内容

```
➢ if cur_text=="":
➢         break
```

如果读取完所有数据，则结束循环，当读取到的内容为空后，说明所有评论内容已经读取，则停止循环。

```
➢ item=cur_text.split()
```

通过||分割玩家态度类型和评论内容，由于玩家态度类型和评论内容之间是用空格分隔的，因此，使用 split("||")函数进行分隔，分隔后的结果保存在 item 变量中，查看对第 1 条新闻进行 split 后 item 变量的值，如图 8-20 所示。

图 8-20
第 1 条游戏评论内容进行分割后的结果

```
['负面', '我就留了俩券和新宠的，结果宙斯和路西法出来我也是醉了\n']
```

由图 8-20 中结果可以看到，第 1 条数据被保存在 item 数组中，其中，item 数组的第 1 个数据为玩家态度类型。

```
➢ train_label.append(newstype[item[0]])
```

将玩家态度类型保存到 train_label 数组。由图 8-20 可知，item 数组的第 1 个数据为玩家态度类型，因此，然后通过 newstype 数据将文本数据转换成数值，然后保存在 train_label 数组中，当循环完所有训练数据后，train_label 按顺序依次保存所有玩家态度类型数值，如图 8-21 所示，其中 0 表示中立，1 表示正面，2 表示负面。

```
[2, 2, 0, 1, 2, 2, 2, 2, 1, 1, 1, 2, 2, 2, 0, 1, 2, 2, 2, 1, 0, 1,
0, 0, 1, 2, 1, 1, 2, 0, 1, 2, 2, 0, 1, 0, 2, 0, 0, 2, 0, 1, 1, 2, 1,
1, 2, 2, 2, 2, 0, 2, 1, 2, 2, 0, 0, 0, 1, 1, 1, 2, 2, 0, 2, 2, 2, 1,
1, 1, 1, 2, 2, 0, 0, 2, 1, 1, 2, 2, 2, 0, 0, 0, 1, 2, 2, 0, 0, 2, 2,
2, 1, 2, 2, 1, 1, 2, 2, 0, 2, 1, 2, 2, 0, 2, 2, 1, 1, 2, 1, 1, 2, 0,
0, 2, 2, 2, 1, 0, 0, 1, 1, 2, 1, 2, 0, 2, 2, 1, 1, 1, 2, 1, 1, 2, 2,
1, 1, 2, 1, 1, 1, 2, 2, 2, 2, 2, 2, 2, 2, 1, 2, 2, 2, 1, 2, 2, 2, 2,
```

图 8-21
玩家态度类型部分值显示

```
➢ tmp="".join(item[1:])
```

将字符串数组 item 除了第 1 项后面所有的游戏评论内容拼接成一个字符串，输出结果如图 8-22 所示，此时的字符串中删除了所有的空格。

图 8-22
对 split 分割后的游戏评论内容重新拼接成一个字符串

```
'我就留了俩券和新宠的，结果宙斯和路西法出来我也是醉了\n'
```

```
➢ text=fenci.fenci1(tmp)
```

对游戏评论内容进行分词，结果返回一个分词后进行拼接的字符串，分开的词之间使用空格隔开。如图 8-23 所示显示的第一条游戏评论分词后进行拼接的字符串。

图 8-23
分词后的字符串

```
'我 就 留 了 俩 券 和 新宠 的 ， 结果 宙斯 和 路西 法 出来 我 也 是 醉 了 \n'
```

```
➢ train_content.append(text)
```

将分词后游戏评论内容保存到 train_content 数组中，数组中的每一项就是一个分词后的字符串。

```
➢ fp.close()
```

关闭文件。

笔 记

```
➢ print("the number of train datasets is:"+str(n))
```

打印训练数据的条数。

```
➢     fp=codecs.open('sentiment.test.txt', 'r', 'utf8')
➢     n=0
➢     while True:
➢         cur_text=fp.readline() #Read a piece of text data
➢         if cur_text=="":
➢             break
➢         item=cur_text.split("||")#Divide categories and content by ||
➢         test_label.append(commentstype[item[0]])
➢         tmp=''.join(item[1:])
➢         text=fenci.fenci1(tmp)
➢         test_content.append(text)
➢         n=n+1
➢     fp.close()
➢     print("the number of test datasets is:"+str(n))
```

对测试数据的分词，分词过程同训练数据的分词。

```
➢ np.save("nlp_train_content.npy",train_content)
➢ np.save("nlp_test_content.npy",test_content)
➢ np.save("nlp_train_labels.npy",train_label)
➢ np.save("nlp_test_labels.npy",test_label)
```

保存数据集到对应的*.npy 文件中。

```
➢ return (train_content, train_label), (test_content, test_label)
```

函数返回 4 个 list。

```
➢ try:
➢     train_content=np.load("nlp_train_content.npy")
➢     test_content=np.load("nlp_test_content.npy")
➢     train_label=np.load("nlp_train_labels.npy")
➢     test_label=np.load("nlp_test_labels.npy")
➢ except:
➢     (train_content, train_label), (test_content, test_label)=makeTrainTestSets()
```

从文件中读取训练数据、测试数据、训练标签和测试标签，如果没有，则调用 makeTrainTestSets()函数制作数据，并保存对应文件。

```
➢ print(train_label[0])
```

打印训练数据中第一条玩家态度的类型。

```
➢ print(train_content[0])
```

打印训练数据中第 1 条玩家对腾讯游戏评论内容进行分词后的结果。

3. 创建中文词字典

微课 47
创建中文词字典

① 在 Jupyter Notebook 中输入如图 8-24 所示的代码，并确认代码无错误。

```
from keras.preprocessing import sequence
from keras.preprocessing.text import Tokenizer
#Set the number of words in the dictionary
token = Tokenizer(num_words=3000)
#Read all words and put the first 3000 words in the dictionary
token.fit_on_texts(train_content)
#Display the number of text items
print(token.document_count)
```

图 8-24
创建中文词字典代码

② 按 Ctrl+Enter 组合键执行代码确认代码正确无误。

③ 按 Alt+Enter 组合键新建下一个单元格。

④ 代码解析。

笔 记

➢ from keras.preprocessing import sequence

导入 keras 中 preprocessing 模块中的 sequence 函数。

➢ from keras.preprocessing.text import Tokenizer

导入 keras 中 preprocessing.text 模块中的 Tokenizer 函数。

➢ token= Tokenizer(num_words=3000)

设置字典中词的数量为 3000。num_words 用来初始化一个 Tokenizer 类，表示用多少词语生成词典（vocabulary），给定以后，就用出现频次最多的 3000 个数生成词典，其余的低频词丢掉。

Tokenizer 是一个用于向量化文本，或将文本转换为序列（即单词在字典中的下标构成的列表，从 1 算起）的类。其函数原型如下：

```
keras.preprocessing.text.Tokenizer(num_words=None,
                                   filters='!"#$%&()*+,-./:;<=>?@[\]^_`{|}~\t\n',
                                   lower=True,
                                   split="",
    char_level=False)
```

其输入参数如下：

- filters：需要滤除的字符的列表或连接形成的字符串，如标点符号。默认值为 '!"#$%&()*+,-./:;<=>?@[]^_`{|}~\t\n'，包含标点符号、制表符和换行符等。
- lower：布尔值，是否将序列设为小写形式。
- split：字符串，单词的分隔符，如空格。
- num_words：None 或整数，处理的最大单词数量。若被设置为整数，则分词器将被限制为待处理数据集中最常见的 num_words 个单词。
- char_level: 如果为 True，每个字符将被视为一个标记。

Tokenizer 的类方法和属性见表 8-3。

表 8-3　Tokenizer 的类方法和属性

方法	fit_on_texts(texts)	texts：使用以训练的文本列表
	texts_to_sequences(texts)	texts：待转为序列的文本列表 返回值：序列的列表，列表中每个序列对应于一段输入文本
	texts_to_sequences_generator(texts)	本函数是 texts_to_sequences 的生成器函数版 texts：待转为序列的文本列表 返回值：每次调用返回对应于一段输入文本的序列

续表

方法	texts_to_matrix(texts, mode)	texts：待向量化的文本列 mode：'binary''count''tfidf''freq'之一，默认为'binary' 返回值：形如 (len(texts), nb_words) 的 numpy array
	fit_on_sequences(sequences):	sequences：使用以训练的序列列表
	sequences_to_matrix(sequences):	sequences：待向量化的序列列表 mode：'binary''count''tfidf''freq'之一，默认为'binary' 返回值：形如 (len(sequences), nb_words) 的 numpy array
属性	word_counts	字典，将单词（字符串）映射为它们在训练期间出现的次数。仅在调用 fit_on_texts 之后设置
	word_docs	字典，将单词（字符串）映射为它们在训练期间所出现的文档或文本的数量。仅在调用 fit_on_texts 之后设置
	word_index	字典，将单词（字符串）映射为它们的排名或者索引。仅在调用 fit_on_texts 之后设置
	document_count	整数。分词器被训练的文档（文本或者序列）数量。仅在调用 fit_on_texts 或 fit_on_sequences 之后设置

➢ token.fit_on_texts(train_content)

读取所有词，并将出现次数前 3000 的词放入字典，运行完成后，token 就将所有单词出现过的次数统计好了。1 代表出现频率最高的单词，2 代表出现频率第二高的单词，3 代表…可以用 token.word_index 查看单词排列顺序。

➢ print(token.document_count)

显示读取的新闻条数，知道训练数据有 2460 条，因此，读取新闻的条数为 2460。

4. 数据预处理

微课 48
预处理数据集

① 在 Jupyter Notebook 中输入如图 8-25 所示的代码，并确认代码无错误。

```
#Use the dictionary in token to convert the times of game comment content into numbers
trainSqe=token.texts_to_sequences(train_content)
testSqe=token.texts_to_sequences(test_content)
#Unify the length of the number list, and fill in 0 before the missing ones
trainPadSqe=sequence.pad_sequences(trainSqe,maxlen=30)
testPadSqe=sequence.pad_sequences(testSqe,maxlen=30)
print(len(trainSqe[0]))# the length of first train number list
print(len(trainPadSqe[0]))# the length of first train number list filled 0
print(trainPadSqe[0])
print(trainPadSqe.shape)
# one hot encoding
train_label_ohe=np_utils.to_categorical(train_label)
test_label_ohe=np_utils.to_categorical(test_label)
print(train_label_ohe[0])
```

图 8-25
数据预处理代码

② 按 Ctrl+Enter 组合键执行代码确认代码正确无误，其结果显示如图 8-26 所示。

```
19
30
[  0   0   0   0   0   0   0   0   0   0   0   5  11 926   3 927  34   2
   1 311 816  34 220 300 187   5   9   6 211   3]
(2460, 30)
[0. 0. 1.]
```

图 8-26
数据预处理代码结果显示

③ 按 Alt+Enter 组合键新建下一个单元格。

④ 代码解析。

➢ trainSqe=token.texts_to_sequences(train_content)

使用 token 中的字典将游戏评论内容转换成数字列表。token.texts_to_sequences 的函数原型如下：

```
keras.preprocessing.text.text_to_word_sequence(text,
                                              filters='!"#$%&()*+,-./:;<=>?@[\]^_`{|}~\t\n',
                                              lower=True,
                                              split="")
```

本函数将一个句子拆分成单词构成的列表，其输入参数如下：

- text：字符串，待处理的文本。
- filters：需要滤除的字符的列表或连接形成的字符串，如标点符号。默认值为 '!"#$%&()*+,-./:;<=>?@[]^_`{|}~\t\n'，包含标点符号、制表符和换行符等。
- lower：布尔值，是否将序列设为小写形式。
- split：字符串，单词的分隔符，如空格。

返回值为字符串列表。

如图 8-27 所示，输入的文本 train_content[0]的内容经转换后变成数字列表。

```
我 就 留 了 俩 券 和 新宠 的 ， 结果 宙斯 和 路西 法 出来 我 也 是 醉 了

[5, 11, 926, 3, 927, 34, 2, 1, 311, 816, 34, 220, 300, 187, 5, 9, 6, 2
11, 3]
```

图 8-27
中文内容转换成数字列表

笔 记

```
➢ testSqe=token.texts_to_sequences(test_content)
```

同上，将测试游戏评论内容转换成数字列表。

```
➢ trainPadSqe=sequence.pad_sequences(trainSqe,maxlen=30)
```

将数字列表统一长度，缺少的在前面补 0。pad_sequences()函数的功能是填充序列，将 trainSqe 数字序列统一填充为 30 长度的数字向量。

pad_sequences()函数原型如下：

```
keras.preprocessing.sequence.pad_sequences(sequences, maxlen=None, dtype='int32',
    padding='pre', truncating='pre', value=0)
```

该函数将长为 nb_samples 的序列（标量序列）转化成尺寸大小是(nb_samples,nb_timesteps)的二维 numpy 数组。如果提供了参数 maxlen，nb_timesteps=maxlen，否则其值为最长序列的长度。其他短于该长度的序列都会在后部填充 0 以达到该长度。长于 nb_timesteps 的序列将会被截断，以使其匹配目标长度。padding 和截断发生的位置分别取决于 padding 和 truncating，函数的输入参数如下：

- sequences：浮点数或整数构成的两层嵌套列表。
- maxlen：None 或整数，为序列的最大长度。大于此长度的序列将被截短，小于此长度的序列将在后部填 0。
- dtype：返回的 numpy array 的数据类型。
- padding：'pre'或'post'，确定当需要补 0 时，在序列的起始还是结尾补。
- truncating：'pre'或'post'，确定当需要截断序列时，从起始还是结尾截断。
- value：浮点数，此值将在填充时代替默认的填充值 0。

函数的返回值形如(nb_samples,nb_timesteps)的 2D 张量。

```
➢ testPadSqe=sequence.pad_sequences(testSqe,maxlen=30)
➢ print(len(trainSqe[0]))
```

第 1 条转换成数字列表后长度为 19。

```
➢ print(len(trainPadSqe[0]))
```

第 1 条新闻的数字列表统一长度后为 30。

```
➢ print(trainPadSqe[0])
```

显示统一长度后的第 1 条新闻数字列表，经过统一长度后，第一条新闻的数字列表。

```
➢ print(trainPadSqe.shape)
```

其结果显示为(2460, 30)，即训练数据集转换成有 2460 条数据，每条数据长为 30 的二维数组。

```
➢ train_label_ohe=np_utils.to_categorical(train_label)
➢ test_label_ohe=np_utils.to_categorical(test_label)
```

将训练数据分类标签和测试数据分类标签进行 one-hot-encoding 编码。

```
➢ print(train_label_ohe[0])
```

显示数据分类标签进行 one-hot-encoding 编码后的结果，其结果显示为[0. 0. 1.]，表示标签数为 0，对应的“中立”类别。

5. 创建基于 RNN 的训练模型

微课 49
构建循环神经网络模型

① 在 Jupyter Notebook 中输入图 8-28 中显示的代码，并确认代码无错误。

```
from keras.models import Sequential
from keras.layers import Dense, Dropout
from keras.layers.embeddings import Embedding
from keras.layers.recurrent import LSTM
model =Sequential()
# add embedding layers
model.add(Embedding(output_dim=50,input_dim=3000,input_length=30))
model.add(Dropout(0.25))
model.add(LSTM(64))
model.add(Dropout(0.3))
model.add(Dense(units=64,activation='relu'))
model.add Dropout(0.4)
model.add(Dense(units=3,activation='softmax'))
print(model.summary())
```

图 8-28
建立 RNN 学习模型代码

② 按 Ctrl+Enter 组合键执行代码，代码没有错误提示后按 Alt+Enter 组合键新建下一个单元格，结果显示如图 8-29 所示。

```
Layer (type)                 Output Shape              Param #
=================================================================
embedding_2 (Embedding)      (None, 30, 50)            150000
_________________________________________________________________
dropout_3 (Dropout)          (None, 30, 50)            0
_________________________________________________________________
lstm_1 (LSTM)                (None, 64)                29440
_________________________________________________________________
dropout_4 (Dropout)          (None, 64)                0
_________________________________________________________________
dense_3 (Dense)              (None, 64)                4160
_________________________________________________________________
dropout_5 (Dropout)          (None, 64)                0
_________________________________________________________________
dense_4 (Dense)              (None, 3)                 195
=================================================================
Total params: 183,795
Trainable params: 183,795
Non-trainable params: 0
_________________________________________________________________
None
```

图 8-29
RNN 学习模型内容

笔 记

③ 代码解析。

```
➢ from keras.models import Sequential
```

导入贯序模型创建函数。

```
➢ from keras.layers import Dense, Dropout
```

导入 Dense 层、Dropout 层。

```
➢ from keras.layers.embeddings import Embedding
```

导入嵌入层创建函数。

```
➢ from keras.layers.recurrent import LSTM
```

导入长短时记忆网络层创建函数。

```
➢ model =Sequential()
```

搭建线性框架。

```
➢ model.add(Embedding(output_dim=50,input_dim=3000,input_length=30))
```

增加词嵌入层，将数字列表换成向量列表。词嵌入是使用密集向量来表示单词和文档的一类方法。这是对传统的袋型（bag-of-word）模型编码方案的改进，其中使用大的稀疏向量来表示每个单词或向量中的每个单词进行数字分配以表示整个词汇表。这些表示是稀疏的，因为词汇是广泛的，这样一个给定的单词或文档将由一个主要由零值组成的向量几何表示。相反，在词嵌入中，词由密集向量表示，其中矢量表示单词投射到连续向量空间中。一个单词在向量空间中的位置是从文本中学习的，并且基于使用该文本时的单词。在学习向量空间中的单词的位置称为嵌入位置。

例如，同样的“今天”“天空”“很”“蓝”这 4 个词（同样假设全世界的中文词就这 4 个），经过编码以后可能变成了：“今天”对应（0.2），“天空”对应（0.32），“很”对应（0.1），“蓝”对应（0.35）。

假设嵌入的空间为 256 维（一般是 256、512 或者 1024 维，词汇表越大，对应的空间维度越高）。那么

“今天”对应（0.1，0.2，0.4，0，…）（向量长度为 256）

“天空”对应（0.23，0.14，0，0，…）

“很”对应（0，0，0.41，0.9，…）

“蓝”对应（0，0.82，0，0.14，…）

嵌入层将正整数（下标）转换为具有固定大小的向量，如 [[4],[20]] → [[0.25,0.1],[0.6,-0.2]]，Embedding 层只能作为模型的第一层，嵌入层函数原型如下：

```
keras.layers.embeddings.Embedding(input_dim,
                                  output_dim,
                                  embeddings_initializer='uniform',
                                  embeddings_regularizer=None,
                                  activity_regularizer=None,
                                  embeddings_constraint=None,
                                  mask_zero=False,
                                  input_length=None)
```

其输入参数如下：

- input_dim：大或等于 0 的整数，字典长度，即输入数据最大下标+1。
- output_dim：大于 0 的整数，代表全连接嵌入的维度。

笔记

- embeddings_initializer：嵌入矩阵的初始化方法，为预定义初始化方法名的字符串，或用于初始化权重的初始化器。参考 initializers。
- embeddings_regularizer：嵌入矩阵的正则项，为 Regularizer 对象。
- embeddings_constraint：嵌入矩阵的约束项，为 Constraints 对象。
- mask_zero：布尔值，确定是否将输入中的“0”看作是应该被忽略的“填充”（padding）值，该参数在使用递归层处理变长输入时有用。如果设置为 True，模型中后续的层必须都支持 masking，否则会抛出异常。如果该值为 True，则下标 0 在字典中不可用，input_dim 应设置为|vocabulary| + 1。
- input_length：当输入序列的长度固定时，该值为其长度。如果要在该层后接 Flatten 层，然后接 Dense 层，则必须指定该参数，否则 Dense 层的输出维度无法自动推断。

输入参数的 shape 形如(samples,sequence_length)的 2D 张量，例如（50000,128），表示 50000 个样本，每个样本长度为 128。

输出参数的 shape 形如(samples, sequence_length, output_dim)的 3D 张量，例如（50000,128,32），表示有 50000 个样本，每个样本长度为 128，这 128 个单元每个是长度为 32 的向量，如图 8-30 所示。

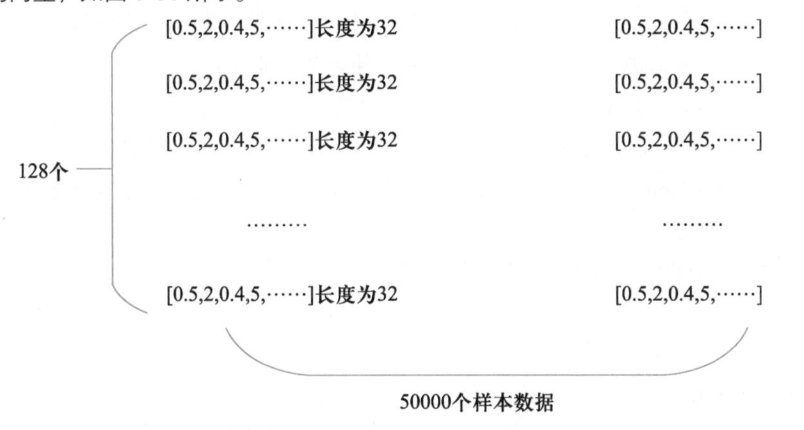

图 8-30
嵌入层转换后的结果

```
➢ model.add(Dropout(0.25))
```

增加 Dropout 层，每次丢弃 25%的神经元。

```
➢ model.add(LSTM(64))
```

创建一个含有 64 个神经元节点的长短时记忆网络层。LSTM（长短时记忆网络）层创建使用 LSTM()函数，其函数原型如下：

```
keras.layers.LSTM(units,
                  activation='tanh',
                  recurrent_activation='hard_sigmoid',
                  use_bias=True,
                  kernel_initializer='glorot_uniform',
                  recurrent_initializer='orthogonal',
                  bias_initializer='zeros',
                  unit_forget_bias=True,
                  kernel_regularizer=None,
                  recurrent_regularizer=None,
                  bias_regularizer=None,
```

笔 记

```
          activity_regularizer=None,
          kernel_constraint=None,
          recurrent_constraint=None,
          bias_constraint=None,
          dropout=0.0,
          recurrent_dropout=0.0,
          implementation=1,
          return_sequences=False,
          return_state=False,
          go_backwards=False,
          stateful=False,
          unroll=False)
```

其输入参数如下：

- units：正整数，输出空间的维度。
- activation：要使用的激活函数。如果传入 None，则不使用激活函数（即线性激活：a(x) = x）。
- recurrent_activation：用于循环时间步的激活函数。默认分段线性近似 sigmoid (hard_sigmoid)。如果传入 None，则不使用激活函数（即线性激活：a(x) = x）。
- use_bias：布尔值，该层是否使用偏置向量。
- kernel_initializer：kernel 权值矩阵的初始化器，用于输入的线性转换。
- recurrent_initializer：recurrent_kernel 权值矩阵的初始化器，用于循环层状态的线性转换。
- bias_initializer：偏置向量的初始化器。
- unit_forget_bias：布尔值。如果为 True，则在初始化时，将忘记门的偏置加 1。将其设置为 True 同时还会强制 bias_initializer="zeros"。
- kernel_regularizer：运用到 kernel 权值矩阵的正则化函数。
- recurrent_regularizer：运用到 recurrent_kernel 权值矩阵的正则化函数。
- bias_regularizer：运用到偏置向量的正则化函数。
- activity_regularizer：运用到层输出（它的激活值）的正则化函数。
- kernel_constraint：运用到 kernel 权值矩阵的约束函数。
- recurrent_constraint：运用到 recurrent_kernel 权值矩阵的约束函数。
- bias_constraint：运用到偏置向量的约束函数。
- dropout：在 0 和 1 之间的浮点数。单元的丢弃比例，用于输入的线性转换。
- recurrent_dropout：在 0 和 1 之间的浮点数。单元的丢弃比例，用于循环层状态的线性转换。
- implementation：实现模式，1 或 2。模式 1 将把它的操作结构化为更多的小的点积和加法操作，而模式 2 将把它们分批到更少、更大的操作中。这些模式在不同的硬件和不同的应用中具有不同的性能配置文件。
- return_sequences：布尔值。是返回输出序列中的最后一个输出，还是全部序列。
- return_state：布尔值。除了输出之外是否返回最后一个状态。
- go_backwards：布尔值（默认 False）。如果为 True，则向后处理输入序列并返回相反的序列。

- stateful：布尔值（默认 False）。如果为 True，则批次中索引 i 处的每个样品的最后状态将用作下一批次中索引 i 样品的初始状态。
- unroll：布尔值（默认 False）。如果为 True，则网络将展开，否则将使用符号循环。展开可以加速 RNN，但它往往会占用更多的内存。展开只适用于短序列。

> model.add(Dropout(0.3))

增加 Dropout 层，每次丢弃 25%的神经元。

> model.add(Dense(units=64,activation='relu'))

构建隐藏层，全连接结构，神经元个数为 64 个，初始化权重为默认值，激活函数为'relu'。

> model.add(Dropout(0.4))

构建 Dropout 层，每次计算随机丢弃 40%的神经元。

> model.add(Dense(units=3,activation='softmax'))

构建输出层，全连接结构，神经元个数 3 个，初始化权重为默认值（kernel_initializer='glorot_uniform'），激活函数为 softmax。

> print(model.summary())

打印出模型概况，实际调用的是 keras.utils.print_summary。embedding_2 (Embedding)为嵌入层，有 150000 个参数。dense_3 为隐藏层，有 4160 个参数，因为输入层有 64 个单元，隐藏层有 64 个单元，按照全连接模式，一共需要(64+1)×64=4160 个权重参数进行训练。dense_4 为输出层，按照全连接模式，一共有参数(64+1) ×3=195 个参数。

整个模型参数一共有 183795 个参数需要通过数据集进行训练获得。此外，还有 Dropout 层（dropout_3、dropout_4 和 dropout_5），由于 Dropout 层只随机丢弃神经元，不需要权重参数，因此，权重参数个数均为 0。

笔 记

6. 对模型进行训练

微课 50
模型的训练与调参

① 在 Jupyter Notebook 中输入如图 8-31 所示的代码，并确认代码无错误。

```
try:
    model.load_weights("sentimenttype.h5")
    print("Load the existing model parameters successfully, continue training")
except:
    print("No model parameter file, start to train")
model.compile(loss='categorical_crossentropy',
              optimizer='adam',
              metrics=['categorical_accuracy'])
train_history=model.fit(x=trainPadSqe,
                        y=train_label_ohe,
                        validation_split=0.2,
                        epochs=10,
                        batch_size=128,
                        verbose=1)
model.save_weights("./sentimenttype.h5")
print("save the trained model parameters")
```

图 8-31
对模型进行训练的代码

② 按 Ctrl+Enter 组合键，显示代码的运行结果，如图 8-32 所示。

③ 按 Alt+Enter 组合键新建下一个单元格。

④ 代码解析。

> try:
>   model.load_weights("sentimenttype.h5")
>   print("Load the existing model parameters successfully, continue training")

```
No model parameter file, start to train
Train on 1968 samples, validate on 492 samples
Epoch 1/10
1968/1968 [==============================] - 2s 1ms/step - loss: 1.0764 - categorical_accuracy: 0.4721 - val_loss:
1.0419 - val_categorical_accuracy: 0.4593
Epoch 2/10
1968/1968 [==============================] - 1s 556us/step - loss: 1.0306 - categorical_accuracy: 0.4797 - val_los
s: 1.0243 - val_categorical_accuracy: 0.4593
Epoch 3/10
1968/1968 [==============================] - 1s 567us/step - loss: 0.9977 - categorical_accuracy: 0.4853 - val_los
s: 0.9608 - val_categorical_accuracy: 0.5285
Epoch 4/10
1968/1968 [==============================] - 1s 554us/step - loss: 0.8997 - categorical_accuracy: 0.5676 - val_los
s: 0.8790 - val_categorical_accuracy: 0.6687
Epoch 5/10
1968/1968 [==============================] - 2s 781us/step - loss: 0.7394 - categorical_accuracy: 0.7256 - val_los
s: 0.7835 - val_categorical_accuracy: 0.7134
Epoch 6/10
1968/1968 [==============================] - 1s 619us/step - loss: 0.5509 - categorical_accuracy: 0.8130 - val_los
s: 0.8853 - val_categorical_accuracy: 0.7114
Epoch 7/10
1968/1968 [==============================] - 1s 740us/step - loss: 0.4167 - categorical_accuracy: 0.8592 - val_los
s: 0.7476 - val_categorical_accuracy: 0.7154
Epoch 8/10
1968/1968 [==============================] - 1s 661us/step - loss: 0.3071 - categorical_accuracy: 0.9024 - val_los
s: 0.8266 - val_categorical_accuracy: 0.7256
Epoch 9/10
1968/1968 [==============================] - 1s 544us/step - loss: 0.2183 - categorical_accuracy: 0.9278 - val_los
s: 0.9720 - val_categorical_accuracy: 0.7154
Epoch 10/10
1968/1968 [==============================] - 1s 665us/step - loss: 0.1777 - categorical_accuracy: 0.9431 - val_los
s: 1.0438 - val_categorical_accuracy: 0.7114
save the trained model parameters
```

图 8-32
模型训练过程

笔 记

➢ except:

➢ 　　print("No model parameter file, start to train")

如果已有模型参数，则加载，在此基础上进行计算；如果没有，则重新开始计算。

➢ model.compile（loss='categorical_crossentropy',optimizer='adam',metrics=['categorical_accuracy']）

调用 model.compile()函数对训练模型进行设置，参数设置如下：

loss='categorical_crossentropy'：loss（损失函数）设置为交叉熵模式，在深度学习中，采用交叉熵模式训练效果会较好。

optimizer='adam'：optimizer（优化器）设置为 adam，在深度学习中，可以让训练更快收敛，并提高准确率。

metrics=['categorical_accuracy ']：对多分类问题，计算在所有预测值上的平均正确率。

➢ train_history=model.fit(x=trainPadSqe,y=train_label_ohe,validation_split=0.2,epochs=10,batch_size=128,verbose=1)

调用 model.fit 配置训练参数，开始训练，并保存训练结果。

x=trainPadSqe：数据集中已经经过预处理的训练集图像。

y=train_label_ohe：数据集中已经经过预处理的训练集 label。

validation_split=0.10：训练之前将输入的训练数据集中 90%作为训练数据，10%作为测试数据。

epochs=10：设置训练周期为 10 次。

batch_size=128：设置每一次训练周期中，每次输入多少个训练数据。

verbose=1：设置成输出进度条记录。

7. 利用测试数据进行预测评估与识别

① 在 Jupyter Notebook 中输入如图 8-33 所示的代码，并确认代码无错误。

```
results=model.evaluate(testPadSqe,test_label_ohe)
print('acc=',results[1])
```

图 8-33
利用测试数据进行预测评估与识别代码

② 按 Ctrl+Enter 组合键，显示代码的运行结果，如图 8-34 所示。

```
582/582 [==============================] - 0s 288us/step
acc= 0.7869415807560137
```

图 8-34
测试数据在 RNN 模型中进行预测的结果显示

③ 代码解析。

```
➢ results=model.evaluate(testPadSqe,test_label_ohe)
```

testPadSqe：输入数据为预处理后的测试数据集。

test_label_ohe：测试数据分类标签预处理后的测试标签集。

```
➢ print('acc=',results[1])
```

显示测试数据集的预测准确率。由图 8-34 可知，测试数据的预测准确率约为 78.69%。

笔 记

项目总结

本项目简要介绍了自然语言处理的应用，详细介绍了中文分词工具 jieba 与中文分词的内容，并介绍了循环神经网络和长短时记忆网络模型，利用循环神经网络和长短时记忆网络模型进行多分类的处理，训练过程中每次训练都会保存训练后的模型数据，下次使用时会检查是否有已经训练过的模型，如果有，则读取模型数据继续进行训练；如果没有，则重新训练一个新模型。

本项目重点

- 循环神经网络模型的构建。
- 掌握中文分词方法的使用。
- 掌握中文词字典的创建。
- 掌握词向量的使用。

本项目难点

- 模型中文词字典的创建方法。
- 模型训练中各参数的调整。

课后练习

课后练习

一、单选题

1. 为了分析一个已经做了预处理的数据，需要将它转化为（　　）。

   A. 特征　　B. 向量　　C. 矩阵　　D. 字符

2. 下面（　　）项不属于自然语言处理范畴。

   A. 自动摘要　　B. 机器视觉　　C. 机器翻译　　D. 语音识别

3. 因为文本数据在可用的数据中是无结构的，它内部会包含很多不同类型，如(　　)。

   A. 文字　　B. 图像　　C. 噪点　　D. 声音

4. 文本预处理过程主要是对文本数据进行（　　）。

   A. 删除　　B. 理解　　C. 增强　　D. 清洗与标准化

5. 最常见的词汇规范化的实践不包括（　　）。

   A. 词干提取　　B. 词元化　　C. 语义理解　　D. 对象标准化

6. 词向量的目标是为了将高维的词特征重新定义为（　　）的特征向量。

   A. 高维　　B. 低维　　C. 同一维度　　D. 一维

7. 文本分类是自然语言处理的一个经典应用，下面（　　）项不属于文本分类。

笔 记

A. 垃圾邮件识别　　B. 新闻主题分类
C. 情感分析　　D. 交通流量分析

8. (　　) 指的是将一个汉字序列切分成一个一个单独的词。

A. 中文分词　B. 词向量　C. 词嵌入　D. 词分解

9. 现有的分词方法可分为三大类，下面（　　）不属于现有分词方法。

A. 基于字符串匹配的分词方法　B. 基于理解的分词方法
C. 基于统计的分词方法　　D. 基于概率的分词方法

10. 基于字符串匹配的分词方法又称为（　　），它是按照一定的策略将待分析的汉字串与一个“充分大的”机器词典中的词条进行匹配。

A. 机械分词方法　　B. 统计分词方法
C. 概率分词方法　　D. 理解分词方法

11. 基于统计的分词方法是在给定大量已经分词的文本的前提下，利用（　　）学习词语切分的规律（称为训练），从而实现对未知文本的切分。

A. 概率模型　　B. 统计机器学习模型
C. 线性模型　　D. 非线性模型

12. (　　) 指的是将一个汉字序列切分成一个一个单独的词。

A. 中文分词　B. 词向量　C. 词嵌入　D. 词分解

13. 在实际的应用中，基于统计的分词系统都需要使用分词（　　）来进行字符串匹配分词。

A. 字典　B. 列表　C. 词典　D. 数据库

14. RNN（Recurrent Neural Network）是一类用于处理（　　）的神经网络。

A. 序列数据　B. 图像集　C. 语音信号　D. 视觉信号

二、简答题

1. 简述自然语言处理。
2. 简单介绍文本数据预处理的几种方法。
3. 列举出 3 种以上中文分词软件，并介绍优缺点。
4. 简述循环神经网络和长短时记忆网络。
5. 在本项目训练模型中，改变循环神经网络和长短时记忆网络的神经元个数、中文字典数量、隐藏层层数、对应的 Dropout 层配置、模型的损失函数、优化器等，记录测试数据进行预测的准确率，完成表 8-4 的填写。

表 8-4　简答题记录表

测试序号	模型结构	模型的损失函数	优化器	测试数据准确率评估
1				
2				
3				
4				
5				
6				

6. 有一个循环神经网络模型结构如图 8-35 所示。

```
Layer (type)                 Output Shape              Param #
=================================================================
embedding_1 (Embedding)      (None, 30, 50)            150000
_________________________________________________________________
dropout_1 (Dropout)          (None, 30, 50)            0
_________________________________________________________________
lstm_1 (LSTM)                (None, 64)                29440
_________________________________________________________________
dropout_2 (Dropout)          (None, 64)                0
_________________________________________________________________
dense_1 (Dense)              (None, 64)                4160
_________________________________________________________________
dropout_3 (Dropout)          (None, 64)                0
_________________________________________________________________
dense_2 (Dense)              (None, 3)                 195
=================================================================
Total params: 183,795
Trainable params: 183,795
Non-trainable params: 0
_________________________________________________________________
None
```

图 8-35
循环神经网络模型结构

请用代码构建该模型。

项目 9

使用 GPU 训练卷积神经网络进行多目标的识别

知识目标

- 了解 GPU 在计算机中的作用。
- 了解 GPU 的驱动 CUDA 和 CUDNN。
- 掌握使用带 GPU 的深度学习开发方法。

技能目标

- 掌握支持 GPU 的深度学习开发环境搭建。
- 掌握 CUDA 和 CUDNN 的安装方法。
- 掌握使用 GPU 进行深度学习开发的过程。

笔 记

项目描述

项目背景及需求

由于最近接到的训练任务比较多，需要训练的数据量也越来越大，学习网络越来越复杂，训练小组需要进一步提高训练效率，因此，组长提出将在后面的工作中使用带 GPU 的电脑进行数据训练与识别应用，但是，是购买一台带 GPU 的电脑回来使用，还是在云端购买一台带 GPU 的虚拟主机呢？小组经过反复商量，决定在云端申请一台带 GPU 的虚拟主机，满足开发的需要，如图 9-1 所示。

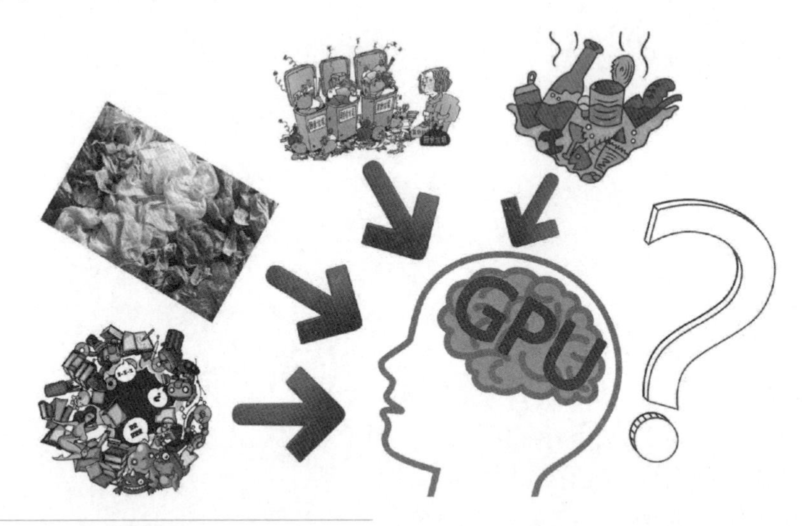

图 9-1
多目标的对象识别

申请一台带 GPU 的腾讯云虚拟主机，安装 GPU 驱动以及深度学习框架开发环境，采用项目 7 垃圾分类的训练数据集，搭建卷积神经网络模型进行训练，如图 9-2 所示，并与只有 CPU 的训练时间进行对比，最后，利用训练好的模型进行 4 类图像的分类和预测。

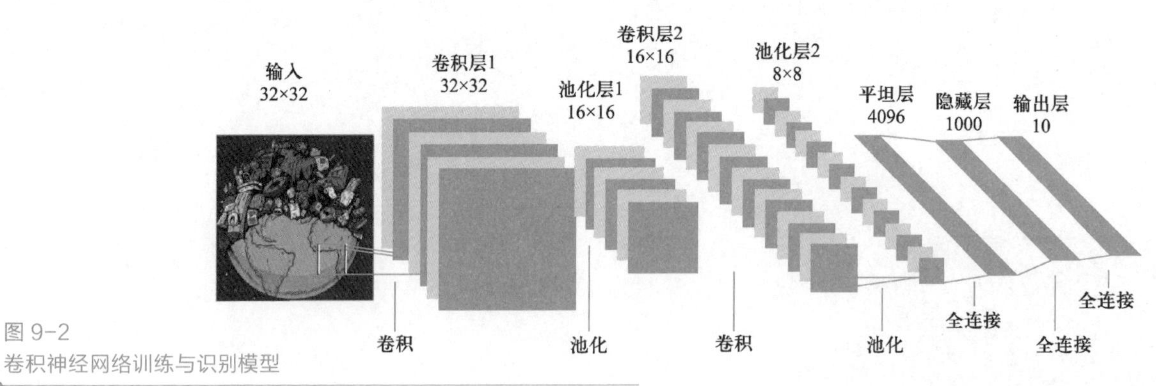

图 9-2
卷积神经网络训练与识别模型

项目分解

按照任务要求，将 GPU 环境下进行深度学习开发的任务进行分解，如图 9-3 所示。

安装GPU驱动与开发环境

预处理数据与创建模型

进行模型训练

查看模型预测结果

图 9-3
GPU 环境下进行深度学习开发的任务分解图

按照任务流程，可以将该任务分解成如下几个子任务，依次完成：

第 1 步：创建并登录带 GPU 的腾讯云实例，安装 CUDA 驱动与深度学习开发环境 Keras、TensorFlow、Anaconda 等，并启动使用 GPU 的 Keras 开发环境。

第 2 步：准备知识库，导入垃圾分类图像集，并对图像集进行处理以适应卷积神经网络模型（CNN）的输入数据格式要求；创建空白“大脑”，使用 Keras 模型中的函数来建立卷积层模型，完成两层卷积层的构建；使用 Keras 模型中的函数来建立神经网络层模型，完成平坦层、隐含层和输出层的构建。

第 3 步：将垃圾分类图像知识送给“大脑”学习，设置模型的训练参数，启动模型进行训练，并动态查看模型的训练状态，并对比使用 CPU 的训练模型的训练时间。

第 4 步：使用训练好的“大脑”模型，对垃圾分类数据集中的测试数据进行预测和识别。

工作任务

- 掌握支持 GPU 的开发环境安装。
- 掌握 GPU 的驱动安装。
- 掌握使用 GPU 进行训练和预测的方法。

任务9　使用 GPU 训练卷积神经网络进行多目标的识别

使用 GPU 训练卷积神经网络进行多目标的识别

任务描述

申请一台带 GPU 的腾讯云虚拟主机，安装 GPU 驱动以及深度学习框架开发环境，采用项目 7 垃圾分类的训练数据集，搭建卷积神经网络模型进行训练，并与只有 CPU 的训练时间进行对比，最后，利用训练好的模型进行 4 类图像的分类和预测。

问题引导

1. 为什么要使用 GPU 来进行训练?
2. 玩游戏的时候是不是 GPU 越好游戏越顺畅?

知识准备

1. GPU 与 CPU

CPU 是一个有多种功能的优秀领导者。它的优点在于调度、管理、协调能力强，计算能力则位于其次。而 GPU 相当于一个接受 CPU 调度的“拥有大量计算能力”的员工。

图 9-4 是处理器内部结构图，DRAM 即动态随机存取存储器，是常见的系统内存。Cache 存储器在电脑中用作高速缓冲存储器，是位于 CPU 和主存储器 DRAM 之间，规模较小，但速度很高的存储器。算术逻辑单元 ALU 是能实现多组算术运算和逻辑运算的组合逻辑电路。

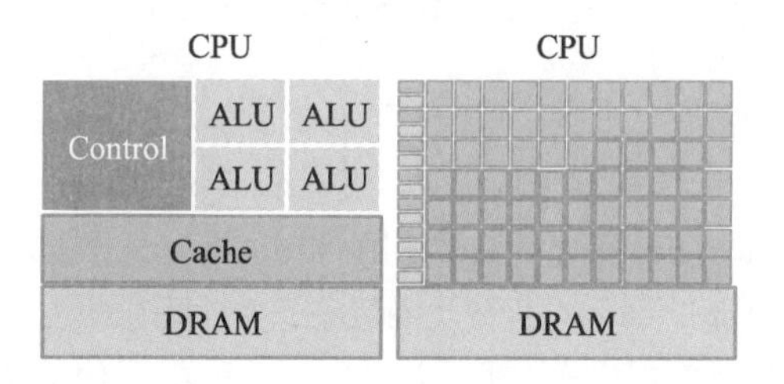

图 9-4
CPU 与 GPU 内部结构图

GPU 只是显卡上的一个核心元件，不能单独工作，它还需要缓存来辅助工作。独立显卡是直接将 GPU 焊在显卡电路板上，上面含有一个散热风扇供它单独使用。集成显卡是把 GPU 与 CPU 放在一起，共用缓存来工作，并且共用一个散热风扇。

电脑处理一大块数据比处理一个一个数据更有效，执行指令的开销也会大大降低，因为要处理大块数据，意味着需要更多的晶体管来并行工作，现在旗舰级显卡都是百亿级以上的晶体管，如图 9-5 所示。

图 9-5
GPU 独立显卡

因此，要利用 GPU 做大数据处理工作，至少在目前来说，还没有单独的 GPU 板卡可购。只能购买 GPU 性能优越的超级独立显卡，或集成集卡中 GPU 性能优秀的主板。

当需要对同一数据做很多事情时，CPU 正好合适。当需要对大数据做同样的事情时，GPU 更合适，特别是关于图形方面以及大型矩阵运算，如机器学习算法等方面，GPU 就能大显身手。

简而言之，CPU 擅长统领全局等复杂操作，GPU 擅长对大数据进行简单重复操作。

GPU 具有如下特点：

笔 记

① 提供了多核并行计算的基础结构，且核心数非常多，可以支撑大量数据的并行计算。并行计算或称平行计算是相对于串行计算来说的。它是一种一次可执行多个指令的算法，目的是提高计算速度，及通过扩大问题求解规模，解决大型而复杂的计算问题。

② 拥有更高的访存速度。

③ 更高的浮点运算能力。浮点运算能力是关系到处理器的多媒体、3D 图形处理的一个重要指标。现在的计算机技术中，由于大量多媒体技术的应用，浮点数的计算大大增加了，如 3D 图形的渲染等工作，因此浮点运算的能力是考察处理器计算能力的重要指标。

这 3 个特点，都非常适合深度学习。

2. CUDA

计算行业正在从只使用 CPU 的“中央处理”向 CPU 与 GPU 并用的“协同处理”发展。为打造这一全新的计算典范，NVIDIA 公司发明了 CUDA（Compute Unified Device Architecture，统一计算设备架构）这一编程模型，是想在应用程序中充分利用 CPU 和 GPU 各自的优点。现在，该架构已应用于 GeForce、ION、Quadro 以及 Tesla GPU（图形处理器）上。

在消费级市场上，大部分重要的消费级视频应用程序都已经使用 CUDA 加速或很快将会利用 CUDA 来加速，其中不乏 Elemental Technologies 公司、MotionDSP 公司以及 LoiLo 公司的产品，如图 9-6 所示。

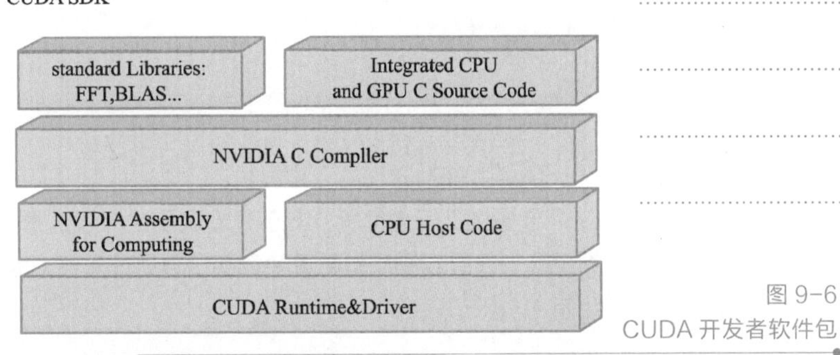

图 9-6
CUDA 开发者软件包

在科研界，CUDA 一直受到热捧。例如，CUDA 现已能够对 AMBER 进行加速。AMBER 是一款分子动力学模拟程序，全世界在学术界与制药企业中有超过 60000 名研究人员使用该程序来加速新药的探索工作。

在金融市场，Numerix 以及 CompatibL 针对一款全新的对手风险应用程序发布了 CUDA 支持并取得了 18 倍速度提升。Numerix 为近 400 家金融机构所广泛使用。

CUDA 的广泛应用造就了 GPU 计算专用 Tesla GPU 的崛起。全球财富五百强企业现在已经安装了 700 多个 GPU 集群。CUDA 目前支持 Linux 和 Windows 操作系统。进行 CUDA 开发需要依次安装驱动、toolkit、SDK 这 3 款软件。主流的深度学习框架也都是基于 CUDA 进行 GPU 并行加速的。

3. cuDNN

NVIDIA cuDNN 是一个 GPU 加速深层神经网络原语库，是针对深度卷积神经网络的加速库。它提供了在 DNN 应用程序中频繁出现的例程的高度优化的实现：

笔 记

- ➢ 卷积前馈和反馈。
- ➢ pooling 前馈和反馈。
- ➢ softmax 前馈和反馈。
- ➢ 神经元前馈和反馈。
- ➢ 整流线性（ReLU）。
- ➢ sigmoid。
- ➢ 双曲线正切（TANH）。
- ➢ 张量转换函数。
- ➢ LRN，LCN 和批量归一化前进和后退。

cuDNN 的卷积程序旨在提高性能，以最快的 GEMM（矩阵乘法）为基础实现此类例程，同时使用更少的内存。cuDNN 具有可定制的数据布局，支持四维张量的灵活维度排序、跨步和子区域，用作所有例程的输入和输出。这种灵活性可以轻松集成到任何神经网络实现中，并避免使用基于 GEMM 的卷积有时需要的输入/输出转换步骤。

cuDNN 提供基于上下文的 API，可以轻松实现与 CUDA 流的多线程和（可选）互操作性。

编程模型：cuDNN 库公开了一个 Host API，但是假定对于使用 GPU 的操作，可以从设备直接访问必要的数据。cuDNN 只是 NVIDIA 深度神经网络软件开发包中的一种加速库。

任务实施

1．安装 GPU 驱动

① 创建带 GPU 的云虚拟机。

创建腾讯云虚拟机，在创建新实例的时候选择 GPU 机型-GPU 计算性 GN7 的实例，按照接下来的步骤机型配置并购买，启动该实例（本项目中将该实例命名为 CVM-GPU），如图 9-7 所示。

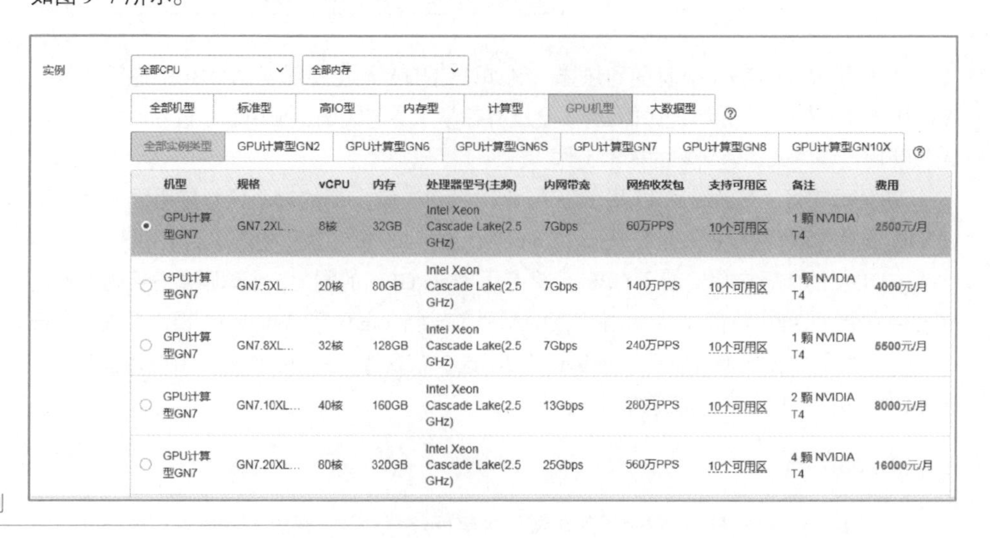

机型	规格	vCPU	内存	处理器型号(主频)	内网带宽	网络收发包	支持可用区	备注	费用
GPU计算型GN7	GN7.2XL...	8核	32GB	Intel Xeon Cascade Lake(2.5 GHz)	7Gbps	60万PPS	10个可用区	1颗 NVIDIA T4	2500元/月
GPU计算型GN7	GN7.5XL...	20核	80GB	Intel Xeon Cascade Lake(2.5 GHz)	7Gbps	140万PPS	10个可用区	1颗 NVIDIA T4	4000元/月
GPU计算型GN7	GN7.8XL...	32核	128GB	Intel Xeon Cascade Lake(2.5 GHz)	7Gbps	240万PPS	10个可用区	1颗 NVIDIA T4	5500元/月
GPU计算型GN7	GN7.10XL...	40核	160GB	Intel Xeon Cascade Lake(2.5 GHz)	13Gbps	280万PPS	10个可用区	2颗 NVIDIA T4	8000元/月
GPU计算型GN7	GN7.20XL...	80核	320GB	Intel Xeon Cascade Lake(2.5 GHz)	25Gbps	560万PPS	10个可用区	4颗 NVIDIA T4	16000元/月

图 9-7
选择带 GPU 的实例

② 登录带 GPU 的实例 CVM-GPU 中。

获取已开通 CVM-GPU 实例的公有 IP，并通过 ssh 工具登录 CVM-GPU 实例。可参考项目 2 中如何登录到虚拟机中，如图 9-8 所示。

 注意：

实例的安全组需要开放 22 和 8888 端口给用户访问。

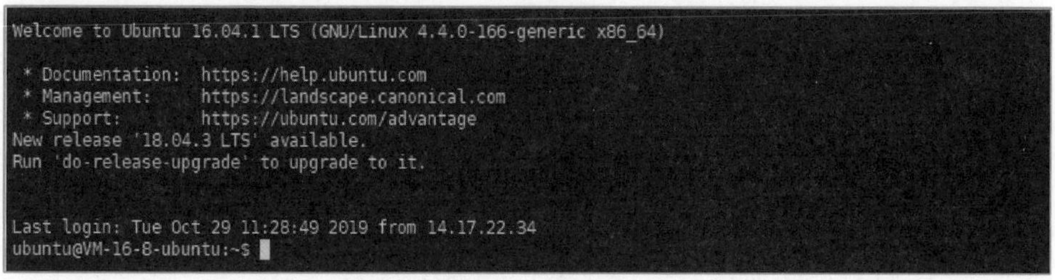

```
Welcome to Ubuntu 16.04.1 LTS (GNU/Linux 4.4.0-166-generic x86_64)

 * Documentation:  https://help.ubuntu.com
 * Management:     https://landscape.canonical.com
 * Support:        https://ubuntu.com/advantage
New release '18.04.3 LTS' available.
Run 'do-release-upgrade' to upgrade to it.


Last login: Tue Oct 29 11:28:49 2019 from 14.17.22.34
ubuntu@VM-16-8-ubuntu:~$
```

图 9-8
CVM 的登录

在虚拟机终端中分别输入命令 nvidia-smi 和 free -m 来查看虚拟机的 GPU 和内存配置，由于本台 CVM 还没有安装 GPU 驱动，显示如图 9-9 所示，查看内存的结果为 20 GB，如图 9-10 所示。

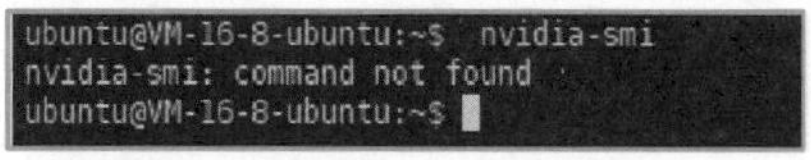

```
ubuntu@VM-16-8-ubuntu:~$  nvidia-smi
nvidia-smi: command not found
ubuntu@VM-16-8-ubuntu:~$
```

图 9-9
查看虚拟机 GPU 情况

```
ubuntu@VM-16-8-ubuntu:~$ free -m
              total        used        free      shared  buff/cache   available
Mem:          19951         194        8290          56       11466       19329
Swap:             0           0           0
ubuntu@VM-16-8-ubuntu:~$
```

图 9-10
查看 CVM 内存情况

切换到 root。

```
➢ sudosu
```

 注意：

GPU、CUDA、CUDNN 都是在 root 下安装的。

③ 下载 GPU 驱动。

本实验使用 GN6S.LARGE20 实例，表 9-1 列出了实例的配置信息，其他实例的配置可以从腾讯云官网 https://cloud.tencent.com/document/product/560/8025 查看。

表 9-1　实例的配置信息

实例	GPU	显存	vCPU	内存
GN6S.LARGE20	Tesla P4　1 颗	8 GB	4 核	20 GB

- 打开链接 http://www.nvidia.com/Download/Find.aspx，下载 NVIDIA 驱动。
- 选择操作系统和安装包，单击“SEARCH”按钮，会出现符合的驱动版本，这里选择的是 384.183，如图 9-11 所示。

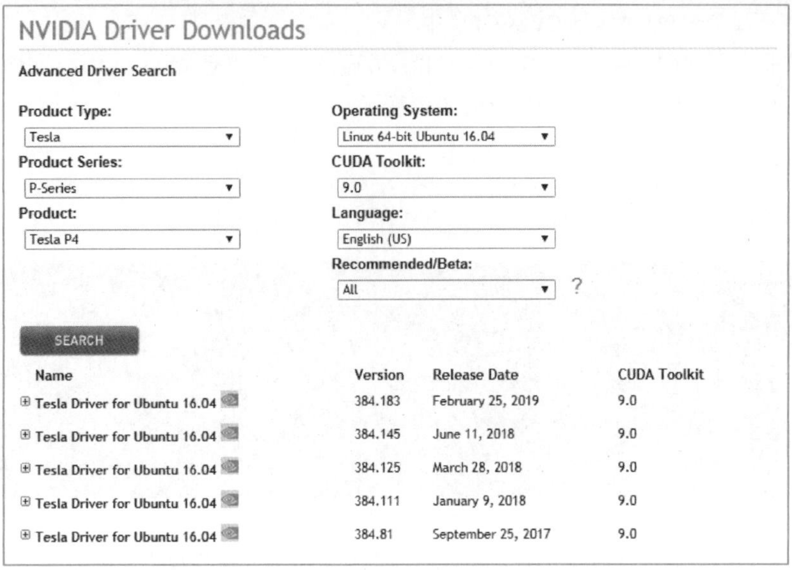

NVIDIA Driver Downloads
Advanced Driver Search
Product Type:
Tesla
Product Series:
P-Series
Product:
Tesla P4
Operating System:
Linux 64-bit Ubuntu 16.04
CUDA Toolkit:
9.0
Language:
English (US)
Recommended/Beta:
All
?
SEARCH
Name
Version
Release Date
CUDA Toolkit
Tesla Driver for Ubuntu 16.04
384.183
February 25, 2019
9.0
Tesla Driver for Ubuntu 16.04
384.145
June 11, 2018
9.0
Tesla Driver for Ubuntu 16.04
384.125
March 28, 2018
9.0
Tesla Driver for Ubuntu 16.04
384.111
January 9, 2018
9.0
Tesla Driver for Ubuntu 16.04
384.81
September 25, 2017
9.0

图 9-11
操作系统和 GPU 对应的安装包

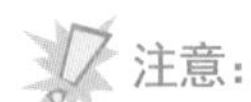

注意：

操作系统选择 Linux 64-bit 代表下载的是 shell 安装文件，如果选择具体的发行版下载的文件则是对应的包安装文件。

- 选择特定的版本跳转到如图 9-12 所示页面，单击“DOWNLOAD”按钮。

TESLA DRIVER FOR UBUNTU 16.04
Version: 384.183
Release Date: 2019.2.25
Operating System: Linux 64-bit Ubuntu 16.04
CUDA Toolkit: 9.0
Language: English (US)
File Size: 97.64 MB
DOWNLOAD
RELEASE HIGHLIGHTS
SUPPORTED PRODUCTS
ADDITIONAL INFORMATION
What's New
• Various security issues were addressed, for additional details on the med-high severity issues please review NVIDIA Product Security for more information

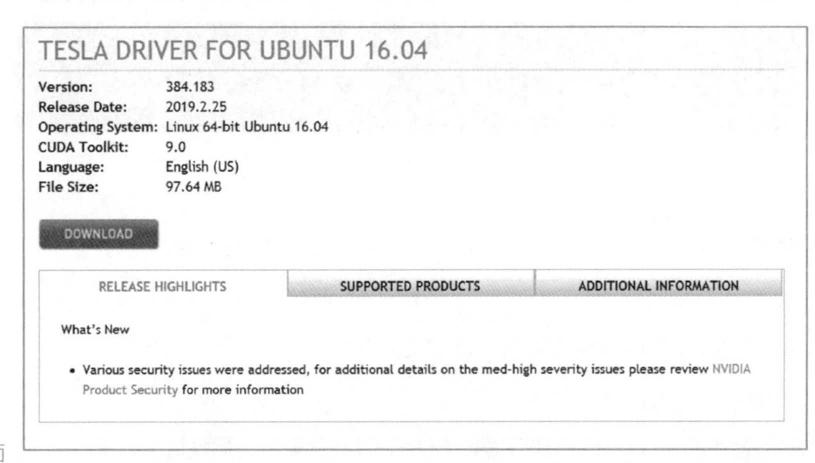

图 9-12
选择 384.183 后跳转的页面

- 再次跳转后，如有填写个人信息的页面可直接跳过，出现如图 9-13 所示的页面时，右击“AGREE & DOWNLOAD”超链接，在弹出的右键菜单中选择“Copy link”命令，复制超链接地址。
- 登录 GPU 实例，使用 wget 命令，粘贴上一步骤复制的链接地址下载安装包；或通过在本地系统下载 NVIDIA 安装包，上传到 GPU 实例的服务器。

```
➢ wget http://us.download.nvidia.com/tesla/384.183/NVIDIA-Linux-x86_64-384.183.run
```

④ 安装 GPU 驱动。

- 对安装包加执行权限。例如，对文件名为 NVIDIA-Linux-x86_64-384.183.run 加执行权限。

Download

By clicking the "Agree & Download" button below, you are confirming that you have read and agree to be bound by the License For Customer Use of NVIDIA Software for use of the driver. The driver will begin downloading immediately after clicking on the "Agree & Download" button below. NVIDIA recommends users update to the latest driver version. Please review NVIDIA Product Security for more information.

AGREE & DOWNLOAD　　DECLINE

Open in new tab
Open in new window
Open in new InPrivate window
Save target as
Copy link
Add to reading list
Save picture as
Share picture
Select all
Copy

图 9-13
右键菜单里复制链接地址

> chmod +x NVIDIA-Linux-x86_64-384.183.run

笔 记

- 安装驱动可能需要的依赖。

> apt-get update
> apt-get install dkms build-essential linux-headers-generic

- 把 nouveau 驱动加入黑名单。

> vim /etc/modprobe.d/blacklist-nouveau.conf

在文件 blacklist-nouveau.conf 中加入如下内容：

```
blacklist nouveau
blacklist lbm-nouveau
options nouveau modeset=0
alias nouveau off
alias lbm-nouveau off
```

- 禁用 nouveau 内核模块。

> echo options nouveau modeset=0 | sudo tee -a /etc/modprobe.d/nouveau-kms.conf
> update-initramfs –u

- 重启。

> reboot

- 安装驱动。

> ./NVIDIA-Linux-x86_64-384.183.run

- 确认驱动程序正常运行。输入以下命令会列出已安装的 NVIDIA 驱动程序版本和有关 GPU 的详细信息，信息显示如图 9-14 所示。

```
ubuntu@VM-16-8-ubuntu:~$ nvidia-smi -q|head

==============NVSMI LOG==============

Timestamp                           : Tue Oct 29 15:23:15 2019
Driver Version                      : 384.183
CUDA Version                        : 9.0

Attached GPUs                       : 1
GPU 00000000:00:06.0
    Product Name                    : Tesla P4
ubuntu@VM-16-8-ubuntu:~$
```

图 9-14
GPU 的详细信息

> nvidia-smi -q | head

- 查看 GPU 运行状态，如图 9-15 所示。

> nvidia-smi

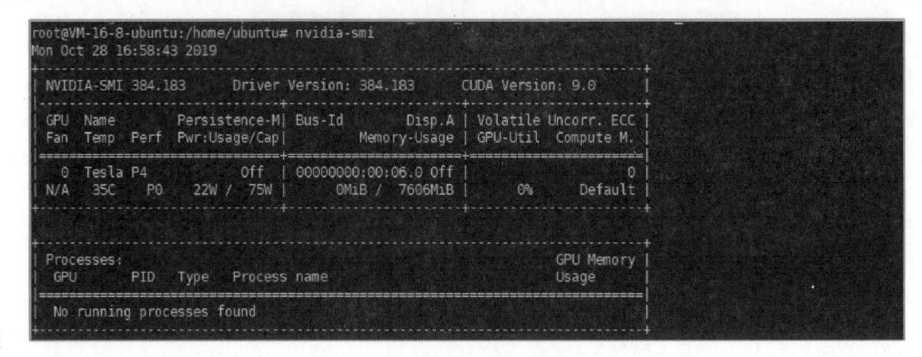

图 9-15
查看 GPU 的运行状态

2. 安装 CUDA

（1）下载 CUDA

- 打开 CUDA 9.0 下载链接 https://developer.nvidia.com/cuda-90-download-archive。
- 选择操作系统和安装包后右击“Download[1.6 GB]”超链接，在弹出的右键菜单选择“复制链接地址”命令，如图 9-16 所示。

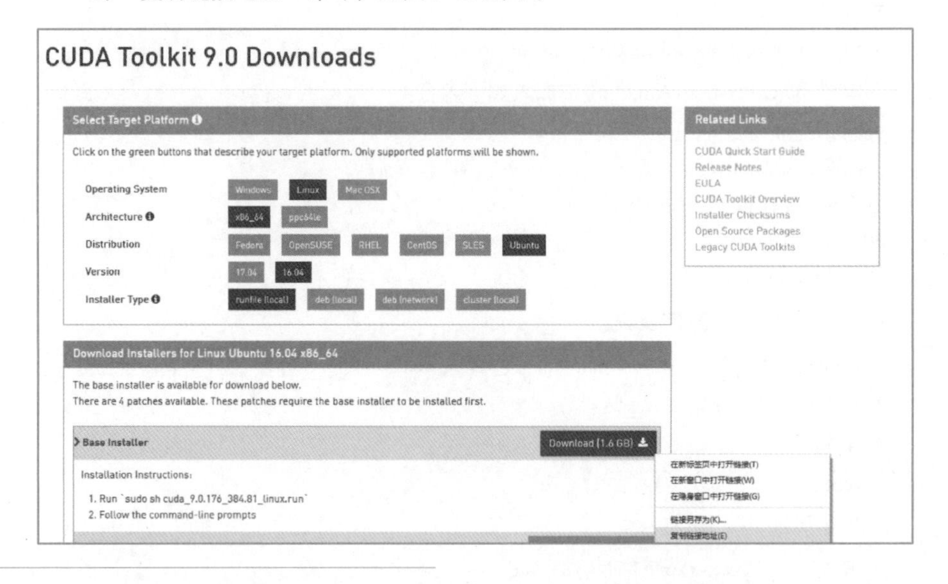

图 9-16
操作系统与 CUDA 选择情况

- 登录 GPU 实例，使用 wget 命令，粘贴上一步骤复制的链接地址下载安装包；或通过在本地系统下载 cuda9.0 安装包，上传到 GPU 实例的服务器。

> wget https://developer.nvidia.com/compute/cuda/9.0/Prod/local_installers/cuda_9.0.176_384.81_linux-run

（2）安装 CUDA

- 对安装包增加执行权限。例如，对文件名为 cuda_9.0.176_384.81_linux.run 增加执行权限。

```
➢ chmod +x cuda_9.0.176_384.81_linux.run
```

● 安装 cuda9.0。

```
➢ ./cuda_9.0.176_384.81_linux.run
Do you accept the previously read EULA?
accept/decline/quit: accept
Install NVIDIA Accelerated Graphics Driver for Linux-x86_64 384.81?
(y)es/(n)o/(q)uit: n
Install the CUDA 9.0 Toolkit?
(y)es/(n)o/(q)uit: y
Enter Toolkit Location
 [ default is /usr/local/cuda-9.0 ]:
Do you want to install a symbolic link at /usr/local/cuda?
(y)es/(n)o/(q)uit: y
Install the CUDA 9.0 Samples?
(y)es/(n)o/(q)uit: y
Enter CUDA Samples Location
[ default is /home/ubuntu ]:
```

● 配置环境变量。

```
➢ vim ~/.bashrc
```

在文件中加入如下内容：

```
export CUDA_HOME=/usr/local/cuda-9.0
export PATH=$PATH:$CUDA_HOME/bin
export LD_LIBRARY_PATH=/usr/local/cuda-9.0/lib64${LD_LIBRARY_PATH:+:${LD_
LIBRARY_PATH}}
➢ source ~/.bashrc
```

● 验证 cuda 是否安装成功。

如果担心把 samples 弄坏了，就需要先进行备份，在备份里操作。

```
➢ cd /usr/local/cuda/samples/1_Utilities/deviceQuery
➢ make
➢ ./deviceQuery
```

输出如图 9-17 所示内容则表示安装成功。

3. 安装 cuDNN

(1) 下载 cuDNN

● 打开 cuDNN v7.0 的下载地址 https://developer.nvidia.com/cudnn。

● 注册登录后单击红色框下载 libcudnn7_7.6.4.38-1+cuda9.0_amd64.deb，如图 9-18 所示并上传到 CVM。

(2) 安装 cuDNN

● 安装 cuDNN，输入如下代码：

```
➢ dpkg -i libcudnn7_7.6.4.38-1+cuda9.0_amd64.deb
```

其结果显示如图 9-19 所示。

笔 记

```
root@VM-16-8-ubuntu:/usr/local/cuda/samples/1_Utilities/deviceQuery# ./deviceQuery
./deviceQuery Starting...

 CUDA Device Query (Runtime API) version (CUDART static linking)

Detected 1 CUDA Capable device(s)

Device 0: "Tesla P4"
  CUDA Driver Version / Runtime Version          9.0 / 9.0
  CUDA Capability Major/Minor version number:    6.1
  Total amount of global memory:                 7606 MBytes (7975862272 bytes)
  (20) Multiprocessors, (128) CUDA Cores/MP:     2560 CUDA Cores
  GPU Max Clock rate:                            1114 MHz (1.11 GHz)
  Memory Clock rate:                             3003 Mhz
  Memory Bus Width:                              256-bit
  L2 Cache Size:                                 2097152 bytes
  Maximum Texture Dimension Size (x,y,z)         1D=(131072), 2D=(131072, 65536), 3D=(16384, 16384, 16384)
  Maximum Layered 1D Texture Size, (num) layers  1D=(32768), 2048 layers
  Maximum Layered 2D Texture Size, (num) layers  2D=(32768, 32768), 2048 layers
  Total amount of constant memory:               65536 bytes
  Total amount of shared memory per block:       49152 bytes
  Total number of registers available per block: 65536
  Warp size:                                     32
  Maximum number of threads per multiprocessor:  2048
  Maximum number of threads per block:           1024
  Max dimension size of a thread block (x,y,z): (1024, 1024, 64)
  Max dimension size of a grid size    (x,y,z): (2147483647, 65535, 65535)
  Maximum memory pitch:                          2147483647 bytes
  Texture alignment:                             512 bytes
  Concurrent copy and kernel execution:          Yes with 2 copy engine(s)
  Run time limit on kernels:                     No
  Integrated GPU sharing Host Memory:            No
  Support host page-locked memory mapping:       Yes
  Alignment requirement for Surfaces:            Yes
  Device has ECC support:                        Enabled
  Device supports Unified Addressing (UVA):      Yes
  Supports Cooperative Kernel Launch:            Yes
  Supports MultiDevice Co-op Kernel Launch:      Yes
  Device PCI Domain ID / Bus ID / location ID:   0 / 0 / 6
  Compute Mode:
     < Default (multiple host threads can use ::cudaSetDevice() with device simultaneously) >

deviceQuery, CUDA Driver = CUDART, CUDA Driver Version = 9.0, CUDA Runtime Version = 9.0, NumDevs = 1
Result = PASS
```

图 9-17
验证 CUDA 是否安装成功

NVIDIA cuDNN is a GPU-accelerated library of primitives for deep neural networks.

☑ I Agree To the Terms of the cuDNN Software License Agreement

Note: Please refer to the Installation Guide for release prerequisites, including supported GPU architectures and compute capabilities, before downloading.

For more information, refer to the cuDNN Developer Guide, Installation Guide and Release Notes on the Deep Learning SDK Documentation web page.

Download cuDNN v7.6.4 [September 27, 2019], for CUDA 10.1

Download cuDNN v7.6.4 [September 27, 2019], for CUDA 10.0

Download cuDNN v7.6.4 [September 27, 2019], for CUDA 9.2

Download cuDNN v7.6.4 [September 27, 2019], for CUDA 9.0

Library for Windows, Mac, Linux, Ubuntu(x86_64 architecture)

cuDNN Library for Windows 7

cuDNN Library for Windows 10

cuDNN Library for Linux

cuDNN Runtime Library for Ubuntu16.04 [Deb]

cuDNN Developer Library for Ubuntu16.04 [Deb]

cuDNN Code Samples and User Guide for Ubuntu16.04 [Deb]

cuDNN Runtime Library for Ubuntu14.04 [Deb]

cuDNN Developer Library for Ubuntu14.04 [Deb]

cuDNN Code Samples and User Guide for Ubuntu14.04 [Deb]

图 9-18
下载 cuDNN 的版本情况

```
root@VM-16-8-ubuntu:/home/ubuntu# dpkg -i libcudnn7_7.6.4.38-1+cuda9.0_amd64.deb
Selecting previously unselected package libcudnn7.
(Reading database ... 99004 files and directories currently installed.)
Preparing to unpack libcudnn7_7.6.4.38-1+cuda9.0_amd64.deb ...
Unpacking libcudnn7 (7.6.4.38-1+cuda9.0) ...
Setting up libcudnn7 (7.6.4.38-1+cuda9.0) ...
Processing triggers for libc-bin (2.23-0ubuntu9) ...
```

图 9-19
安装 cuDNN 的过程

4. 安装深度学习开发环境

（1）退出 root

```
➢ exit
```

（2）安装 Anaconda

参考项目 3。

（3）安装 GPU TensorFlow 环境

笔 记

- 安装 TensorFlowgpu 版，版本为 1.12.0。

> pip install tensorflow-gpu==1.12.0

- 修改当前用户的环境变量，在~/.bashrc 中加入 CUDA 环境。

> vim ~/.bashrc

在文件中加入如下内容：

```
export CUDA_HOME=/usr/local/cuda-9.0
export PATH=$PATH:$CUDA_HOME/bin
export LD_LIBRARY_PATH=/usr/local/cuda-9.0/lib64${LD_LIBRARY_PATH:+:${LD_
LIBRARY_PATH}}
```

> source ~/.bashrc

- 测试 TensorFlow GPU 环境是否安装成功。在 Python 客户端上运行下列代码，测试安装是否成功。

> importtensorflowastf
> hello=tf.constant('hello,Tensorflow')
> sess=tf.Session()
> print(sess.run(hello))

如果输出“hello,Tensorflow”则表示成功，如图 9-20 所示。

```
ubuntu@VM-16-8-ubuntu:~$ python
Python 3.6.5 |Anaconda, Inc.| (default, Apr 29 2018, 16:14:56)
[GCC 7.2.0] on linux
Type "help", "copyright", "credits" or "license" for more information.
>>> import tensorflow as tf
/home/ubuntu/anaconda3/lib/python3.6/site-packages/h5py/__init__.py:36: FutureWarning: Conversion of the second argument of issubdtype f
rom `float` to `np.floating` is deprecated. In future, it will be treated as `np.float64 == np.dtype(float).type`.
  from ._conv import register_converters as _register_converters
>>> hello= tf.constant('hello,Tensorflow')
>>> sess = tf.Session()
2019-10-28 20:59:21.556861: I tensorflow/core/platform/cpu_feature_guard.cc:141] Your CPU supports instructions that this TensorFlow bin
ary was not compiled to use: AVX2 AVX512F FMA
2019-10-28 20:59:22.195236: I tensorflow/stream_executor/cuda/cuda_gpu_executor.cc:964] successful NUMA node read from SysFS had negativ
e value (-1), but there must be at least one NUMA node, so returning NUMA node zero
2019-10-28 20:59:22.195603: I tensorflow/core/common_runtime/gpu/gpu_device.cc:1432] Found device 0 with properties:
name: Tesla P4 major: 6 minor: 1 memoryClockRate(GHz): 1.1135
pciBusID: 0000:00:06.0
totalMemory: 7.43GiB freeMemory: 7.31GiB
2019-10-28 20:59:22.195670: I tensorflow/core/common_runtime/gpu/gpu_device.cc:1511] Adding visible gpu devices: 0
2019-10-28 20:59:22.565321: I tensorflow/core/common_runtime/gpu/gpu_device.cc:982] Device interconnect StreamExecutor with strength 1 e
dge matrix:
2019-10-28 20:59:22.565374: I tensorflow/core/common_runtime/gpu/gpu_device.cc:988]      0
2019-10-28 20:59:22.565399: I tensorflow/core/common_runtime/gpu/gpu_device.cc:1001] 0:   N
2019-10-28 20:59:22.565632: I tensorflow/core/common_runtime/gpu/gpu_device.cc:1115] Created TensorFlow device (/job:localhost/replica:0
/task:0/device:GPU:0 with 7048 MB memory) -> physical GPU (device: 0, name: Tesla P4, pci bus id: 0000:00:06.0, compute capability: 6.1)
>>> print(sess.run(hello))
b'hello,Tensorflow'
>>>
```

图 9-20
测试 TensorFlow GPU 环境

（4）安装 Keras 环境

- 安装 Keras，版本为 2.2.4。

> pip install keras==2.2.4

- 测试 Keras 是否安装成功。在 Python 客户端下运行以下代码，输出如下内容。

> import keras

其结果显示如图 9-21 所示，则表示安装成功。

```
ubuntu@VM-16-8-ubuntu:~$ python
Python 3.6.5 |Anaconda, Inc.| (default, Apr 29 2018, 16:14:56)
[GCC 7.2.0] on linux
Type "help", "copyright", "credits" or "license" for more information.
>>> import keras
/home/ubuntu/anaconda3/lib/python3.6/site-packages/h5py/__init__.py:36: FutureWarning: Conversion of the second argument of issubdtyp
e from `float` to `np.floating` is deprecated. In future, it will be treated as `np.float64 == np.dtype(float).type`.
  from ._conv import register_converters as _register_converters
Using TensorFlow backend.
>>>
```

图 9-21
测试 keras 环境

（5）安装 opencv-python

- 安装 opencv-python。

➢ pipinstall opencv-python

● 测试 opencv-python 是否安装成功。在 Python 客户端下运行以下代码，输出如图 9-22 所示内容为成功。

➢ import　cv2

```
ubuntu@VM-16-8-ubuntu:~$ python
Python 3.6.5 |Anaconda, Inc.| (default, Apr 29 2018, 16:14:56)
[GCC 7.2.0] on linux
Type "help", "copyright", "credits" or "license" for more information.
>>> import cv2
>>>
```

图 9-22
测试 opencv-python 环境

5. 安装与配置 Jupyter Notebook

（1）安装 Jupyter Notebook

Anaconda 中自带 Jupyter Notebook，因为之前已经安装了 Anaconda，可以直接使用 Jupyter Notebook。

（2）配置 Jupyter Notebook 环境

● 生成 Jupyter 配置文件。

➢ jupyternotebook　--generate-config

● 生成 Jupyter 密码文件（密码用来远程登录 Jupyter）。

➢ jupyternotebook　password

Enter password: ****输入你的密码

Verify password: ****再次输入你的密码

设置完密码后，接下来会提示：[NotebookPasswordApp] Wrote hashed password to /home/ubuntu/.jupyter/jupyter_notebook_config.json

● 查看生成的密码文件。

➢ cat　/home/ubuntu/.jupyter/jupyter_notebook_config.json

● 查看并复制自己创建的密钥留用，从 sha1 到最后，如图 9-23 所示。

图 9-23
查看自己创建的密钥

● 修改 Jupyter 配置文件。

➢ vim　/home/ubuntu/.jupyter/jupyter_notebook_config.py

按 I 键进入 Insert 模式，将配置文件修改成下列内容，并将行首的“#”去掉，按 Esc 键进入 command 模式，键入:wq，保存退出文件编辑模式。

```
c.NotebookApp.ip='*'
c.NotebookApp.open_browser = False
c.NotebookApp.password = u'sha:ce...你自己创建的那个密文'
c.NotebookApp.port =8888#默认端口可自行指定
```

● 启动 Jupyter，请务必不要关闭下面已连接的终端窗口。

➢ jupyter notebook

启动过程如图 9-24 所示。

```
ubuntu@VM-16-8-ubuntu:~$ jupyter notebook
[W 17:08:13.475 NotebookApp] WARNING: The notebook server is listening on all IP addresses and not using encryption. This is not reco
mmended.
                              JupyterLab beta preview extension loaded from /home/ubuntu/anaconda3/lib/python3.6/site-packages/jupyter
lab
                              JupyterLab application directory is /home/ubuntu/anaconda3/share/jupyter/lab
                              Serving notebooks from local directory: /home/ubuntu
                              0 active kernels
                              The Jupyter Notebook is running at:
                              http://VM-16-8-ubuntu:8888/
                              Use Control-C to stop this server and shut down all kernels (twice to skip confirmation).
```

图 9-24
Jupyter Notebook 的启动过程

- 使用本机浏览器访问 Jupyter。

输入虚拟机的 IP 地址及密码，如 106.xx.xx.xx:8888。

成功登录 Jupyter 后进入下一步。

6. 数据预处理与创建训练模型

笔 记

（1）创建 Jupyter Notebook 项目

- 打开 Jupyter Notebook。
- 在 Python 3 下新建一个 notebook 项目，命名为 task9-1。

（2）处理垃圾分类图像数据集

在 Jupyter Notebook 中输入如图 9-25 所示的代码，并确认代码无错误。

```python
def makeTrainTestData(images, labels, trainRatio=0.9):
    #Packages the corresponding elements in the object into tuples, and returns a list of these tuples
    c=list(zip(images,labels))
    #Random disorder order
    random.shuffle(c)
    #Extract tuples into a list
    images, labels= zip(*c)
    #compute the train images number
    train_num= int(trainRatio*len(images))
    # split images into train_images and test_images
    #split labels into train_labels and test_labels
    train_images, train_labels= images[:train_num], labels[:train_num]
    test_images, test_labels= images[train_num:], labels[train_num:]
    #return four part sets
    return (np.array(train_images), np.array(train_labels)), (np.array(test_images), np.array(test_labels))

# define readData() function to obtain the images
def readData(path=r"./dataset/",trainRatio=0.9):
    images=[]  #define images sets
    labels=[]  #define labels sets
    subdirs=os.listdir(path) #read all folder or file names under this path
    subdirs.sort()  #gorting elements in an array
    print(subdirs)  #print sorted array
    classes=len(subdirs) #get the length of the array

    for subdir in range(classes):  #Traverse each category
        #each image in one category
        for index in os.listdir(os.path.join(path, subdirs[subdir])):
            # get the whole path of index image
            indexDir = os.path.join(path, subdirs[subdir],index)
            sys.stdout.flush()#to "flush" the buffer
            print("label --> dir : {} --> {}".format(subdirs[subdir], indexDir))
            #get every image name in indexDir path
            for indexdir in os.listdir(indexDir):
                #get the path of image name
                image_path=os.path.join(indexDir,indexdir)
                img=cv2.imread(image_path) # read image
                #resize iamge to 32*32*3
                img=cv2.resize(img,dsize=(32,32), interpolation=cv2.INTER_AREA)
                images.append(img)  # merge image into  images
                labels.append(subdir) #merge label into labels
    # make train set and test set
    (train_images, train_labels), (test_images, test_labels)=makeTrainTestData(images, labels)
    np.save("train_images.npy",train_images)
    np.save("test_images.npy",test_images)
    np.save("train_labels.npy",train_labels)
    np.save("test_labels.npy",test_labels)
    return (train_images, train_labels), (test_images, test_labels)
try:
    train_images=np.load("train_images.npy")
    test_images=np.load("test_images.npy")
    train_labels=np.load("train_labels.npy")
    test_labels=np.load("test_labels.npy")
except:
    (train_images, train_labels), (test_images, test_labels)=readData()
print(train_images.shape)
print(test_images.shape)
print(train_labels.shape)
print(test_labels.shape)
```

图 9-25
处理垃圾分类图像数据集代码

（3）建立学习模型的卷积部分

在 Jupyter Notebook 中输入如图 9-26 所示的代码，并确认代码无错误。

```
from keras.models import Sequential
from keras.layers import Conv2D, MaxPooling2D,ZeroPadding2D,Dropout
from keras.layers import Flatten, Dense

model= Sequential()
model.add(Conv2D(filters=48,
         kernel_size=(3,3),
         input_shape=(32,32,3),
         activation='relu',
         padding='same')
        )
model.add(Dropout(0.25))
model.add(MaxPooling2D(pool_size=(2,2)))
model.add(Conv2D(filters=64,
         kernel_size=(3,3),
         activation='relu',
         padding='same'))
model.add(Dropout(0.25))
model.add(MaxPooling2D(pool_size=(2,2)))
```

图 9-26
建立学习模型卷积层代码

（4）建立学习模型的神经网络部分

在 Jupyter Notebook 中输入如图 9-27 所示的代码，并确认代码无错误。

```
model.add(Flatten())
model.add(Dropout(0.25))
model.add(Dense(units=1000, activation='relu'))
model.add(Dropout(0.25))
model.add(Dense(units=4,activation='softmax'))
model.summary()
```

图 9-27
建立学习模型神经网络层代码

7. 对模型进行训练

① 在 Jupyter Notebook 中输入如图 9-28 所示的代码，并确认代码无错误。

```
model.compile(loss='categorical_crossentropy',
              optimizer='adam',
              metrics=['acc'])  #set the parameters of training model
train_history=model.fit(x=train_image_norm,
                        y=train_labels_ohe,
                        validation_split=0.1,
                        epochs=10,
                        batch_size=64,
                        verbose=1)   # set the parameters of training
```

图 9-28
对模型进行训练的代码

② 按 Ctrl+Enter 组合键，显示代码的运行结果，如图 9-29 所示。

```
Train on 1740 samples, validate on 435 samples
Epoch 1/10
 - 4s - loss: 1.3802 - acc: 0.4287 - val_loss: 1.1752 - val_acc: 0.5103
Epoch 2/10
 - 0s - loss: 1.0671 - acc: 0.5580 - val_loss: 1.0631 - val_acc: 0.5517
Epoch 3/10
 - 0s - loss: 0.9604 - acc: 0.5994 - val_loss: 0.9865 - val_acc: 0.5839
Epoch 4/10
 - 0s - loss: 0.9240 - acc: 0.6230 - val_loss: 0.9518 - val_acc: 0.5793
Epoch 5/10
 - 0s - loss: 0.8467 - acc: 0.6408 - val_loss: 0.9303 - val_acc: 0.6115
Epoch 6/10
 - 0s - loss: 0.8225 - acc: 0.6672 - val_loss: 0.8978 - val_acc: 0.6115
Epoch 7/10
 - 0s - loss: 0.7144 - acc: 0.7172 - val_loss: 0.8955 - val_acc: 0.5977
Epoch 8/10
 - 0s - loss: 0.7127 - acc: 0.7190 - val_loss: 0.8879 - val_acc: 0.6046
Epoch 9/10
 - 0s - loss: 0.6473 - acc: 0.7397 - val_loss: 0.8776 - val_acc: 0.6115
Epoch 10/10
 - 0s - loss: 0.5783 - acc: 0.7759 - val_loss: 0.8240 - val_acc: 0.6506
```

图 9-29
模型训练过程中的准确率和误差动态数据

③ 对比项目 7 中的使用 CPU 进行训练的效率，从图 9-30 可以看出，使用 GPU 的训练时间比使用 CPU 的训练时间少了约 97%以上。

```
Epoch 1/10
1893/1893 [==============================] - 18s 9ms/step
cc: 0.7346
Epoch 2/10
1893/1893 [==============================] - 14s 8ms/step
cc: 0.7441
Epoch 3/10
1893/1893 [==============================] - 15s 8ms/step
cc: 0.7251
Epoch 4/10
1893/1893 [==============================] - 14s 8ms/step
cc: 0.7488
Epoch 5/10
1893/1893 [==============================] - 15s 8ms/step
cc: 0.7583
Epoch 6/10
1893/1893 [==============================] - 14s 8ms/step
cc: 0.7062
Epoch 7/10
1893/1893 [==============================] - 16s 8ms/step
cc: 0.7204
Epoch 8/10
1893/1893 [==============================] - 16s 8ms/step
cc: 0.7393
Epoch 9/10
```

(a) 使用 CPU 进行训练的时间

```
Epoch 1/10
 - 4s - loss: 1.3802 - acc: 0.4287
Epoch 2/10
 - 0s - loss: 1.0671 - acc: 0.5580
Epoch 3/10
 - 0s - loss: 0.9604 - acc: 0.5994
Epoch 4/10
 - 0s - loss: 0.9240 - acc: 0.6230
Epoch 5/10
 - 0s - loss: 0.8467 - acc: 0.6408
Epoch 6/10
 - 0s - loss: 0.8225 - acc: 0.6672
Epoch 7/10
 - 0s - loss: 0.7144 - acc: 0.7172
Epoch 8/10
 - 0s - loss: 0.7127 - acc: 0.7190
Epoch 9/10
 - 0s - loss: 0.6473 - acc: 0.7397
Epoch 10/10
 - 0s - loss: 0.5783 - acc: 0.7759
```

(b) 使用 GPU 进行训练的时间

图 9-30 使用 CPU 和 GPU 进行同样的训练时间对比

项目总结

本项目主要介绍了如何创建带 GPU 的腾讯云虚拟主机，并介绍了如何在虚拟主机环境中安装 GPU 驱动以及 GPU 深度学习开发环境，最后，本项目使用项目 7 的案例在 GPU 环境下进行训练，将 GPU 环境下的训练时间与 CPU 环境下的训练时间进行对比。

本项目重点

- 掌握使用带 GPU 的深度学习开发方法。
- 掌握支持 GPU 的深度学习开发环境搭建。
- 掌握 CUDA 和 CUDNN 的安装方法。
- 掌握使用 GPU 进行深度学习开发的过程。

本项目难点

- 开发环境的搭建。
- GPU 驱动的安装。

课后练习

一、单选题

1. DRAM 即（　　），是常见的系统内存。

   A. 动态随机存取存储器　　B. 静态随机存取存储器

   C. 动态存取存储器　　D. 静态存取存储器

2. CPU 是一个有多种功能的优秀“领导者”，下面（　　）项不属于它的优点。

   A. 调度　　B. 管理　　C. 协调　　D. 计算

3. GPU 是（　　），不能单独工作，它还需要缓存来辅助工作。

   A. 只是显卡上的一个核心元件　　B. 包括显卡

笔 记

C. 就是显卡　　D. 和显卡没有关系

4. CUDA 这一编程模型，是想在应用程序中充分利用 CPU 和 GPU 各自的优点，它是一种（　　）。

A. 程序　　B. 架构　　C. 系统　　D. 驱动

5. NVIDIA cuDNN 是一个 GPU 加速深层神经网络（　　）。

A. 加速库　　B. 架构　　C. 系统　　D. 驱动

6. 腾讯云虚拟机中要使用 GPU，在创建新实例时选择下面（　　）实例。

A. SA2.SMALL2（标准型 SA2，单核 2 GB）

B. C3.4XLARGE64（计算型 C3，16 核 64 GB）

C. GN7.2XLARGE32（GPU 计算型 GN7，8 核 32 G）

D. D2.4XLARGE64（大数据型 D2，16 核 64 GB）

7. 登录到虚拟机中，实例的安全组需要开放（　　）和 8888 端口给用户访问。

A. 443　　B. 8000　　C. 404　　D. 22

8. 在虚拟机终端中输入（　　）来查看虚拟机的 GPU。

A. config　　B. nvidia-smi　　C. gpu　　D. ls

9. 要使用 GPU 进行深度学习开发，深度学习开发框架应用使用下面（　　）。

A. Tensorflow　　B. Tensorflow-gpu　　C. gpu　　D. Keras-gpu

10. 使用 GPU 进行深度学习的训练，训练时间会比只用 CPU 进行训练的时间(　　)。

A. 增加　　B. 减少　　C. 不变　　D. 不确定

二、简答题

1. 简述 CPU、GPU、CUDA 的概念。
2. 简述独立显卡和集成显卡的区别。
3. 简述 GPU 的特点。
4. 在 GPU 环境下，运行项目 5～项目 8 的案例，对比 CPU 和 GPU 环境下的运行效率，并将结果填入表 9-2。

表 9-2　简答题表格

项 目 案 例	CPU 环境下训练时间	GPU 环境下训练时间	减少时间百分比
项目 5			
项目 6			
项目 7			
项目 8			

项目 10

基于 Keras 框架的目标检测 Web 应用软件开发

学习目标

知识目标

- 掌握 Flask 框架的结构。
- 掌握 Web 软件开发的结构。
- 掌握 Web 软件开发的过程。

技能目标

- 掌握 Python Web 应用框架的开发。
- 掌握模型的封装与调用。
- 掌握 Flask 后台的开发。

项目描述

项目背景及需求

深度学习组完成了垃圾分类的模型训练，组长突然接到任务，要求做一个 Web 接口服务用来让其他组来应用训练出来的模型，如图 10-1 所示。

图 10-1
基于云端的 Web 服务应用

利用 Python Web 搭建一个 Web 服务器，并配置好接口页面，接收传过来的图片数据，后台程序调用封装好的垃圾分类模型，并返回分类结果给 Web 前端，当前端提交图片请求后，通过服务器返回的分类结果，将其显示在 Web 页面中，如图 10-2 所示。

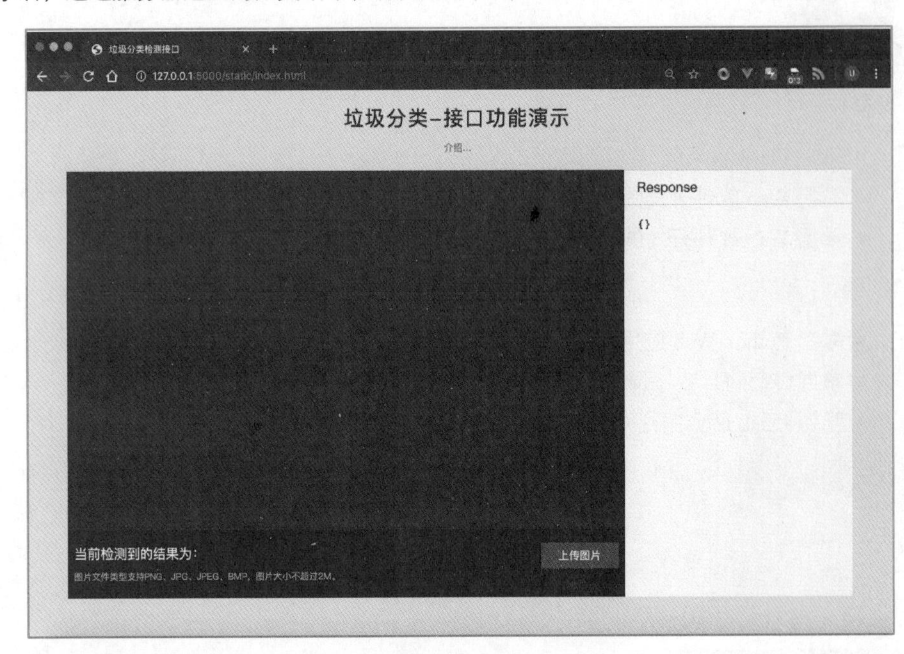

图 10-2
垃圾分类 Web 页面显示图

项目分解

按照任务要求，对基于 Keras 框架的目标检测 Web 应用软件开发步骤如图 10-3 所示，首先对训练好的分类模型进行封装，将该模型封装成函数以供后续应用调用，然后，设计 Web 前端与用户进行交互，接着搭建 Web 应用后台，设计后台相应程序，以及调用封装模型进行分类，并返回分类结果；完成前后端的设计后对前后端进行整合，将用户需求通过 HTTP 请求对方式发送给后台，后台接收请求后进行分类，并将分类结果返回给前端，启动服务器；最后使用浏览器打开该 Web 网页并对功能进行测试。

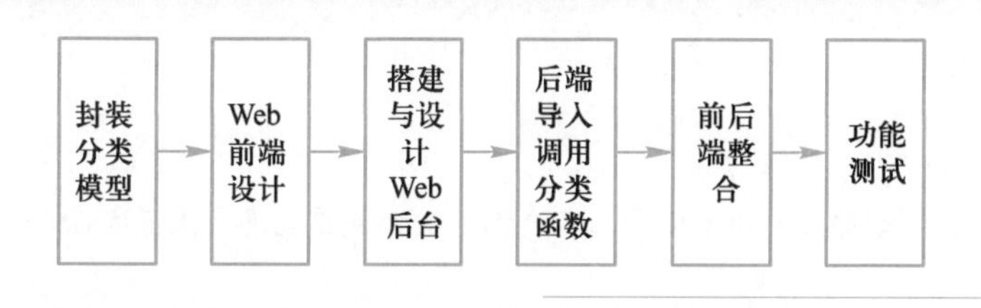

图 10-3 基于 Keras 框架的目标检测 Web 应用软件开发步骤

按照任务流程，可以将该任务分解成如下几个子任务，依次完成：

第 1 步：对垃圾分类模型进行封装，实现模块函数调用。

第 2 步：进行前端 Web 页面设计，包括分析 Web 应用场景、进行业务逻辑分析、构建项目结构、代码实现。

第 3 步：搭建 Web 后端项目，包括 Flask 环境搭建、构建项目结构、定义与编写接口、检测后端项目。

第 4 步：前后端整合，将前端项目粘贴到后端项目的 static 目录下并启动项目。

第 5 步：功能测试，检查目标检测功能是否实现。

工作任务

- 掌握 Flask 框架结构。
- 掌握 Web 软件的开发方法。
- 训练好的模型及参数。

任务 10　基于 Keras 框架的目标检测 Web 应用软件开发

基于 Keras 框架的目标检测 Web 应用软件开发

任务描述

利用 Python Web 搭建一个 Web 服务器，并配置好接口页面，接收传过来的图片数据，后台程序调用封装好的垃圾分类模型，并返回分类结果给 Web 前端，前端提交图片请求后，通过服务器返回的分类结果，将其显示在 Web 页面中。

问题引导

训练好模型后如何使用?

知识准备

Flask 框架是由 Python 实现的一个 Web 微框架，让人们可以使用 Python 语言快速实现一个网站或 Web 服务。它比较适合一些分层比较少，逻辑不怎么复杂的 Web 项目。

Flask 框架的核心包括路由模块（用来实现路由、调试和 Web 服务器网关接口）和模板引擎。

创建一个 Flask 框架的 Web 项目主要包括如下几个部分：

- 初始化。
- 路由和视图函数。
- Web 开发服务器。
- 动态路由。

笔 记

- 调试模式。

注意：

请勿在服务器中启用调试模式，客户端通过调试器能请求执行远程代码，会导致服务器遭到攻击。

任务实施

1. 封装分类模型

（1）定义函数输入输出

函数名：lajifenlei( )

输入参数：string　filename，输入参数为图片名，可读取 jpg/png 格式图片文件。

输出参数：int result，输出参数为分类结果，为整型数据。根据垃圾分类表，分别对应 0、1、2、3 这 4 种不同类型。

（2）封装函数代码

将训练好的分类模型进行封装，包括函数文件 classifyModel.py 和参数文件 trashClassifyModel.h5 两部分。函数文件 classifyModel.py 代码如下，参数文件为项目 7 训练结束后保存下来的参数文件。

```
trashClassifyModel.h5。
#classifyModel.py
import cv2
import numpy as np
import os
from keras.models import Sequential
from keras.layers import Conv2D, MaxPooling2D, Dropout
from keras.layers import Flatten, Dense
def Model():
    model=Sequential()
    model.add(Conv2D(filters=48,kernel_size=(5,5),input_shape=(32,32,3),activation=
'relu',padding='same'))
    model.add(Dropout(0.25))
    model.add(MaxPooling2D(pool_size=(2,2)))
model.add(Conv2D(filters=64,kernel_size=(3,3),activation='relu',padding='same'))
    model.add(Dropout(0.25))
    model.add(MaxPooling2D(pool_size=(2,2)))
    model.add(Flatten())
    model.add(Dropout(0.25))
    model.add(Dense(1000,activation='relu'))
    model.add(Dropout(0.25))
    model.add(Dense(4,activation='softmax'))
    return model
def lajifenlei(img):
    weight_file = u"./trashClassifyModel.h5"
```

```
    model = Model()
    if os.path.exists(weight_file):
        model.load_weights(weight_file)
    else:
        print("trained weight file isn't exist.")
    data = cv2.resize(img,dsize=(32, 32))  # 读取传进来的图片
    data = np.reshape(data, (1, 32, 32, 3))
    prediction=model.predict_classes(data)[0]
    return prediction
```

笔 记

2. Web 前端设计

(1) 需求分析

- 用户输入网址 URL 访问前端页面。
- 用户根据提示语，找到上传图片按钮，点击后选中图片上传检测。
- 确定上传后，页面出现“正在检测中”的交互动画。
- 检测完毕，检测结果呈现给用户查看。

(2) 关键点分析

- 上传图片按钮为<input type = 'file'> 标签实现。
- 监听上传图片按钮 dom 对象的文件属性内容变化情况。
- 将图片文件转换为 base64 数据格式。
- 通过 ajax，附带数据向后端服务器异步发送请求。
- 在回调函数中获取结果，并将结果渲染到 dom 节点上。

(3) 构建项目结构

Web 前端项目包含 Index.css 文件、index.js 文件和 index.html 文件 3 个文件，其文件目录结构如图 10-4 所示。

```
||-- css
||---- index.css        //样式文件
||-- js
||---- index.js         // js 脚本文件
||-- index.html         //html 网页
```

css
js
index.html

图 10-4
前端项目文件结构图

(4) 代码实现

编写代码实现下列文件，本案例均为手动构建文件，使用的编辑器软件是 sublime。

➢ index.html（网页代码）

➢ index.css（网页样式）

➢ index.js（页面交互功能）

- 编辑 index.html 文件。

笔 记

该文件为网页代码。

```
<!DOCTYPE html>
<html>
<head>
    <title>垃圾分类检测接口</title>
    <meta name="viewport" content="width=device-width,height=device-height,initial-scale=
1.0,user-scalable=no,minimum-scale=0.5,maximum-scale=0.5"/>
    <meta charset="utf-8">
    <link rel="stylesheet" type="text/css" href="./css/index.css">
</head>
<body>
    <div class="body-container">
        <div class="ai-container">
            <div class="demo-title">
                垃圾分类-接口功能演示
            </div>
            <div class="demo-detail">
                介绍…
            </div>
            <div class="demo-container ">
                <div class="demo-data-container demo-data-left">
                    <span id="img-scanning"></span>
                    <div class="demo-data">
                        <div class="canvas-container">
                        </div>
                        <div class="image-input">
                            <div class="image-input-container">
                                <div class="detect-result">
                                    当前检测到的结果为：
                                    <span id="detect_result"></span>
                                </div>
                                <label class="image-local">
                                    <input id="image-upload" type="file" accept="image/
png, image/bmp, image/jpg, image/jpeg" class="image-local-input">
                                    上传图片
                                </label>
                                <div class="image-notice">
                                    图片文件类型支持 PNG、JPG、JPEG、BMP，图
片大小不超过 2 MB
                                    <div id="error-tip"></div>
                                </div>
                            </div>
                        </div>
                    </div>
                </div>
                <div class="demo-data-container demo-data-right">
```

```
                        <div class="response-title">
                            Response
                        </div>
                        <div class="json-content" >
                            <pre id="result">
                            </pre>
                        </div>
                    </div>
                </div>
            </div>
        </div>
        <script type="text/javascript" src="./js/index.js"></script>
    </body>
    </html>
```

● 编辑 index.css 文件。

该文件即为网页的样式表，用于美化网页。

```
/**
 * initialize config css start
 */

body{
    margin: 0;
    background-color: #ebedf1;
}

/**
 * inititalize config css end
 */

/**
 * body-container start
 */
.body-container{

}

/**
 * body-container end
 */

/**
 * ai-container start
 */

.ai-container{
    overflow: hidden;
```

笔 记

笔 记

```
    width: 1180px;
    margin: 0 auto;
}

.demo-title{
    width: 100%;
    margin: 20px 0 10px;
    text-align: center;
    font-size: 30px;
    letter-spacing: 2px;
}
.demo-detail{
    width: 650px;
    line-height: 26px;
    padding-bottom: 20px;
    text-align: center;
   margin: 0 auto;
   font-size: 14px;
   color: #999;
}

/**
 * ai-container end
 */

/**
 * demo-data start
 */

.ai-container .demo-data{
    height: 100%;
}

/**
 * demo-data end
 */

/**
 * detect module demo-container start
 */

.ai-container .demo-container{
    position: relative;
    width: 100%;
    height: 624px;
}
```

笔 记

```
.demo-container .demo-data-container.demo-data-left{
    position: absolute;
    left: 0;
    height: 100%;
    width: 840px;
    background: #343434;
}


.demo-data .image-input{
    position: absolute;
    left: 0;
    bottom: 0;
    height: 60px;
    width: 820px;
    padding: 20px 10px;
    background: rgba(0,0,0,.5);
    z-index: 9;
}

.image-input .image-notice{
    margin-top: 10px;
    color: #ccc;
    font-size: 12px;
}
.image-input .detect-result{
    display: inline-block;
    color: #fff;
}

.image-input .image-local{
    cursor: pointer;
    float: right;
    display: inline-block;
    width: 116px;
    font-size: 16px;
    line-height: 38px;
    text-align: center;
    color: #fff;
    background-color: #0073eb;
    border: none;
}

.image-input .image-local .image-local-input{
```

笔 记

```
    display: none;
}

#error-tip{
    float: right;
    font-size: 21px;
    color: red;
}

@keyframes move {
    0% {
        transform: translateY(0px);
    }
    25% {
        transform: translateY(312px);
    }
    50% {
        transform: translateY(624px);
    }
    75% {
        transform: translateY(312px);
    }
    100% {
        transform: translateY(0px);
    }
}

#img-scanning {
    display: none;
    position: absolute;
    left: 0;
    top: 0;
    width: 100%;
    height: 20px;
    background-color: rgba(45, 183, 183, 0.54);
    z-index: 1;
    transform: translateY(135%);
    animation: move 1.5s linear;
    animation-iteration-count: infinite;
}
/**
 * detect module demo-container end
 */

/**
 * json-content module start
```

```
 */

.demo-container .demo-data-container.demo-data-right{
    position: absolute;
    right: 0;
    width: 340px;
    height: 100%;
    background: #fafafa;
    border-top: 1px solid #d8d8d8;
    border-bottom: 1px solid #d8d8d8;
}
.response-title,.json-content{
    padding-left: 20px;
}

.response-title{
    border-bottom: 1px solid #d8d8d8;
    line-height: 50px;
    font-size: 20px;
    color: #333;
}
.json-content{
    overflow: auto;
    height: 92%;
}

.string {
    color: green;
}
.number {
    color: darkorange;
}
.boolean {
    color: blue;
}
.null {
    color: magenta;
}
.key {
    color: red;
}

/**
 * json-content module end
 */
```

笔 记

- 编辑 index.js 文件。

笔 记

该文件主要实现网页的交互功能。

```
/**
 * initial constance config
 * 信息配置
 */
const main_config = {
        // 请求主机，''默认为本机
    request_host: '',
     api_url: {
       // api 配置
        garbage_detect: {
            method: 'post',
            url:'/app/detect',
              result_transfer: {
                     '0': '干垃圾',
                     '1': '湿垃圾',
                     '2': '有毒垃圾',
                     '3': '可回收垃圾',
              }
          }
     },
    file_limite: {
        size: 2,
        extension: 'png|jpg|jpeg|bmp',
        error_size: '上传的文件尺寸超过最大限制！',
        error_extension: '上传的文件格式不符合要求！'
      },
      canvas_size: {
        width: 840,
        height: 624,
      },
    time_stamp: new Date().getTime()

 }


 /**
  * 渲染 json 文本
  * @Author    Unow
  * @DateTime 2019-07-28
  * @param      {[type]}    json_result [description]
  * @return     {[type]}                    [description]
  */
 function json_view(json_result) {
      if (typeof json_result != 'string') {
         json = JSON.stringify(json_result, undefined, 2);
```

笔 记

```
    }
    json = json.replace(/&/g, '&').replace(/</g, '<').replace(/>/g, '>');
    return json.replace(/("(\\u[a-zA-Z0-9]{4}|\\[^u]|[^\\"])*"(\s*:)?|\b(true|false|null)\b|-?\d+(?:\.
\d*)?(?:[eE][+\-]?\d+)?)/g, function(match) {
        var cls = 'number';
        if (/^"/.test(match)) {
            if (/:$/.test(match)) {
                cls = 'key';
            } else {
                cls = 'string';
            }
        } else if (/true|false/.test(match)) {
            cls = 'boolean';
        } else if (/null/.test(match)) {
            cls = 'null';
        }
        return '<span class="' + cls + '">' + match + '</span>';
    });
}

/**
 * 创建原生 ajax 对象
 * @Author    Unow
 * @DateTime 2019-07-30
 * @return    {[type]}    [description]
 */
function createXHR()
{
    var req = null;
    if(window.XMLHttpRequest){
        req = new XMLHttpRequest();
    }
    else{
        req = new ActiveXObject("Microsoft.XMLHTTP");
    }
    return req;
}


/**
 * 打包请求数据
 * @Author    Unow
 * @DateTime 2019-07-30
 * @param     {[type]}    img_data [description]
 * @param     {[type]}    file     [description]
 * @return    {[type]}             [description]
```

笔 记

```
 */
function package_data(img_data, file) {
    var base64_data = img_data.substring(img_data.indexOf(',')+1)
    var file_type = file.type.substring(file.type.indexOf('/')+1)
    return {
        'type': file_type,
        'data': base64_data
    }
}

/**
 * 上传图片预览
 * @Author    Unow
 * @DateTime 2019-07-30
 * @param     {[type]}    foo_tag         父级容器节点
 * @param     {[type]}    img             图片对象
 * @param     {[type]}    abjusted_size   调整过的尺寸比例对象
 * @return    {[type]}                    [description]
 */
function create_canvas(foo_tag,img,abjusted_size) {
    foo_tag.removeChild(foo_tag.firstChild)
    var canvas = document.createElement('canvas')
    canvas.width = img.width
    canvas.height = img.height
    canvas.setAttribute('style', 'position: absolute; left: 50%; top: 50%; transform: translate
(-50%,-50%) scale('+ abjusted_size.scale +')')
    var ctx = canvas.getContext('2d')
    ctx.drawImage(img,0,0)
    foo_tag.append(canvas)
}


/**
 * 发送检测图片请求，并渲染数据
 * @Author    Unow
 * @DateTime 2019-07-30
 * @param     {[type]}    img_data        图片 base64 数据
 * @param     {[type]}    file            文件属性
 * @return    {[type]}            [description]
 */
function detect_img( img, file ,abjusted_size) {
    document.getElementById('img-scanning').setAttribute('style','display:block;')
    document.getElementById('detect_result').innerText = 0
    document.getElementById('result').innerHTML=json_view({});

    var data = package_data(img.src,file)
```

笔 记

```
        var xhr = createXHR()
        xhr.open(main_config.api_url.garbage_detect.method, main_config.request_host+main_
config.api_url.garbage_detect.url, true)


        xhr.send(JSON.stringify(data))
        xhr.onreadystatechange = function(e) {
            if (xhr.readyState == 4 && xhr.status == 200) {
                var resp = JSON.parse(xhr.response)
                document.getElementById('result').innerHTML=json_view(resp);
                document.getElementById('detect_result').innerText = main_config.api_url.garbage_
detect.result_transfer[resp.data.result_type]

            }
            document.getElementById('img-scanning').setAttribute('style','display:none;')
        }
    }

    /**
     * 过滤文件数据格式
     * @Author    Unow
     * @DateTime 2019-07-30
     * @param      {[type]}    file [description]
     * @return     {[type]}         [description]
     */
    function test_file( file ){
        if((file.size/1024/1024).toFixed(2) > main_config.file_limite.size){
            document.getElementById("error-tip").innerText = main_config.file_limite.error_size
            return true
        }
        if(!new RegExp('.*?('+main_config.file_limite.extension+')','i').test(file.name)){
            document.getElementById("error-tip").innerText = main_config.file_limite.error_extension
            return true
        }
        document.getElementById("error-tip").innerText = ''
        return false
    }

    /**
     * 等比例调整图片尺寸
     * @Author    Unow
     * @DateTime 2019-07-29
     * @param      {[type]}    max_size       最大尺寸限制
     * @param      {[type]}    img            要调整的图片
     * @return     {[type]}                   调整后的图片缩小比例，长和宽
     */
```

笔 记

```
function abjust_size(max_size,img) {
    var img_w = img.width
    var img_h = img.height
    var abjusted_size = {
        scale: 1,
        width: img_w,
        height: img_h
    }
    if(img_w > img_h){
        if(img_w > max_size.width){

            abjusted_size.scale = max_size.width/img_w
            abjusted_size.width = max_size.width
            abjusted_size.height = img_h*abjusted_size.scale
        }
    }else{
        if(img_h > max_size.height){

            abjusted_size.scale = max_size.height/img_h
            abjusted_size.height = max_size.height
            abjusted_size.width = img_w*abjusted_size.scale
        }
    }
    return abjusted_size

}

/**
 * 上传检测图片事件，主要函数
 * @Author    Unow
 * @DateTime 2019-07-30
 * @return    {[type]}    [description]
 */
function upload_img() {
    var file = this.files[0];

    if (!file)
        return
    if(test_file(file))
        return

    var reader = new FileReader();
    reader.readAsDataURL(file)
    reader.onload = function(){
        var img = new Image()
        img.src = this.result
```

```
            img.onload = function(){
                var abjusted_size = abjust_size(main_config.canvas_size, img)
                    create_canvas(document.getElementsByClassName('canvas-container')[0],img,
abjusted_size)
                detect_img(img,file,abjusted_size)
            }
        }
    }

    window.onload = function(){
        document.getElementById('result').innerHTML=json_view({});
        // 监听上传文件按钮
        document.getElementById('image-upload').addEventListener('change',upload_img,false);
    }
```

（5）查看前端页面

通过访问本地文件的方式，使用浏览器，打开 index.html，查看其效果如图 10-5 所示。

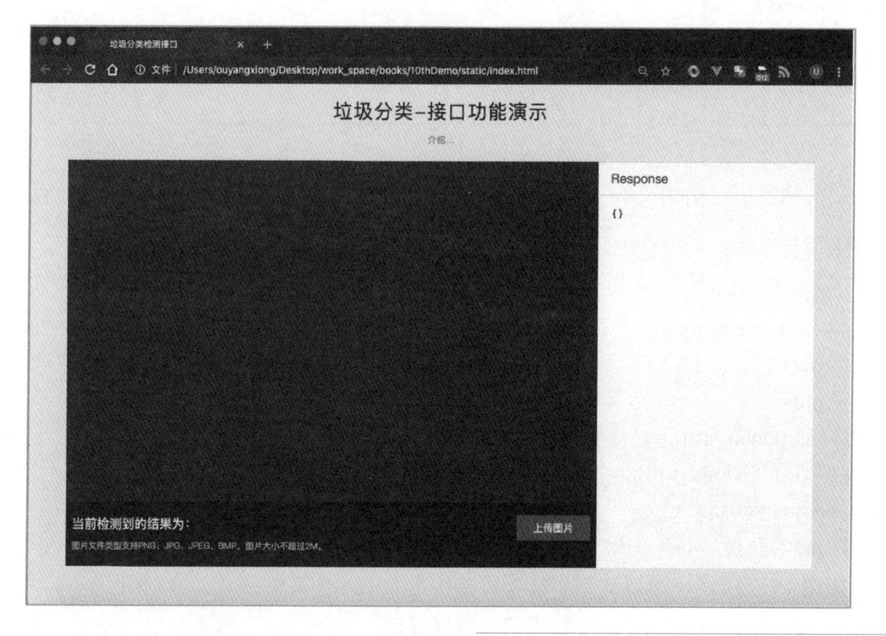

图 10-5 垃圾分类-接口功能演示页面

3．搭建 Web 后端项目

（1）Flask 环境搭建

本项目采用的 Flask 版本为 1.0.2，以下配置和代码都以该版本展开，也可以自行使用更高级版本。同时，本项目使用 Flask-script 来操控 Flask。

● 安装。

```
➢ pip3 install flask==1.0.2
➢ pip3 install flask-script==2.0.6
```

笔 记

● 简单案例。

创建一个 demo.py 文件，输入以下内容：

```
from flask import Flask
app=Flask(__name__)              #创建 1 个 Flask 实例
#路由系统生成 视图对应 url,1. decorator=app.route() 2. decorator(first_flask)
@app.route('/')
def first_flask():               #视图函数
    return 'Hello World'         #response
if __name__ == '__main__':
    app.run()                    #启动 socket
```

● 测试。

命令行输入 python3 demo.py 运行代码，在浏览器中输入地址 http://127.0.0.1:5000/，进行访问，如图 10-6 所示。

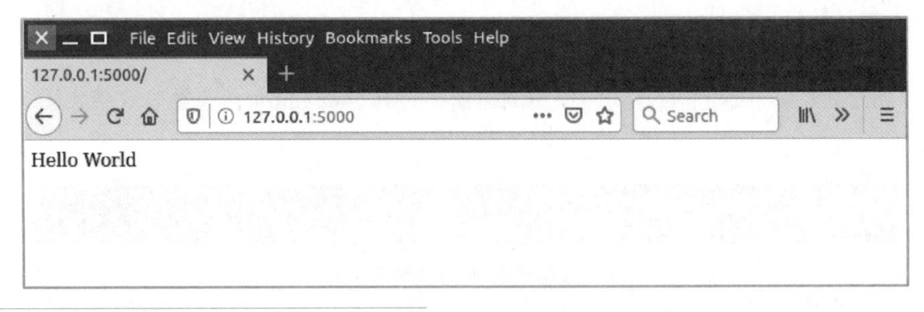

图 10-6
运行 demo.py 后的显示页面

（2）构建项目结构

本项目结构以规范化 Web 目录结构构建，使用 sublime 编辑器手动创建：

```
|-- App                      ## 项目内容
|---- app_views.py           #### 项目视图
|-- static                   ## 静态资源
|-- utils                    ## 工具包
|---- common_utils.py        #### 通用工具
|---- result_views_utils.py  #### 数据处理
|---- functions.py           #### 项目配置
|-- manage.py                ## 项目启动管理
```

如图 10-7 所示，可以看到后端项目结构主要由 5 个文件组成，分别如下：

● app_views.py　　负责定义项目接口。

● common_util.py　　存放一些通用的功能函数。

● functions.py　　用于配置项目，创建 flask 实例。

● result_view_util.py　　相应结果格式化。

● manage.py　　项目入口文件，负责启动管理。

为了使 Python 把当前文件夹视为一个可被 import 的模块，需要在每个提供被调用的模块的当前文件夹中创建空白文件__init__.py。

关于__pycache__文件夹，即为 Python 运行时自动生成的缓存文件目录，可无须理会。

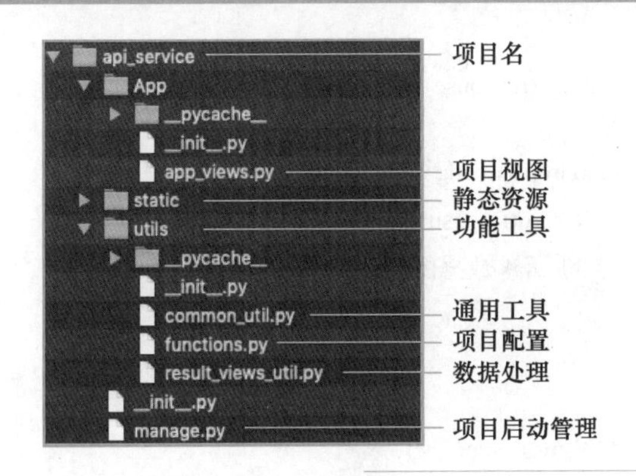

图 10-7
后端项目结构图

（3）定义与编写接口

笔 记

① 接口逻辑分析。

- 获取请求数据和判断数据是否合法。
- 解析请求数据。
- 调用检测函数，将解析完毕的数据传入，并获取调用检测函数返回的结果。
- 将数据规范化输出。

② 编辑项目视图文件 App/app_views.py。

定义了接口函数中的具体处理过程如下：

```
import json
from flask import Blueprint
from flask import request
from utils.result_views_util import *
from utils.common_util import base64_2_array
# from .. import ... 导入检测函数

# Blueprint 是一个存储操作路由映射方法的容器
main = Blueprint('main', __name__)

# 注册路由，及请求方法
@main.route('/detect', methods=['GET','POST'])
def main_detect():
    # 1. 获取请求数据并判断数据是否合法
    request_data = request.get_data()
    data = is_valid_json(get_require_data(), request_data)

    if data:
    # 2. 解析请求数据
        data = base64_2_array(data['data'])
    # 3. 调用检测函数，传入解析完毕的请求数据，并获取调用检测函数返回的结果

        # 某检测函数 result = detect(data) 传入数据

    # 4. 将数据规范化输出
        response = result_data({'result_type' :int(result)})
```

笔 记

```
        return json.dumps(response)
    else:
        return json.dumps(wrong_request(400))
```

③ 编辑数据处理文件 utils/result_views_util.py。

包装响应数据、判断请求数据的合法性的过程如下：

```
import json
# 状态码集
RESULTS = {
    200: { 'code': 200, 'msg':'success'},
    400: { 'code': 400, 'msg':'require paremeter'}
}
"""
    describe：指定请求数据的必须格式
    args：无
    return：指定数据形式（dict 类型）
"""
def get_require_data():
    request_type = {
        # 值为 False 的 key，代表该 key 没有子 key
        'type': False,
        'data': False,
    }
    return request_type
"""
    describe：指定返回数据的格式
    args：无
    return：指定数据形式（dict 类型）
"""
def get_result_model():
    return  {
        'code': '',
        'msg': '',
        'data': {},
        'cost_time': 0
    }
"""
    describe：判断请求数据是否符合项目所指定的数据形式
    args： require_data，指定请求数据的必须附带的参数，
           data, 请求的数据
    return：若请求数据合法，则返回数据（dict 类型），若不合法，则返回 Flase（Boolean
类型）
"""
def is_valid_json(require_data,data):
    try:
        data = json.loads(data)
```

笔 记

```
        tag = True
        for key in require_data:
            if key in data.keys():
                if require_data[key] != False:
                    tag = is_valid_json(require_data[key], data[key])
            else:
                return False
            if not tag:
                return False
        return data
    except:
        return False
"""
    describe：包装返回的响应数据格式
    args：data，返回的主要数据（dict 类型）
        cost_time，调用检测函数所耗时间（int 类型）
    return：指定数据形式（dict 类型）
"""
def result_data(data, cost_time=0):
    result = get_result_model()
    result['msg'] = RESULTS[200]['msg']
    result['code'] = RESULTS[200]['code']
    result['data'] = data
    result['cost_time'] = cost_time
    return result
"""
    describe：包装返回的错误响应格式
    args：无
    return：状态和提示语（dict 类型）
"""
def wrong_request(code):
    return RESULTS[code]
```

④ 编辑通用工具文件 utils/common_util.py。

主要有解析请求数据，如将 base64 格式的图片数据转换为 numpy.ndarray 数组格式：

```
import cv2
import numpy as np
import base64

"""
    describe：将 base64 格式图片数据转化为 numpy.ndarray 格式
    args：base64_data，base64 格式图片数据
    return：numpy.ndarray 格式数据
"""
def base64_2_array(base64_data):
    im_data = base64.b64decode(base64_data)
    im_array = np.frombuffer(im_data, np.uint8)
```

笔 记

```
    im_array = cv2.imdecode(im_array, cv2.COLOR_RGB2BGR)
  return im_array
```

⑤ 编辑项目配置文件 utils/functions.py。

配置项目上下文如下：

```
from App.app_views import main
from flask import Flask
import os

"""
    describe：创建 Flask 实例，并将 App.app_views 中的视图注册进来
    args:
    return: Flask 实例
"""
def create_app():
    BASE_DIR = os.path.dirname(os.path.dirname(__file__))
    # 定义静态文件的路径
    static_dir = os.path.join(BASE_DIR, 'static')
    app = Flask(__name__,
                static_folder=static_dir)
    # 指定 app_views 视图路由规则为/app，那么访问检测接口，其路由为/app/detect
    app.register_blueprint(blueprint=main, url_prefix='/app')
    return app
```

⑥ 编辑项目启动管理文件 manage.py。

项目的运行管理如下：

```
from flask_script import Manager
from utils.functions import create_app

app = create_app()
manage = Manager(app=app)

if __name__ == '__main__':
    # 启动 Manager 实例接收命令行中的命令
    manage.run()
```

（4）测试后端项目

运行如下代码，结果显示如图 10-8 所示。

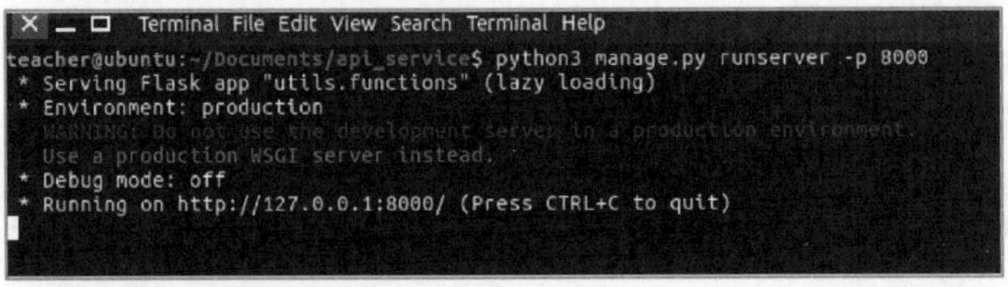
Terminal File Edit View Search Terminal Help
teacher@ubuntu:~/Documents/api_service$ python3 manage.py runserver -p 8000
* Serving Flask app "utils.functions" (lazy loading)
* Environment: production
WARNING: Do not use the development server in a production environment.
Use a production WSGI server instead.
* Debug mode: off
* Running on http://127.0.0.1:8000/ (Press CTRL+C to quit)

图 10-8
启动服务器后显示结果

```
➢ python3 manage.py runserver -p 8000
```

其中，runserver 启动服务器，-p 指定端口，还有更多其他参数，如-d 开启 debug

模式等。

在浏览器中输入 **127.0.0.1:8000/app/detect** 访问，若出现如图 10-9 所示内容，则说明项目启动成功。

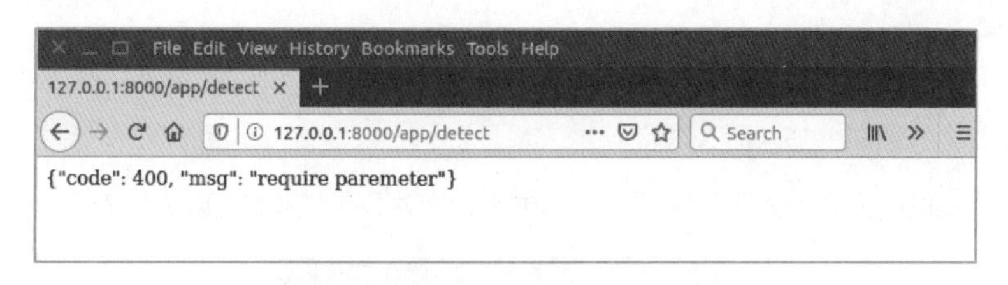

图 10-9
在浏览器中访问显示结果

4. 后台调用分类函数

(1) 创建目录存放相关分类文件

在后端项目中新增目录 detect_apis，进入 detect_apis 目录（记住创建_init_.py 文件），创建目录 trash（记住创建_init_.py 文件），将参数文件（trashClassifyModel.h5）、函数文件（classifyModel.py）移动到 trash 下，如图 10-10 所示。

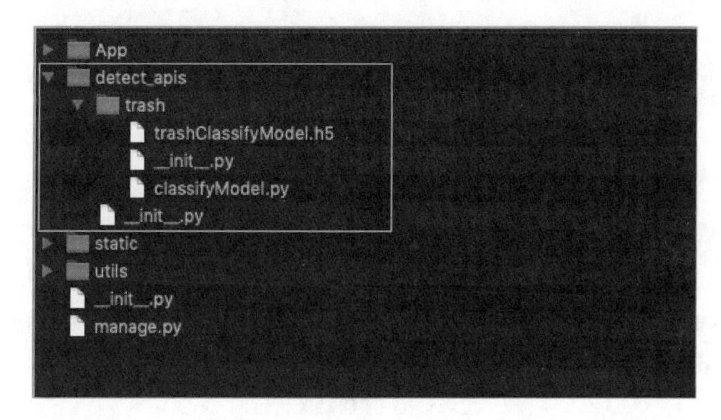

图 10-10
后台新增项目文件结构图

(2) 调用分类函数

编辑 App/app_views.py 文件：

```
from utils.common_util import base64_2_array
#导入检测函数
from detect_apis.trash.classifyModel import lajifenlei
main = Blueprint('main', __name__)
@main.route('/detect', methods=['GET','POST'])
def main_detect():
    request_data = request.get_data()
    data = is_valid_json(get_require_data(), request_data)

    if data:
        data = base64_2_array(data['data'])
    # 调用检测函数，传入解析完毕的请求数据，并获取调用检测函数返回的结果
        result = lajifenlei(data)
        response = result_data({'result_type' :int(result)})
```

```
            return json.dumps(response)
        else:
            return json.dumps(wrong_request(400))
```

5. 前后端整合

（1）将前端文件加入后端项目

在前端页面文件加入到后端项目结构中来，文件目录结构如图 10-11 所示。

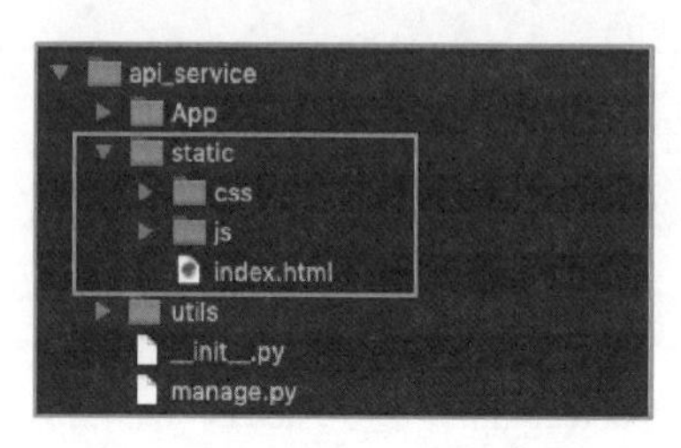

图 10-11
前后端整合文件目录结构

（2）启动后端服务器

```
➢ python3 manage.py runserver -p 8000
```

6. 功能测试

（1）浏览器访问

通过访问服务器资源的方式，访问 index.html，在浏览器中输入 **127.0.0.1:8000/static/index.html**，若正常出行 index.html 的内容，则静态路径正常无误，显示如图 10-12 所示。

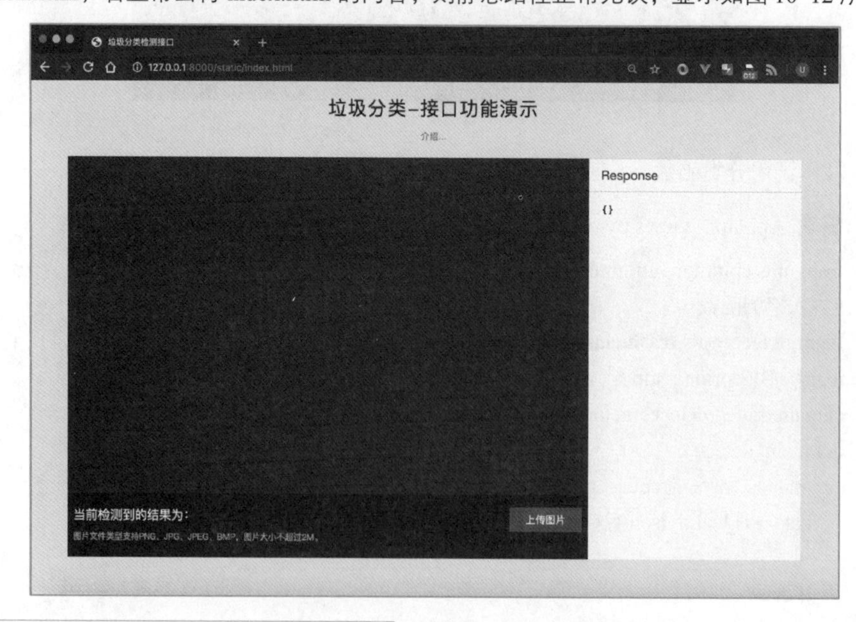

图 10-12
打开检测主页显示

（2）上传图片

单击 **"上传图片"** 按钮，选中一张测试图片并确认，等待检测，若检测结果如图 10-13 所示，即与平时的非 Web 程序执行结果相同，则本次 Web 前后端整合成功。

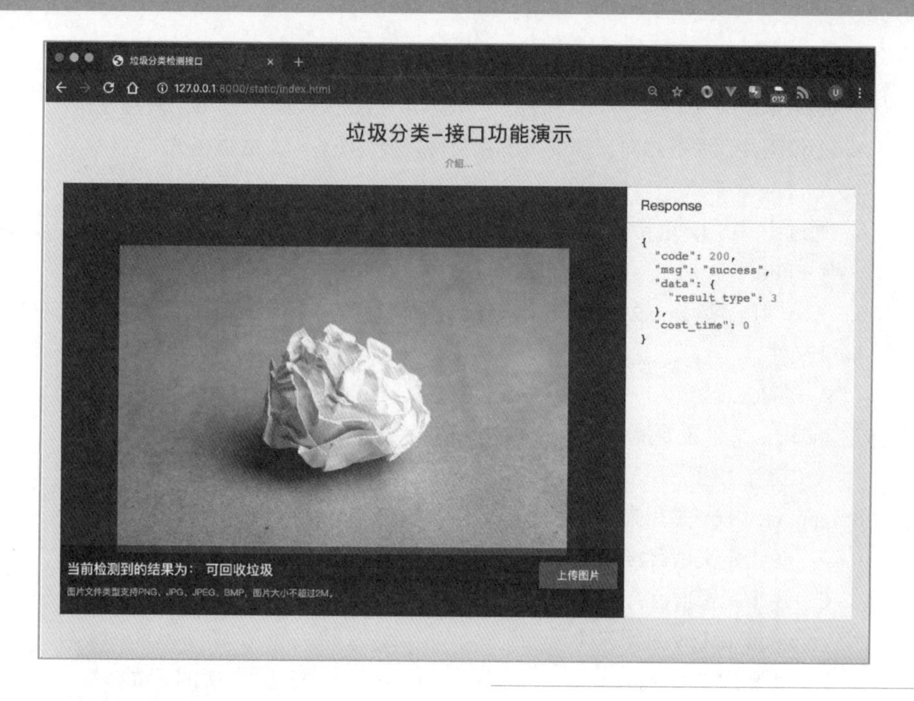

图 10-13
检测结果显示

项目总结

本项目主要介绍了利用 Python Web 搭建一个 Web 服务器，并配置好接口页面，接收传过来的图片数据，后台程序调用封装好的垃圾分类模型，并返回分类结果给 Web 前端，前端提交图片请求后，通过服务器返回的分类结果，将其显示在 Web 页面中。

本项目重点

- 掌握 Python Web 应用框架的开发。
- 掌握模型的封装与调用。
- 掌握 Flask 后台的开发。

本项目难点

- Flask 框架的结构。
- Flask 后台调用模型进行预测。
- Flask 后台接收前端传过来的数据。

课后练习

一、单选题

1. Flask 是由 Python 实现的一个 Web（　　）。

   A. 应用　　B. 前端　　C. 微框架　　D. 界面

2. 对训练好的模型进行封装，使用封装好的模型时，（　　）。

   A. 只需要调用模型　　B. 需要调用模型和保存的参数

   C. 不需要调用参数　　D. 模型和参数可以不用保持一致

3. 在进行 Web 前端设计时，设计好的前端需要通过（　　）访问。

A. URL　　B. 后台　　C. 自定义代码　　D. 外接设备

4. 上传图片到服务器时，需要将图片文件转换为（　　）数据格式。

A. png　　B. jpg　　C. base64　　D. xml

5. 通过（　　），附带数据向后端服务器异步发送请求。

A. http　　B. Node.js　　C. jquerry　　D. ajax

6. Web 前端项目一般包含 3 个文件，下面（　　）不是应该包含的文件、文件和 index.html 文件。

A. Index.css　　B. index.py　　C. index.js　　D. index.html

7. index.js 文件主要提供页面的（　　）。

A. 交互功能　　B. 代码　　C. 样式　　D. 渲染

8. app_views.py 是用来（　　）。

A. 负责定义项目接口　　B. 存放一些通用的功能函数

C. 用于配置项目，创建 Flask 实例　　D. 相应结果格式化

9. common_util.py 是用来（　　）。

A. 负责定义项目接口　　B. 存放一些通用的功能函数

C. 用于配置项目，创建 flask 实例　　D. 相应结果格式化

10. functions.py 是用来（　　）。

A. 负责定义项目接口　　B. 存放一些通用的功能函数

C. 用于配置项目，创建 Flask 实例　　D. 相应结果格式化

11. result_view_util.py 是用来（　　）。

A. 负责定义项目接口　　B. 存放一些通用的功能函数

C. 用于配置项目，创建 Flask 实例　　D. 相应结果格式化

12. manage.py 是用来（　　）。

A. 项目入口文件，负责启动管理；　　B. 存放一些通用的功能函数

C. 用于配置项目，创建 Flask 实例　　D. 相应结果格式化

13. python 中使用（　　）命令启动服务器。

A. run　　B. runserver　　C. startserver　　D. start

二、简答题

1. 简述 Flask 框架的优缺点。
2. 简述 Flask 框架搭建的 Web 应用项目的规范化目录结构。
3. 利用 Flask 框架批量上传和预测图片，请编写代码实现。
4. 设计前端框架，能显示批量处理后的分类图片，在前端分类显示所有图片。

参考文献

[1] 鲁睿元，祝继华．Keras 深度学习[M]．北京：中国水利水电出版社，2019.

[2] 林大贵．TensorFlow+Keras 深度学习人工智能实践应用[M]．北京：清华大学出版社，2018.

[3] 魏贞原．深度学习：基于 Keras 的 Python 实践[M]．北京：电子工业出版社，2018.

[4] Dua R．Keras 深度学习实战[M]．罗娜，译．北京：机械工业出版社，2019.

[5] 谢梁．Keras 快速上手：基于 Python 的深度学习实战[M]．北京：电子工业出版社，2017.

[6] 哈林顿．机器学习实战[M]．李锐，译．北京：人民邮电出版社，2013.

[7] Goodfellow I，Bengio Y，Courville A．深度学习[M]．赵申剑，译．北京：人民邮电出版社，2017.

[8] 陈运军，田正卫．Keras 框架的人脸识别可视化参数调整[J]．单片机与嵌入式系统应用，2020(9)：4-5.

[9] 马金金．基于深度学习的多分类中文短文本情感倾向性研究[D]．武汉：华中师范大学，2018.

[10] 储江江．基于 CNTK 的深度学习任务能耗优化的研究[D]．成都：电子科技大学，2018.

[11] 房梦婷，陈中举，等．基于卷积神经网络的图像识别研究[J]．电脑知识与技术，2020(10)：190-192.

[12] 穆明．谈普通高中人工智能教学设计——Python 入门人工智能“三部曲”[J]．中国现代教育装备，2020(2)：30-35.

[13] 宋子龙．基于卷积神经网络的花卉种类识别系统[J]．计算机产品与流通，2019(12)：91.

[14] 郑远攀，李广阳，李晔．深度学习在图像识别中的应用研究综述[J]．计算机工程与应用，2019(12)：20-36.

[15] 沈萍，赵备．基于深度学习模型的花卉种类识别[J]．科技通报，2017(3)：115-119.